ATZ/MTZ-Fachbuch

Die komplexe Technik heutiger Kraftfahrzeuge und Antriebsstränge macht einen immer größer werdenden Fundus an Informationen notwendig, um die Funktion und die Arbeitsweise von Komponenten oder Systemen zu verstehen. Den raschen und sicheren Zugriff auf diese Informationen bietet die Reihe ATZ/MTZ-Fachbuch, welche die zum Verständnis erforderlichen Grundlagen, Daten und Erklärungen anschaulich, systematisch, anwendungsorientiert und aktuell zusammenstellt.

Die Reihe wendet sich an Ingenieure der Kraftfahrzeugentwicklung und Antriebstechnik sowie Studierende, die Nachschlagebedarf haben und im Zusammenhang Fragestellungen ihres Arbeitsfeldes verstehen müssen und an Professoren und Dozenten an Universitäten und Hochschulen mit Schwerpunkt Fahrzeug- und Antriebstechnik. Sie liefert gleichzeitig das theoretische Rüstzeug für das Verständnis wie auch die Anwendungen, wie sie für Gutachter, Forscher und Entwicklungsingenieure in der Automobil- und Zulieferindustrie sowie bei Dienstleistern benötigt werden.

MAHLE GmbH
Herausgeber

# Kolben und motorische Erprobung

2., überarbeitete Auflage

 Springer Vieweg

*Herausgeber*

MAHLE GmbH
Stuttgart, Deutschland

ISBN 978-3-658-09557-4          ISBN 978-3-658-09558-1 (eBook)
DOI 10.1007/978-3-658-09558-1

Die Deutsche Nationalbibliothek verzeichnet diese Publikation in der Deutschen Nationalbibliografie;
detaillierte bibliografische Daten sind im Internet über http://dnb.d-nb.de abrufbar.

Springer Vieweg
© Springer Fachmedien Wiesbaden 2010, 2015

Gedruckt auf säurefreiem und chlorfrei gebleichtem Papier.

Springer Fachmedien Wiesbaden ist Teil der Fachverlagsgruppe Springer Science+Business Media
(www.springer.com)

# Vorwort

Liebe Leserinnen und Leser,

in Ihren Händen halten Sie die zweite, überarbeitete Auflage des zweiten Bands der MAHLE Produktkunde, einer mehrbändigen Fachbuchreihe.

Der Band „Kolben und motorische Erprobung" ist sowohl eine Ergänzung als auch Vertiefung zum ersten Band „Zylinderkomponenten". In diesem Buch beschreiben die MAHLE Spezialisten ihr breites und umfassendes Fachwissen rund um das Thema Kolben, seine Auslegung, Konstruktion und Erprobung. Viele Bilder, Grafiken und Tabellen visualisieren die gesamte Thematik sehr anschaulich und erleichtern Ihnen die tägliche Arbeit in diesem Umfeld.

Noch nie waren die Anforderungen der internationalen Gesetzgebung und der Kunden an moderne Motoren und somit auch an die Kolben so hoch und zum Teil so widersprüchlich. Deshalb finden Sie auf den folgenden Seiten viele Details rund um den Kolben – etwa dessen Funktion, Anforderungen und Bauarten, Gestaltungsrichtlinien, aber auch über die Simulation der Betriebsfestigkeit mittels der Finite-Elemente-Berechnung, über Kolbenwerkstoffe, Kolbenkühlung sowie die Bauteilprüfung. Der Motorenversuch ist jedoch nach wie vor das wichtigste Element in der Bauteilentwicklung, aber auch für die Validierung von neuen Simulationsprogrammen und das systematische Erarbeiten von Konstruktionsrichtlinien. Erfahren Sie hierzu mehr – in gewohnt wissenschaftlicher Tiefe und Akribie – in dem ausführlichen Kapitel „Motorische Erprobung".

In erster Linie sprechen wir mit diesem zweiten Band der Fachbuchreihe wieder Ingenieure und Naturwissenschaftler aus den Bereichen Entwicklung, Konstruktion und Instandhaltung von Motoren an. Aber auch Professoren und Studenten der Fakultäten Maschinenbau, Motorentechnik, Thermodynamik und Fahrzeugbau sowie alle Leserinnen und Leser mit Interesse an modernen Otto- und Dieselmotoren werden auf den folgenden Seiten wertvolle Anregungen finden.

Wir wünschen Ihnen viel Freude und viele neue Erkenntnisse mit dieser Lektüre.

Stuttgart, Oktober 2015

*Wolf-Henning Scheider*
Vorsitzender der Konzern-Geschäftsführung und CEO

*Heinz K. Junker*
Vorsitzender des Aufsichtsrats

# Danksagung

Wir danken allen Autoren, die an diesem Band mitgewirkt haben.

Dipl.-Wirt.-Ing. Jochen Adelmann
Dipl.-Ing. Ingolf Binder
Dipl.-Ing. Karlheinz Bing
Dr.-Ing. Thomas Deuß
Dipl.-Ing. Holger Ehnis
Dr.-Ing. Rolf-Gerhard Fiedler
Dipl.-Ing. Rudolf Freier
MSc Armin Frommer
Dipl.-Ing. Matthias Geisselbrecht
Dr.-Ing. Wolfgang Ißler
Dipl.-Ing. Peter Kemnitz
Dr.-Ing. Reiner Künzel
Dipl.-Ing. Ditrich Lenzen
Dr. Kurt Maier
Dipl.-Ing. Olaf Maier
Dr.-Ing. Uwe Mohr
Dipl.-Ing. Helmut Müller
Dr. Reinhard Rose
Dipl.-Ing. Wilfried Sander
Dipl.-Ing. Volker Schneider
Dr.-Ing. Wolfgang Schwab
Dipl.-Ing. Andreas Seeger-van Nie
Dipl.-Ing. Bernhard Steck
Peter Thiele
Dr.-Ing. Martin Werkmann

# Inhaltsverzeichnis

# 1 Kolbenfunktion, Anforderungen und Bauarten

## 1.1 Funktion des Kolbens

### 1.1.1 Kolben als Element der Kraftübertragung

Die im Kraftstoff gebundene Energie wird im Zylinder des Motors während des Arbeitstakts in Wärme und Druck umgesetzt. Dabei steigen die Wärme- und Druckwerte in kurzer Zeit sehr stark an. Dem Kolben als beweglichem Teil des Brennraums fällt die Aufgabe zu, einen Teil dieser frei werdenden Energie in mechanische Arbeit umzuwandeln.

In seiner Grundstruktur ist der Kolben ein einseitig geschlossener Hohlzylinder mit den Bereichen Kolbenboden mit Ringpartie, Kolbennaben und Schaft, **Bild 1.1**. Der Kolbenboden überträgt über die Kolbennaben, den Kolbenbolzen und die Pleuelstange die bei der Verbrennung des Kraftstoff-Luft-Gemischs entstehenden Druckkräfte auf die Kurbelwelle.

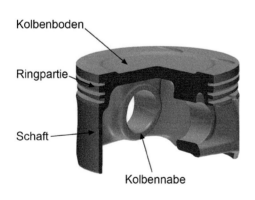

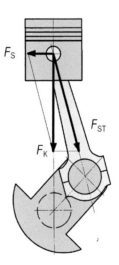

**Bild 1.1:** Pkw-Kolben für Ottomotoren          **Bild 1.2:** Kräfte am Kolben

Der auf den Kolbenboden wirkende Gasdruck und die oszillierende Massenträgheitskraft – in der Folge Massenkraft genannt – von Kolben und Pleuelstange ergeben zusammen die Kolbenkraft $F_K$, **Bild 1.2**. Durch die Umlenkung der Kolbenkraft in Richtung der Pleuelstange (Stangenkraft $F_{ST}$) tritt – entsprechend dem Kräfteparallelogramm – eine zusätzliche Komponente, die Seitenkraft $F_S$, auch Normalkraft genannt, auf. Diese drückt den Kolbenschaft an die

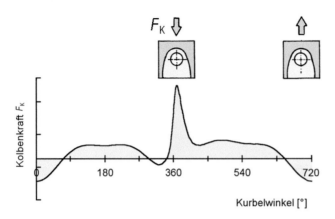

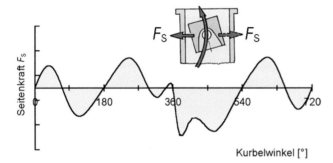

**Bild 1.3:**
Kraftverläufe

Zylinderlaufbahn. Während eines Arbeitsspiels ändert die Seitenkraft mehrfach ihre Richtung, wobei der Kolben von der einen an die andere Seite der Zylinderlaufbahn gedrückt wird. **Bild 1.3** zeigt die Verläufe von Kolbenkraft und Seitenkraft als Funktion des Kurbelwinkels.

## 1.1.2  Abdichtung und Wärmeabfuhr

Als bewegliches kraftübertragendes Bauteil muss der Kolben zusammen mit den Kolbenrin-gen den Brennraum in allen Lastzuständen gegen Gasdurchtritt und Schmieröldurchfluss zuverlässig abdichten. Voraussetzung ist eine sorgfältige Abstimmung der Materialien, Geo-metrien und Oberflächen. Eine hohe Kolbenlebensdauer bedingt ein günstiges Verschleiß-verhalten. Dies setzt eine ausreichende Schmierölversorgung der Laufpartner voraus. Eine maßgebende Rolle spielt dabei das Ölhaltevermögen der Komponenten durch ihre Ober-flächenstruktur, insbesondere durch die des Zylinders. Besonders anspruchsvoll ist dies im Bereich der Umkehrpunkte des Kolbens, denn hier verliert der hydrodynamische Schmierfilm an Bedeutung und die Mischreibung überwiegt. Die mittleren Gleitgeschwindigkeiten betra-gen in der Regel 10 bis 12 m/s.

Bei Viertaktmotoren unterstützt der Kolbenboden zusätzlich die Gemischbildung. Zu diesem Zweck hat er teilweise eine zerklüftete Form mit exponierten, Wärme aufnehmenden Flächen (z. B. Muldenrand), die die Belastbarkeit des Bauteils reduzieren. Bei Zweitaktmotoren mit Auslassschlitzen fungiert der Kolben auch als Steuerschieber und wird durch die mit hoher Geschwindigkeit ausströmenden Verbrennungsgase thermisch hoch belastet.

Damit der Kolben den kurzzeitig auftretenden extremen Verbrennungstemperaturen stand-hält, muss er die Wärme in ausreichendem Maße ableiten, Kapitel 5.6. Die Wärme an den Zylindern wird vorwiegend mit den Kolbenringen abgeleitet, aber auch mit dem Kolbenschaft. Die Innenform überträgt Wärme an die Gehäuseluft und das Öl. Für eine verbesserte Kühlwir-kung kann der Kolben von unten zusätzlich mit Öl beaufschlagt werden, Kapitel 5.

### 1.1.3   Vielfalt der Aufgaben

Die wichtigsten Aufgaben, die der Kolben erfüllen muss, sind:
- Kraftübertragung vom und auf das Arbeitsgas
- Veränderliche Begrenzung des Arbeitsraums (Zylinder)
- Abdichten des Arbeitsraums
- Geradführung des Pleuels (Tauchkolbenmotoren)
- Wärmeabfuhr
- Unterstützung des Ladungswechsels durch Ansaugen und Ausschieben (Viertaktmotor)
- Unterstützung der Gemischbildung (durch geeignete Form der brennraumseitigen Kolben-oberfläche)
- Steuerung des Ladungswechsels (bei Zweitaktmotoren)
- Führung der Dichtelemente (Kolbenringe)
- Führung der Pleuelstange in Kurbelwellenlängsrichtung  (bei Pleuelstangen-Obenführung)

Steigt die spezifische Motorleistung, steigen stets die Anforderungen an den Kolben.

## 1.2   Anforderungen an den Kolben

Die Erfüllung so unterschiedlicher Aufgaben wie etwa
- Anpassungsfähigkeit an Betriebsbedingungen,
- Fresssicherheit bei gleichzeitig hoher Laufruhe,
- geringes Gewicht bei ausreichender Gestaltfestigkeit,
- geringer Ölverbrauch,

- niedrige Schadstoff-Emissionswerte und
- möglichst geringe Reibverluste

resultiert in zum Teil gegenläufige Anforderungen sowohl an die Konstruktion als auch an den Werkstoff. Diese Kriterien müssen für jede Motorvariante sorgfältig aufeinander abgestimmt werden. Die für den Einzelfall optimale Lösung kann daher sehr unterschiedlich ausfallen.

In **Tabelle 1.1** sind die Betriebsbedingungen des Kolbens und die daraus folgenden konstruktiven und werkstoffseitigen Anforderungen zusammengestellt.

## 1.2.1  Gaskraft

Am Kolben herrscht ein Gleichgewicht aus Gas-, Massen- und Stützkräften. Die Stützkräfte resultieren aus Pleuelstangen- und Seitenkräften. Für die mechanische Beanspruchung ist die maximale Gaskraft im Arbeitstakt von entscheidender Bedeutung. Die in Abhängigkeit vom Verbrennungsverfahren (Otto/Diesel bzw. Zweitakt/Viertakt) und der Ladungseinbringung (Saugmotor/Lader) auftretenden maximalen Gaskräfte zeigt **Tabelle 1.1**. Bei einer Drehzahl von 6.000 1/min eines Ottomotors wird z. B. jeder Kolben ($D$ = 90 mm) bei einer aus einem Zünddruck von 90 bar resultierenden Gaskraft im Arbeitstakt 50-mal je Sekunde mit einer Last von etwa 6 t beaufschlagt!

Neben der maximalen Gaskraft hat auch die Drucksteigerungsgeschwindigkeit Einfluss auf die Beanspruchung des Kolbens. Die Werte für Dieselmotoren betragen etwa 6 bis 12 bar/1° KW, können bei Verbrennungsstörungen aber deutlich höher sein. Die Drucksteigerungsgeschwindigkeiten von Ottomotoren liegen im Bereich von 3 bis 6 bar/1° KW. Besonders bei Verwendung von nicht geeigneten Kraftstoffen (zu niedrige Oktanzahl) können bei hoher Last Verbrennungsstörungen auftreten, die als Klopfen bezeichnet werden. Dabei sind Drucksteigerungsgeschwindigkeiten von bis zu 30 bar/1° KW möglich. Bei entsprechender Klopfintensität und Klopfbetriebsdauer kann es zu erheblichen Schäden am Kolben und damit zum Ausfall des Motors kommen. Um dies zu verhindern, sind moderne Ottomotoren mit einer Klopfregelung ausgestattet.

## 1.2.2  Temperaturen

Eine für die Betriebssicherheit und Lebensdauer wichtige Größe ist die Temperatur von Kolben und Zylinder. Die wenn auch nur kurz wirksamen Spitzentemperaturen des Arbeitsgases können Werte bis über 2.300 °C erreichen. Die Abgastemperaturen betragen beim Dieselmotor etwa 600 bis 850 °C und beim Ottomotor 800 bis 1.050 °C.

**Tabelle 1.1:** Betriebsbedingungen und Lösungsansätze für die Konstruktion und Werkstoffe der Kolben

| Betriebsbedingungen | Anforderungen an den Kolben | Lösung Konstruktion | Lösung Werkstoff |
|---|---|---|---|
| Mechanische Belastung<br><br>a) Kolbenboden/ Verbrennungsmulde Max. Gasdruck Zweitakt-Ottomotoren: 3,5 – 8,0 MPa<br><br>Max. Gasdruck Viertakt-Ottomotoren: Saugmotor: 6,0 – 9,0 MPa Turbo: 9,0 – 13,0 MPa<br><br>Max. Gasdruck Dieselmotoren: Saugmotor: 8,0 – 10,0 MPa Turbo: 14,0 – 24,0 MPa<br><br>b) Kolbenschaft Seitenkraft: etwa 10 % der max. Gaskraft | Hohe statische und dynamische Festigkeit auch bei hohen Temperaturen | Genügende Wanddicken, gestaltfeste Bauweise, gleichmäßiger „Kraftfluss" und „Wärmefluss" | Verschiedene AlSi-Gusslegierungen warm ausgelagert (T5) oder ausgehärtet (T6), gegossen (teilweise mit Faserarmierungen) oder geschmiedet; Stahl geschmiedet |
| c) Kolbennaben Zulässige Flächenpressung temperaturabhängig | Hohe Flächenpressung in den Nabenbohrungen; geringe plastische Deformation | Nabenbuchse | Buchsen aus Sondermessing oder Bronze |
| Temperaturen:<br><br>Gastemperaturen im Brennraum über 2.300 °C, Abgas bis 1.050 °C<br><br>Kolbenboden/Muldenrand 200 – 400 °C, bei Eisenwerkstoffen 350 – 500 °C<br><br>Kolbennabe: 150 – 260 °C<br><br>Kolbenschaft: 120 – 180 °C | Festigkeit muss auch bei hohen Temperaturen erhalten bleiben. Kennzeichen: Warmfestigkeit, Dauerfestigkeit, hohe Wärmeleitfähigkeit, Zunderbeständigkeit (Stahl) | Ausreichende Wärmeflussquerschnitte, Kühlkanäle | Wie oben |
| Beschleunigung von Kolben und Pleuelstange bei hoher Drehzahl: zum Teil weit mehr als 25.000 m/s$^2$ | Geringe Masse, ergibt kleine Massenkräfte bzw. Massenmomente | Leichtbau mit höchster Werkstoffausnutzung | AlSi-Legierung, geschmiedet |
| Gleitende Reibung in den Ringnuten, am Schaft, in den Bolzenlagern; zum Teil ungünstige Schmierverhältnisse | Geringer Reibungswiderstand, hohe Verschleißfestigkeit (beeinflusst Lebensdauer), geringe Neigung zum Fressen | Ausreichend große Gleitflächen, gleichmäßige Druckverteilung; hydrodynamische Kolbenformen im Schaftbereich; Nutarmierung | AlSi-Legierungen, Schaft verzinnt, graphitiert, beschichtet, Nutenbewehrung durch eingegossenen Ringträger oder Hartanodisierung |
| Anlagewechsel von einer Zylinderseite zur anderen (vor allem im Bereich des oberen Totpunktes) | Geräuscharmut, kleines „Kolbenkippen" bei kaltem und warmem Motor, kleine Aufschlagimpulse | Geringes Laufspiel, elastische Schaftgestaltung mit optimierter Kolbenform, Desachsierung der Nabenbohrungen | Niedrige Wärmeausdehnung. Eutektische oder übereutektische AlSi-Legierungen |

Die Temperatur der angesaugten Frischladung (Luft bzw. Gemisch) erreicht bei aufgeladenen Motoren bis über 200 °C. Ladeluftkühlung reduziert dieses Temperaturniveau auf 40 bis 60 °C. Das senkt die Bauteiltemperaturen und verbessert die Brennraumfüllung.

Wegen ihrer thermischen Trägheit folgen sowohl der Kolben als auch die anderen Teile im Brennraum den zyklischen Temperaturschwankungen des Arbeitsgases nicht völlig. Die Amplitude dieser Temperaturschwankungen beträgt am Muldenrand eines Aluminium-Dieselkolbens beispielsweise nur ca. 50 K und nimmt nach innen rasch weiter ab. Der den heißen Verbrennungsgasen ausgesetzte Kolbenboden nimmt eine je nach Betriebspunkt (Drehzahl, Drehmoment) unterschiedliche Wärmemenge auf. Diese leiten bei nicht ölgekühlten Kolben hauptsächlich die Kompressionsringe, in wesentlich geringerem Maß der Kolbenschaft an die Zylinderwand weiter. Bei gekühlten Kolben dagegen führt das Motoröl einen großen Anteil der anfallenden Wärmemenge ab, Kapitel 7.2.

Durch die konstruktiv festgelegten Werkstoffquerschnitte ergeben sich Wärmeströme, die zu charakteristischen Temperaturfeldern führen. Typische Temperaturverteilungen bei Kolben für Otto- und Dieselmotoren zeigen die **Bilder 1.4** und **1.5**.

Die Höhe und Verteilung der Temperaturen im Kolben hängt im Wesentlichen von folgenden Parametern ab:
■ Arbeitsprozess (Otto/Diesel)
■ Arbeitsverfahren (Viertakt/Zweitakt)
■ Verbrennungsverfahren (Einspritzung direkt/indirekt)
■ Temperatur der zugeführten Frischladung (abhängig von Aufladung und Ladeluftkühlung)
■ Betriebspunkt des Motors (Drehzahl, Drehmoment)
■ Motorkühlung (Wasser/Luft)
■ Konstruktive Ausbildung von Kolben und Zylinderkopf (Lage und Zahl der Gaskanäle und Ventile, Kolbenbauart, Kolbenwerkstoff)
■ Kolbenkühlung (ja/nein)
■ Intensität der Kühlung (Anspritzkühlung, Kühlkanal, Kühlkanallage usw.)
Die Festigkeitseigenschaften der Kolbenwerkstoffe, vornehmlich von Leichtmetallen, sind stark temperaturabhängig. Niveau und Verteilung der Temperaturen im Kolben bestimmen wesentlich die ertragbaren mechanischen Beanspruchungen. Hohe thermische Belastung hat eine drastische Reduzierung der Dauerfestigkeit des Kolbenwerkstoffs zur Folge. Die kritischsten Stellen sind beim Dieselmotor mit Direkteinspritzung der Nabenzenit sowie der Muldenrand, beim Ottomotor der Übergangsbereich von der Nabenanbindung zum Kolbenboden sowie zum Schaft.

Von Bedeutung sind ferner die Temperaturen in der 1. Kolbenringnut hinsichtlich Ölverkokung. Bei Überschreiten gewisser Grenzwerte neigen die Kolbenringe infolge Rückstandsbildung in

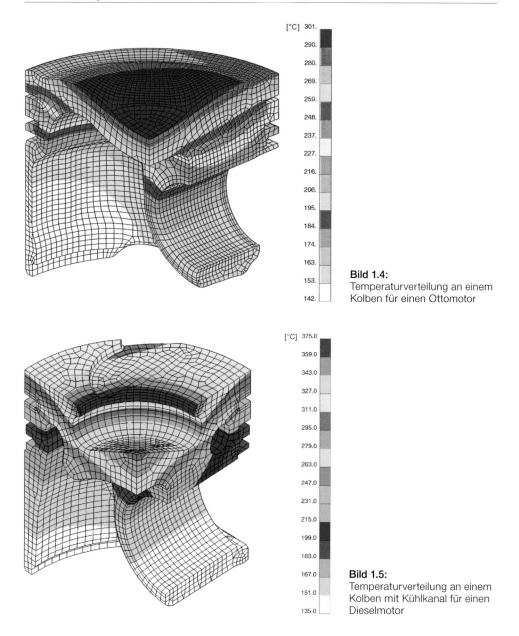

Bild 1.4:
Temperaturverteilung an einem
Kolben für einen Ottomotor

Bild 1.5:
Temperaturverteilung an einem
Kolben mit Kühlkanal für einen
Dieselmotor

der Kolbenringnut zum „Festgehen" (Verkokung) und sind dann in ihrer Funktion beeinträch-
tigt. Neben den Maximaltemperaturen ist die Abhängigkeit der Kolbentemperaturen von den
motorischen Betriebsbedingungen (wie Drehzahl, Mitteldruck, Zündwinkel, Einspritzmenge)
von Bedeutung. **Tabelle 7.2** zeigt typische Werte für Pkw-Otto- und Dieselmotoren im Bereich
der 1. Kolbenringnut.

## 1.2.3 Kolbenmasse

Der mit Kolbenringen, Kolbenbolzen, Sicherungsringen ausgerüstete Kolben bildet mit dem oszillierenden Pleuelstangenanteil die oszillierende Masse. Je nach Motorbauart entstehen dadurch freie Massenkräfte und/oder freie Momente, die zum Teil nicht mehr oder nur mit erheblichem Aufwand ausgeglichen werden können. Aus dieser Besonderheit resultiert, insbesondere bei schnell laufenden Motoren, der Wunsch nach niedrigsten oszillierenden Massen. Der Kolben und der Kolbenbolzen haben den größten Anteil an den oszillierenden Massen. Somit muss die Gewichtsreduzierung hier beginnen.

Etwa 80 % der Kolbenmasse befindet sich im Bereich von der Mitte des Kolbenbolzens bis zur Bodenoberkante. Die restlichen 20 % sind im Bereich ab Mitte Kolbenbolzen bis zum Schaftende. Die Festlegung der Kompressionshöhe KH ist somit von entscheidender Bedeutung, da so bereits etwa 80 % der Kolbenmasse vorgegeben sind.

Bei Kolben für Ottomotoren mit Direkteinspritzung kann der Kolbenboden zur Gemischbildung mit herangezogen und entsprechend geformt werden. Diese Kolben sind höher und schwerer. Der Schwerpunkt verschiebt sich deshalb nach oben.

Kolbenmassen $m_K$ können am besten verglichen werden, wenn man sie (ohne Kolbenringe und Kolbenbolzen) auf das Vergleichsvolumen $D^3$ bezieht, wie in **Bild 1.6** dargestellt. Die Kompressionshöhe ist jedoch immer mit in die Betrachtung einzubeziehen. Für bewährte Kolbenausführungen sind die Massekennzahlen („X-Faktoren") $m_K/D^3$ in **Tabelle 1.2** dargestellt.

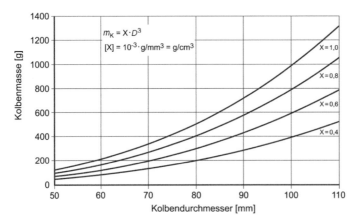

**Bild 1.6:** Kolbenmassen $m_K$ (ohne Kolbenringe und Kolbenbolzen) von Pkw-Motoren in Abhängigkeit vom Kolbendurchmesser

**Tabelle 1.2:** Massekennzahlen für Pkw-Kolben <100 mm Durchmesser aus Al-Legierungen

| Arbeitsverfahren | Massekennzahl $m_K/D^3$ [g/cm³] |
|---|---|
| Zweitakt-Ottomotoren mit Saugrohreinspritzung | 0,50 – 0,70 |
| Viertakt-Ottomotoren mit Saugrohreinspritzung | 0,40 – 0,60 |
| Viertakt-Ottomotoren mit Direkteinspritzung | 0,45 – 0,65 |
| Viertakt-Dieselmotoren | 0,90 – 1,10 |

## 1.2.4  Reibleistung und Verschleiß

In Zeiten zunehmenden Umweltbewusstseins bedingt durch den Klimawandel und aufgrund der $CO_2$-Emissionsgesetzgebungen um diesem zu begegnen, rückt das Thema Reibleistungsreduzierung im Motor verstärkt in den Fokus. Als bewegliches Element kann – wie nachfolgend beschrieben – der Kolben hierzu einen wichtigen Beitrag leisten.

**Einbauspiel:**
Eine Haupteinflussgröße auf die Kolbenreibung ist das Einbauspiel. Durch ein entsprechend großes Einbauspiel kann die im warmen Betriebszustand übliche thermische Verspannung zwischen Kolben und Zylinder deutlich reduziert werden. Zu große Spiele wirken jedoch kontraproduktiv, da sie zu starker Sekundärbewegung und einem Verkanten des Kolbens im Zylinder („Schubladeneffekt") führen können. Dabei kann der hydrodynamische Schmierfilm durchgedrückt werden und Mischreibung entstehen. Auch können zu große Einbauspiele akustisch nachteilig wirken. Durch den kleineren Wärmedehnungskoeffizienten können sich für Stahlkolben im Vergleich zu Aluminiumkolben Reibungsvorteile ergeben.

**Kolbenform (vgl. Kapitel 2.2):**
Für kleine Reibleistungswerte sollen die lokalen Kolbenform-Einzüge in Richtung der Kolbenachse („Mantellinienabfallwerte") und die Ovalitäten so ausgelegt werden, dass sich im gewünschten Tragbereich gleichmäßige Flächenpressungen einstellen. So kann in der Regel erreicht werden, dass lediglich in den Umkehrpunkten des Kolbens (oberer und unterer Totpunkt) das hydrodynamische Schmierverhalten durch die Änderung der Bewegungsrichtung des Kolbens gestört wird, d. h., dass sich im Bereich der tragenden Fläche ein Mischreibungszustand einstellt. **Bild 1.7** zeigt für diesen Fall beispielhaft den Schmierspalt zwischen Kolben und Zylinder.

Tragende Fläche      Reibfläche

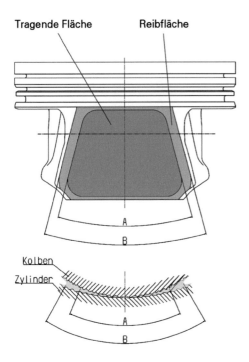

**Bild 1.7:**
Schmierspalt zwischen Kolben und Zylinder

**Rauheit:**

Neben der Schaftform hat auch die Oberfläche der Schaftlauffläche einen großen Einfluss auf das Gleitverhalten des Kolbens. Zu große Rauheiten erhöhen die reibungsbedingten Leistungsverluste. Für den einwandfreien Betrieb des Kolbens im Zylinder spielt neben den Reibungskräften am Schaft auch die Schaftschmierung eine entscheidende Rolle. Gewisse Mindestrauheiten am Kolbenschaft und der gehonten Zylinderlauffläche

- begünstigen das Einlaufverhalten,
- vermeiden abrasiven Verschleiß,
- begünstigen die Bildung eines hydrodynamischen Schmierfilms zwischen Kolbenschaft und Zylinderwand und
- verhindern ein Fressen des Kolbens, d. h. ein lokales Verschweißen zwischen Kolben und Zylinder infolge von Spiel- oder Schmierölmangel.

Zu große Schaftrauheiten erhöhen die reibungsbedingten Leistungsverluste, während zu geringe Schaftrauheiten das Einlaufen des Kolbens beeinträchtigen. Ein guter Kompromiss aus den genannten Anforderungen führt zu Rauheitswerten am Kolbenschaft im Bereich von $R_a = 1,5-5$ µm.

**Laufflächen-Schutzschichten:**

Laufflächen-Schutzschichten wie etwa MAHLE GRAFAL® oder EvoGlide zeigen einen positiven Einfluss auf die Reibverluste in den Mischreibungszuständen, steigern den Verschleißwiderstand und verbessern die Sicherheit gegen Fressen.

## 1.2.5  Blow-by

Eine der Hauptaufgaben des Kolbens und der Kolbenringe ist die Abdichtung des unter Druck stehenden Verbrennungsraums zum Kurbelgehäuse. Während des Bewegungsablaufs können zwischen Kolben, Zylinder und Kolbenringen Verbrennungsgase passieren (Blow-by) und ins Kurbelgehäuse gelangen. Durchblasendes Leckagegas bedeutet neben dem Energieverlust auch eine Gefährdung der Kolben- und Kolbenringschmierung durch Verdrängung und Verschmutzung des Schmierfilms sowie durch Ölverkokung infolge überhöhter Temperaturen an den vom Brenngas beaufschlagten Stellen. Außerdem machen überhöhte Blow-by-Werte eine größere Kurbelgehäuseentlüftung erforderlich.

Die Abdichtung gegen Gasdurchtritt übernimmt hauptsächlich der 1. Kolbenring, ein Kompressionsring. Bei Saugmotoren beträgt die Durchblasemenge max. 1 %, bei Motoren mit Aufladung max. 1,5 % des theoretischen Ansaugvolumens.

# 1.3    Kolbenbauarten

Die unterschiedlichen Arbeitsverfahren der Verbrennungsmotoren sorgen für eine große Vielfalt an Motorbauarten. Jede Motorbauart verlangt ihre eigene Kolbenvariante, gekennzeichnet durch Bauart, Gestalt, Abmessungen und Werkstoff.

Im Folgenden sind die wichtigsten Kolbenbauarten des Motorenbaus dargestellt. Daneben gibt es neue Entwicklungsrichtungen, wie z. B. Kolben für extrem niedrig bauende Motoren oder Kolben aus Verbundwerkstoffen mit lokalen Verstärkungselementen.

## 1.3.1  Kolben für Viertakt-Ottomotoren

In modernen Ottomotoren werden Leichtbaukonstruktionen mit symmetrischen oder asymmetrischen Schaftformen und gegebenenfalls unterschiedlichen Wanddicken für die Druck-

und Gegendruckseite eingesetzt. Diese Kolbenbauarten zeichnen sich durch ein geringes Gewicht und besondere Flexibilität im mittleren und unteren Schaftbereich aus.

### 1.3.1.1 Regelkolben

Regelkolben sind Kolben mit Streifeneinlagen, die die Wärmeausdehnung regeln. Sie werden in Grauguss-Kurbelgehäusen eingebaut. Das Hauptziel der Regelkolben-Konstruktionen und vieler Erfindungen auf diesem Sektor war und ist, die verhältnismäßig großen Unterschiede in der Wärmeausdehnung zwischen Grauguss-Kurbelgehäuse und Aluminiumkolben zu verringern. Die bekannten Lösungen reichen vom Invarstreifen-Kolben bis zu den Autothermik- oder Autothermatik-Kolben.

Aufgrund einiger ungünstiger Eigenschaften – Kerbwirkung durch die eingegossenen Streifen, erhöhte Kolbenmasse und Kostennachteil – sind die Regelkolben immer mehr in den Hintergrund getreten. Der Vollständigkeit halber werden aber ältere Bauarten kurz angesprochen.

#### Autothermik-Kolben

Autothermik-Kolben, **Bild 1.8**, sind im Übergang vom Kolbenboden zum Schaft auf Höhe der Ölringnut geschlitzt. Sie zeichnen sich durch besonders ruhigen Lauf aus. Die zwischen Schaft und Kolbennaben eingegossenen Streifen aus unlegiertem Stahl bilden zusammen mit dem sie umgebenden Leichtmetall Regelglieder. Diese verringern die Wärmeausdehnung des Schafts in der für die Führung im Zylinder maßgeblichen Richtung. Aufgrund ihrer verhältnismäßig geringen Belastbarkeit (Schlitz) sind Autothermik-Kolben jedoch nicht mehr zeitgemäß.

#### Autothermatik-Kolben

Autothermatik-Kolben, **Bild 1.9**, arbeiten nach dem gleichen Regelprinzip wie Autothermik-Kolben. Beim Autothermatik-Kolben ist jedoch der Übergang vom Kopfteil zum Schaft nicht geschlitzt. Die Übergangsquerschnitte sind so bemessen, dass sie einerseits den Wärmefluss vom Kolbenboden zum Schaft kaum behindern und andererseits die Wirkung der Stahlstreifen durch die Verbindung des Schafts mit dem starren Kopfteil noch erhalten bleibt. So vereint diese Kolbenkonstruktion die hohe Festigkeit des ungeschlitzten Kolbens mit den Vorzügen der Regelstreifenbauart.

### 1.3.1.2 Kastenkolben

Diese Kolbenbauart, **Bild 1.10**, zeichnet sich durch eine gegenüber den Regelkolben reduzierte Masse, eine optimierte Abstützung und die kastenähnliche, oft leicht ovale Schaftgestaltung aus. Der Kastenkolben eignet sich sowohl für Aluminium- als auch Grauguss-Kurbelgehäuse. Durch flexible Schaftgestaltung kann die unterschiedliche Wärmeausdehnung zwischen Graugussgehäuse und Aluminiumkolben sehr gut im elastischen Bereich kompensiert werden. Im Falle unterschiedlicher Kastenbreiten auf Druck- und Gegendruckseite bezeichnet man die Kolben als Asymdukt-Kolben. Die Kastenkolben sind gegossen oder geschmiedet.

**Bild 1.8:** Autothermik-Kolben                    **Bild 1.9:** Autothermatik-Kolben

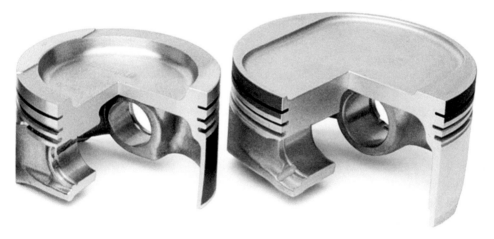

**Bild 1.10:** Asymdukt-Kolben

Neben dem klassischen Kastenkolben mit senkrechten Kastenwänden haben sich inzwischen neue Formen mit oben eingezogenen Kastenwänden etabliert. Ein Beispiel ist der EVOTEC®-Kolben, Kapitel 1.3.1.3.

Die Kompressionsringnut kann in aufgeladenen Motoren mit hohen Zünddrücken durch einen Ringträger gegen Verschleiß und Deformation geschützt werden, **Bild 1.11**.

Kolben für Motoren mit sehr hohen spezifischen Leistungen (> 100 kW/l) haben gegebenenfalls einen Kühlkanal, **Bild 1.12**.

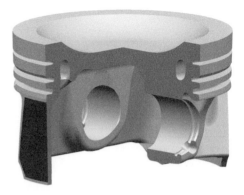

**Bild 1.11:** Ringträgerkolben für einen Ottomotor    **Bild 1.12:** Kolben mit Kühlkanal für einen Ottomotor

### 1.3.1.3 EVOTEC®-Kolben

Das derzeit größte Potenzial zur Reduzierung der Kolbenmasse bei Viertakt-Ottomotoren bietet die EVOTEC®-Bauweise, die vor allem in Kombination mit Trapez-Abstützung einge-setzt wird, **Bild 1.13**.

Stark schräg gestellte Kastenwände erlauben eine besonders ausgeprägte Hochgießung hinter den Ringnuten im Nabenbereich bei guter Elastizität im unteren Schaftbereich. Gleich-zeitig sorgt die Anbindung der Kastenwände weit innen am Kolbenboden – kombiniert mit Stützrippen im Kolbenfenster zwischen Ringbereich und Kastenwand – für eine herausra-gende Struktursteifigkeit bei sehr geringen Querschnitten.

Ein weiteres wesentliches Merkmal dieses Kolbenkonzepts ist die asymmetrische Ausfüh-rung der Kastenwände. Der druckseitig höheren Seitenkraftbelastung Rechnung tragend, ist

**Bild 1.13:** EVOTEC®-Kolben

der Abstand der Kastenwände auf der Druckseite geringer. Denn der kürzere Hebelarm zwischen der Kastenwand und dem Kontaktbereich zwischen Kolben und Zylinder sorgt für eine reduzierte Biegemomentbeanspruchung. Das erlaubt geringere Querschnitte auch bei extrem hohen Seitenkräften, die bevorzugt bei aufgeladenen Ottomotoren mit direkter Einspritzung auftreten. Um dennoch die notwendige Elastizität und gute Führungseigenschaften zu gewährleisten, wird die deutlich geringer belastete Gegendruckseite mit weiter auseinanderliegenden Kastenwänden versehen. Eine sorgfältige Auslegung der Kolbenform (siehe Kapitel 2.2) sorgt auf der Druckseite für gleichmäßig niedrige Flächenpressungen auch bei höchsten Belastungen.

### 1.3.1.4 EVOTEC® 2-Kolben

Eine konsequente Weiterentwicklung des EVOTEC®-Kolbens ist der EVOTEC® 2-Kolben, **Bild 1.14**. Den EVOTEC® 2-Kolben zeichnen eine

- neue, belastungsoptimierte Form der Schaft-Kastenwand-Anbindung zur Festigkeitssteigerung sowie
- reduzierte Bodenwandstärken zur Gewichtsreduzierung bei Festigkeitsneutralität aufgrund Temperaturabsenkung

aus.

Die Gesamtheit aller Maßnahmen zur Weiterentwicklung des MAHLE Kolbens EVOTEC® zum EVOTEC® 2 liefert bei Kostenneutralität eine Gewichtsreduzierung von ungefähr 5 % und darüber hinaus eine bereichsweise Erhöhung der Strukturfestigkeit die den steigenden Anforderungen künftiger Motorengenerationen Rechnung trägt.

**Bild 1.14:** EVOTEC® 2-Kolben

### 1.3.1.5 Geschmiedete Aluminiumkolben

In Motoren mit sehr hohen Leistungsdichten – beispielsweise hoch belastete aufgeladene Ottomotoren – kommen gegossene Kolben an ihre Grenzen. Für diesen Einsatzbereich bieten sich besonders gut MAHLE Schmiedekolben an, **Bild 1.15**. Der Festigkeitsvorteil im Temperaturbereich bis etwa 250 °C verbessert die Belastbarkeit bei Seitenkräften, erhöht die Tragfähigkeit der Naben und die Abreißfestigkeit. Schmiedekolben eignen sich daher speziell für Hochdrehzahlkonzepte und aufgeladene Motoren. Durch die hohe Duktilität des geschmiedeten Materials reagieren sie außerdem toleranter auf Spitzendrücke, die entstehen können, wenn ein Motor sehr eng an der Klopfgrenze betrieben wird. Das ermöglicht u. a. geringere Ringsteghöhen und damit niedrige Kompressionshöhen. Aufgrund der hohen Stabilität des Herstellprozesses lassen sich Schmiedekolben grenzwertig auslegen, um das Bauteilgewicht zu minimieren.

Nachteilig im Vergleich zum gegossenen Pendant sind die höheren Kosten für die Herstellung des Schmiedekolbens. Hinzu kommt eine eingeschränkte Designflexibilität. Insbesondere Hinterschnitte oder Eingussteile wie Ringträger bzw. Salzkerne sind nicht darstellbar.

Bei Kolben für den Rennsport handelt es sich durchweg um Sonderkonstruktionen, **Bild 1.16**. Die Kompressionshöhe KH ist sehr niedrig und der Kolben insgesamt extrem gewichtsoptimiert. Es kommen nur geschmiedete Kolben zum Einsatz. Gewichtsoptimierung und Kolbenkühlung sind entscheidende Auslegungskriterien. In der Formel 1 sind spezifische Leistungen von mehr als 200 kW/l und Drehzahlen von mehr als 19.000 1/min üblich. Die Lebensdauer der Kolben ist auf die extremen Bedingungen abgestimmt.

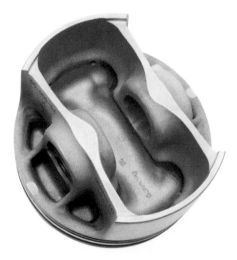

**Bild 1.15:** Geschmiedeter Aluminiumkolben          **Bild 1.16:** Geschmiedeter Kolben für die Formel 1

## 1.3.2 Kolben für Zweitaktmotoren

Beim Kolben für Zweitaktmotoren, **Bild 1.17**, ist die thermische Belastung wegen des häufigeren Wärmeeinfalls – bei jeder Umdrehung der Kurbelwelle ein Arbeitshub – besonders hoch. Er muss bei seiner Auf- und Abwärtsbewegung im Zylinder außerdem die Einlass-, Auslass- und Überströmkanäle abdecken bzw. freigeben, d. h. er muss den Gaswechsel steuern. Dies führt zu einer hohen thermischen und mechanischen Belastung.

Zweitaktkolben sind mit einem oder zwei Kolbenringen ausgestattet und variieren in ihrer äußeren Gestalt von der offenen Fensterkolbenbauart bis zur Ausführung als Glattschaftkolben. Dies ist von der Gestaltung der Überströmkanäle (lange Kanäle oder kurze Henkelkanäle) abhängig. Die Kolben bestehen üblicherweise aus der übereutektischen AlSi-Legierung MAHLE138.

**Bild 1.17:**
Kolben und Zylinder für einen Zweitaktmotor

## 1.3.3 Kolben für Dieselmotoren

### 1.3.3.1 Ringträgerkolben

Beim seit 1931 eingesetzten Ringträgerkolben, **Bild 1.18**, wird der 1., mitunter auch noch der 2. Kolbenring in einem durch metallische Bindung fest mit dem Kolbenwerkstoff verbundenen Ringträger geführt.

Der Ringträger besteht aus austenitischem Gusseisen mit ähnlichem Wärmeausdehnungsverhalten wie der Kolbenwerkstoff. Der Werkstoff ist gegen Reib- und Schlagverschleiß beson-

 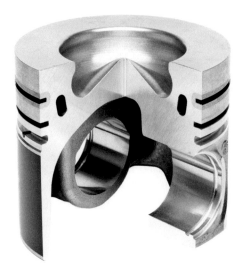

**Bild 1.18:** Ringträgerkolben für einen Dieselmotor

**Bild 1.19:** Salzkern-Kühlkanalkolben mit Ringträger für einen Pkw-Dieselmotor

ders widerstandsfähig. Die am meisten gefährdete 1. Kolbenringnut und der darin eingesetzte Kolbenring werden dadurch wirksam vor überhöhtem Verschleiß geschützt. Das wirkt sich besonders vorteilhaft bei hohen Betriebstemperaturen und -drücken aus, wie sie speziell im Dieselmotor auftreten.

### 1.3.3.2 Kühlkanalkolben

Um den brennraumnahen Bereich besonders wirksam zu kühlen und so den durch Leistungssteigerungen bedingten erhöhten Temperaturen zu begegnen, gibt es verschiedene Ausführungen von Kühlkanälen bzw. Kühlräumen. Die Zufuhr des Kühlöls erfolgt allgemein über im Kurbelgehäuse angeordnete Standdüsen. Eine Übersicht über mögliche Kühlungsvarianten gibt Kapitel 5.

**Bild 1.19** zeigt einen Kühlkanalkolben mit Ringträger für einen Pkw-Dieselmotor. Die ringförmigen Hohlräume entstehen durch Eingießen von Salzkernen, die anschließend mit Wasser wieder herausgelöst werden.

### 1.3.3.3 Kolben mit gekühltem Ringträger

Eine andere gekühlte Kolbenvariante ist der Kolben mit gekühltem Ringträger, **Bild 1.20**. Der gekühlte Ringträger verbessert erheblich die Kühlung der 1. Kolbenringnut und des thermisch hoch belasteten Verbrennungsmuldenrands. Durch die intensive Kühlung dieser Ringnut ist es möglich, den üblichen Doppeltrapezring durch einen Rechteckring zu ersetzen.

**Bild 1.20:** Pkw-Kolben mit gekühltem Ringträger    **Bild 1.21:** FERROTHERM®-Kolben

### 1.3.3.4 Kolben mit Buchsen in der Nabenbohrung

Einer der höchstbelasteten Bereiche des Kolbens ist die Lagerung des Kolbenbolzens. Dort treten Temperaturen von bis zu 240 °C auf, ein Bereich, wo die Festigkeit der Aluminiumlegierungen bereits erheblich absinkt.

Für extrem belastete Dieselkolben reichen die Maßnahmen wie Formbohrung, Entlastungstaschen oder ovale Nabenbohrungen zur Steigerung der Nabenbelastbarkeit nicht mehr aus.

Deshalb hat MAHLE eine Armierung der Nabenbohrung mit eingeschrumpften Buchsen aus einem Werkstoff höherer Festigkeit (z. B. CuZn31Si1) entwickelt.

### 1.3.3.5 FERROTHERM®-Kolben

Beim FERROTHERM®-Kolben, **Bild 1.21**, sind die Führungs- und Abdichtfunktionen voneinander getrennt. Die beiden Teile, Kolbenkopf und Kolbenschaft, sind über den Kolbenbolzen beweglich miteinander verbunden. Der aus Schmiedestahl bestehende Kolbenkopf überträgt den Gasdruck über Kolbenbolzen und Pleuelstange auf die Kurbelwelle.

Der leichte Aluminiumschaft stützt lediglich die Seitenkräfte ab, die durch die Winkelstellungen der Pleuelstange entstehen, und kann durch entsprechende Formgebung die Ölkühlung des Kolbenkopfs unterstützen. Neben dieser „Shakerkühlung" über den Schaft sind auch geschlossene Kühlräume im Kolbenkopf möglich. Der äußere Kühlraum des Stahl-Kolbenkopfs wird dazu mit geteilten Federblechen verschlossen.

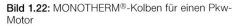

**Bild 1.22:** MONOTHERM®-Kolben für einen Pkw-Motor

**Bild 1.23:** Optimierter MONOTHERM®-Kolben für einen Nkw-Motor

Der FERROTHERM®-Kolben bietet durch seine Bauweise neben hoher Festigkeit und Temperaturbeständigkeit gute Verschleißwerte. Sein konstant niedriger Ölverbrauch, sein geringes Schadvolumen sowie seine vergleichsweise hohe Oberflächentemperatur bieten gute Voraussetzungen für die Einhaltung niedriger Abgas-Emissionsgrenzwerte. FERROTHERM®-Kolben kommen in hoch belasteten Nkw-Motoren zum Einsatz.

### 1.3.3.6 MONOTHERM®-Kolben

Der MONOTHERM®-Kolben, **Bild 1.22**, ist aus der Entwicklung des FERROTHERM®-Kolbens hervorgegangen. Diese Kolbenbauart ist ein stark gewichtsoptimierter, einteiliger Kolben aus geschmiedetem Stahl. Bei kleiner Kompressionshöhe (bis unter 50 % des Zylinderdurchmessers) und Bearbeitung oberhalb des Nabenabstands (innen) entspricht die Kolbenmasse mit Kolbenbolzen nahezu der Masse des vergleichbaren Aluminiumkolbens mit Kolbenbolzen. Zur Verbesserung der Kolbenkühlung ist der äußere Kühlraum durch zwei Federblechhälften verschlossen. Der MONOTHERM®-Kolben wird in Pkw- und Nkw-Motoren mit Serienzünddrücken von bis zu 20 MPa eingesetzt.

### 1.3.3.7 Optimierter MONOTHERM®-Kolben

Beim optimierten MONOTHERM®-Kolben, **Bild 1.23**, ist der Kolbenschaft zum einen – wie beim konventionellen MONOTHERM®-Kolben – seitlich mit den Bolzennaben verbunden. Zum anderen ist die Oberkante des Kolbenschafts zusätzlich mit der Innenform des Kolbens verbunden.

Vorteile des optimierten MONOTHERM®-Kolbens sind:

■ Versteifung der Struktur mit der Folge reduzierter Verformungen und höherer Belastbarkeit
■ Reduzierung der Kolbensekundärbewegung, daraus resultieren sowohl eine
■ geringere Kavitationsneigung als auch
■ eine verbesserte Führungsqualität, insbesondere für die Kolbenringe
■ Vergleichmäßigung der Flächenpressung am Schaft
■ Zusätzliche Oberfläche und zusätzlicher Querschnitt zur Abfuhr von Wärme
■ Vorteile beim Schmieden und Bearbeiten

Der optimierte MONOTHERM®-Kolben wird bei Zünddruckbelastungen bis 25 MPa eingesetzt.

### 1.3.3.8 MonoWeld®-Kolben

Mit dem neuen reibgeschweißten MonoWeld®-Kolben, **Bild 1.24**, wurde das Portfolio der Stahlkolben ergänzt. Die im Vergleich zum optimierten MONOTHERM®-Kolben steifere Struktur bewirkt eine höhere thermische und mechanische Belastbarkeit. Verglichen mit dem MonoXcomp®-Kolben hat der MonoWeld®-Kolben im inneren Bereich keinen Kühlraum.

Der MonoWeld®-Kolben eignet sich für Zünddruckbelastungen bis 25 MPa.

**Bild 1.24:**
MonoWeld®-Kolben für einen Nkw-Motor

### 1.3.3.9 Elektronenstrahlgeschweißte Kolben

Grundlage ist ein geschmiedeter Kolben aus Al-Legierungen für hoch belastete Motoren. Durch das Umformen lassen sich einerseits wesentlich höhere und gleichmäßigere Festigkeitswerte erzielen als durch Gießen. Andererseits erlaubt der Gießprozess die Anwendung von Ringträgern und das Eingießen von Salzkernen zur Ausbildung von Kühlkanälen.

**Bild 1.25:**
Elektronenstrahlgeschweißter Kolben mit Kühlkanal für den Hochleistungsdieselmotor

Das Elektronenstrahlschweißen bietet die Möglichkeit, geschmiedete Kolbengrundkörper mit gegossenen Ringbändern zu kombinieren und damit die Vorteile beider Herstellverfahren zu vereinen. **Bild 1.25** zeigt das Beispiel eines elektronenstrahlgeschweißten Kolbens mit Ring-träger und Kühlkanal.

## 1.3.4  Gebaute Kolben für Großmotoren

### 1.3.4.1  Einsatzbereich und Ausführungsform
Der gebaute Kolben bietet die Möglichkeit, sowohl Kühlräume zu schaffen als auch die Eigen-schaften verschiedener Werkstoffe in einem Kolben zu vereinen. Der Leistungsbereich von Viertaktmotoren mit gebauten Kolben reicht von 500 bis 30.000 kW bei bis zu 20 Zylindern. Einsatzgebiete sind Stromaggregate, Schiffshaupt- und -nebenantriebe, schwere Bau- und Schienenfahrzeuge.

Gebaute Kolben gibt es in verschiedenen Varianten. Allen gemeinsam ist eine Konstruktion aus zwei Hauptbestandteilen: dem Kolbenboden mit der Ringpartie (Kolbenoberteil) und dem Kolbenschaft mit den Kolbennaben (Kolbenunterteil). Die beiden Teile sind über geeignete Verschraubungselemente miteinander verschraubt.

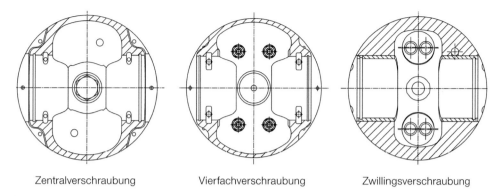

Zentralverschraubung         Vierfachverschraubung         Zwillingsverschraubung

**Bild 1.26:** Verschraubungsarten – Unteransichten

Die Verbindung zwischen Kolbenober- und -unterteil kann als Zentralverschraubung – mit nur einer Schraube, **Bild 1.30** und **Bild 1.26 links** – oder als Mehrfachverschraubung ausgeführt sein. Die Mehrfachverschraubung gliedert sich im Wesentlichen in Ausführungen mit vier einzelnen Schrauben, von denen jede ihr eigenes Druckstück hat, **Bild 1.26 Mitte**, und Zwillings-verschraubung, d. h. jeweils zwei Schrauben zu einem Druckstück, **Bild 1.26 rechts**.

Entscheidend für die Wahl der Verschraubungsart sind die geometrischen Verhältnisse am Kolben. Großen Einfluss haben z. B. Bauteilgröße, Muldengeometrie, Kühlungsprinzip und Ausführung des Oberteils (Bohrungskühlung oder Shakerkühlung).

### 1.3.4.2  Kolbenoberteil

Das Kolbenoberteil besteht aus Schmiedestahl und kann mit Shakerkühlung oder bohrungs-gekühlt ausgeführt sein, **Bild 1.27.** Die bohrungsgekühlte Variante zeichnet sich durch erhöhte Steifigkeit bei unverändert wirkungsvoller Wärmeableitung aus. Durch die erhöhte Steifigkeit ist eine Konstruktion mit nur einer Auflagefläche möglich.

Zwei Auflageflächen                                          Eine Auflagefläche

**Bild 1.27:** Kolbenoberteil mit Shakerkühlung (links) und Bohrungskühlung (rechts)

Wird als Treibstoff Schweröl eingesetzt, dann werden zur Verschleißreduzierung die Kolbenringnuten induktiv gehärtet oder verchromt.

### 1.3.4.3  Kolbenunterteil aus geschmiedeter Al-Legierung

Geschmiedete Aluminiumunterteile, **Bild 1.28**, eignen sich für den Bereich niedriger und mittlerer Zünddrücke, haben eine geringe Masse und sind einfach zu bearbeiten.

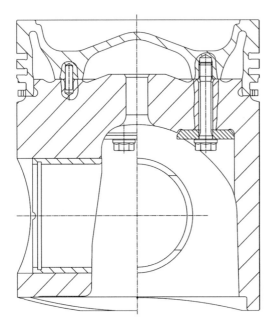

**Bild 1.28:**
Gebauter Kolben mit Stahlboden,
Aluminiumunterteil, Nabenbuchsen,
Druckstück und Dehnschraube

### 1.3.4.4  Kolbenunterteil aus Sphäroguss

Bei gebauten Kolben mit einem Unterteil aus Sphäroguss, **Bild 1.29**, stehen ein geringes Kolbenkaltspiel und daraus folgend geringe Kolbensekundärbewegung und hohe Fresssicherheit im Vordergrund. Das Gießverfahren ermöglicht im Gegensatz zum Schmiedestahl Hinterschnitte und daraus resultierend leichtere Konstruktionen. In entsprechender Ausführung eignet er sich für Zünddrücke von mehr als 20 MPa. Verglichen mit Kolben mit Aluminiumunterteil erhöht sich aufgrund der höheren Werkstoffdichte allerdings die Masse.

### 1.3.4.5  Kolbenunterteil aus Schmiedestahl

Kolbenunterteile aus Schmiedestahl, **Bild 1.30**, bieten die höchste Bauteilfestigkeit und prozessbedingt einen extrem fehlerarmen Werkstoff. Sie eignen sich für höchste Beanspruchungen von mehr als 24 MPa. Ähnlich wie Kolben mit Unterteilen aus Sphäroguss bieten sie den Vorteil eines geringen Kolbenkaltspiels und daraus resultierend einer geringen Kolbensekundärbewegung.

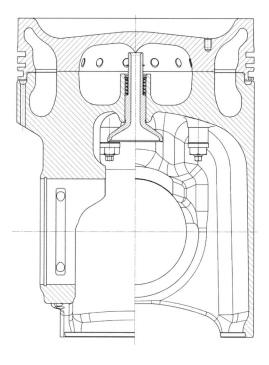

**Bild 1.29:**
Gebauter Kolben mit Stahlboden und
Unterteil aus Sphäroguss, Druckstück
und Dehnschrauben

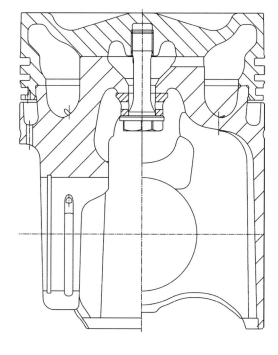

**Bild 1.30:**
Gebauter Kolben mit Stahlboden, Unterteil
aus Schmiedestahl, Druckstück und Dehnschraube

# 2 Kolben-Gestaltungsrichtlinien

Aufgrund der Betriebsanforderungen gängiger Verbrennungskraftmaschinen (Zweitakt-, Viertakt-, Otto- und Dieselmotor) sind in der Regel Aluminium-Silizium-Legierungen die zweckmäßigsten Kolbenwerkstoffe. Großkolben und Nkw-Kolben bzw. deren Köpfe oder Oberteile werden jedoch häufig aus Stahl hergestellt.

## 2.1 Begriffe und Hauptabmessungen

Funktionsbereiche beim Kolben sind der Kolbenboden, die Ringpartie mit dem Feuersteg, die Kolbennabe und der Kolbenschaft, **Bild 2.1**. Zusätzliche Funktionselemente, Kühlkanal und Ringträger kennzeichnen die Kolbenbauart. Zur Baugruppe Kolben zählen auch noch die Kolbenringe, der Kolbenbolzen und − je nach Auslegung − die Bolzensicherungen.

Um die Massen möglichst gering zu halten, ist eine sorgfältige konstruktive Auslegung der Kolben notwendig, verbunden mit einer guten Kolbenkühlung. Wichtige Abmessungen und übliche Werte zeigen **Bild 2.2** und **Tabelle 2.1**.

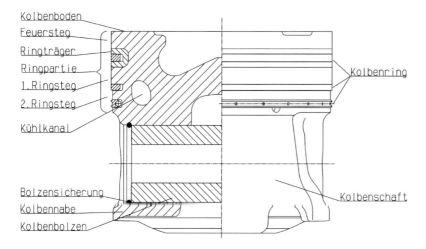

**Bild 2.1:** Wichtige Begriffe am Kolben

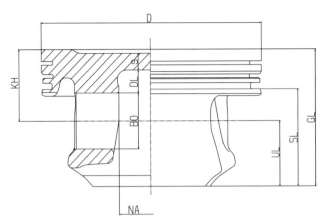

**Bild 2.2:**
Wichtige Abmessungen am Kolben

BO: Nabenbohrungs-Ø, (Kolbenbolzen-Ø)

KH: Kompressionshöhe

NA: Nabenabstand

D:  Kolben-Ø

s:  Bodendicke

DL: Dehnlänge

SL: Schaftlänge

GL: Gesamtlänge

UL: Untere Länge

**Tabelle 2.1:** Hauptabmessungen von Leichtmetallkolben

|  | Ottomotoren | | Dieselmotoren* |
|---|---|---|---|
|  | Zweitakt | Viertakt (Pkw) | Viertakt (Pkw) |
| Durchmesser D [mm] | 30 − 70 | 65 − 105 | 65 − 95 |
| Gesamtlänge GL/D | 0,8 − 1,0 | 0,6 − 0,7 | 0,8 − 0,95 |
| Kompressionshöhe KH/D | 0,4 − 0,55 | 0,30 − 0,45 | 0,5 − 0,6 |
| Bolzendurchmesser BO/D | 0,20 − 0,25 | 0,20 − 0,26 | 0,3 − 0,4 |
| Höhe Feuersteg [mm] | 2,5 − 3,5 | 2 − 8 | 6 − 12 |
| Höhe 1. Ringsteg St/D* | 0,045 − 0,06 | 0,040 − 0,055 | 0,055 − 0,1 |
| Nuthöhe für 1. Kolbenring [mm] | 1,2 u. 1,5 | 1,0 − 1,75 | 1,75 − 3,5 |
| Schaftlänge SL/D | 0,55 − 0,7 | 0,4 − 0,5 | 0,5 − 0,65 |
| Nabenabstand NA/D | 0,25 − 0,35 | 0,20 − 0,35 | 0,25 − 0,35 |
| Bodendicke s/D bzw. s/$D_{Mu,max}$** | 0,055 − 0,07 | 0,06 − 0,10 | 0,14 − 0,23 |

* Werte bei Dieselmotoren gelten für Ringträgerkolben; ** Diesel

## 2.1.1  Bodenformen und Bodendicke

Der Kolbenboden bildet einen Teil des Brennraums. Kolben für Ottomotoren können flach, erhaben oder vertieft sein. Bei Kolben für Dieselmotoren ist meist die Brennraummulde im Kolbenboden angeordnet. Die Geometrie des Kolbenbodens wird auch von der Anzahl und Lage der Ventile beeinflusst, **Bild 2.3**. Der maximale Gasdruck und die abzuführende Wärmemenge bestimmen die Stärke des Kolbenbodens (Bodendicke). Der Kolbenboden bzw. beim Dieselkolben der Muldenrand ist die thermisch höchstbeanspruchte Partie eines Kolbens.

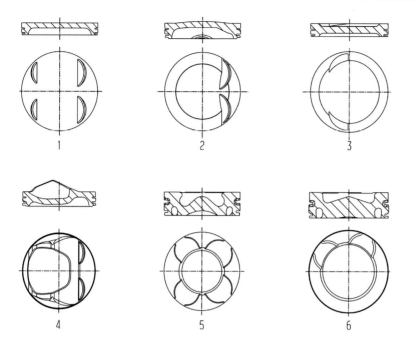

**Bild 2.3:** Beispiele von Kolbenbodenformen verschiedener Kolben für Otto- und Dieselmotoren
(1 bis 3 für Viertakt-Ottomotoren mit Saugrohreinspritzung, 4 für Viertakt-Ottomotoren mit Direkteinspritzung, 5 bis 6 für Viertakt-Dieselmotoren mit Direkteinspritzung)

Die in **Tabelle 2.1** angegebenen Werte für die Bodendicke s gelten allgemein für Kolben mit
ebenen und mit konvex oder konkav gewölbten Böden.

## 2.1.2 Kompressionshöhe

Die Kompressionshöhe ist der Abstand zwischen der Mitte des Kolbenbolzens und der Feuer-
stegoberkante. Ziel ist eine möglichst kleine Kompressionshöhe, um die Kolbenmasse und die
Bauhöhe des Motors so gering wie möglich zu halten. Die Anzahl und Höhe der Kolbenringe,
die notwendigen Ringstege, der Kolbenbolzendurchmesser und die Feuersteghöhe ergeben
aber eine Mindest-Kompressionshöhe, die nicht unterschritten werden kann. Bei Kolben für
Dieselmotoren sind neben der Muldentiefe im Allgemeinen der Pleuelaugenradius und die
erforderliche Mindestbodendicke unter der Mulde für die Kompressionshöhe bestimmend.

Die Reduzierung der Kompressionshöhe hat auch Nachteile. Bei hohen Leistungen und Gas-
drücken sind höhere Temperaturen in der Nabenbohrung und höhere Beanspruchungen am
Kolbenboden die Folge der geringen Kompressionshöhe. Risse in der Nabenbohrung oder
am Kolbenboden sind dann nicht auszuschließen. Dementsprechend ist bei Kolben für Dieselmotoren eine große Dehnlänge günstig für die Belastbarkeit des Muldenrands.

## 2.1.3 Feuersteg

In der Kolbenringzone wird der Abstand zwischen der Kolbenbodenkante und der Oberflanke der 1. Kolbenringnut als Feuersteg bezeichnet. Seine Dimensionen sind ein Kompromiss aus folgenden Forderungen: Auf der einen Seite geringe Kolbenmassen und ein minimales Totvolumen zur Reduzierung des Kraftstoffverbrauchs und der Abgasemissionen; auf der anderen Seite benötigt der 1. Kolbenring, ein Kompressionsring, einen seiner Funktion noch zuträglichen Temperaturbereich. Dieser hängt wiederum stark vom Verbrennungsverfahren, dem Werkstoff und der Geometrie des 1. Kolbenringes und seiner Kolbenringnut sowie von der Lage des Wassermantels am Zylinder ab.

Bei Ottomotoren beträgt die Feuersteghöhe 4 bis 10 % des Kolbendurchmessers mit weiter fallender Tendenz, um die durch Spalte hervorgerufenen Kohlenwasserstoff-Emissionen weiter zu reduzieren.

Bei Pkw-Dieselmotoren mit Direkteinspritzung beträgt dieser Wert zwischen 8 und 15 % des Kolbendurchmessers.

Bei Nkw-Dieselmotoren mit direkter Einspritzung sind es 8 bis 13 % des Kolbendurchmessers für Aluminiumkolben und 6 bis 10 % für Stahlkolben.

## 2.1.4 Ringnuten und Ringstege

Die Kolbenringzone besteht im Allgemeinen aus drei Ringnuten zur Aufnahme der Kolbenringe. Die Kolbenringe dichten den Brennraum ab und steuern den Schmierölverbrauch. Ihre Oberfläche muss deshalb von höchster Qualität sein. Mangelhafte Dichtheit führt zum Durchblasen der Verbrennungsgase in das Kurbelgehäuse, zum Aufheizen der durch den heißen Gasstrom beaufschlagten Oberflächen und zu Zerstörungen des sehr wichtigen Ölfilms auf den Laufflächen der Gleit- und Dichtpartner. Der Kolbenring darf, wenn er bündig zum Kolbenaußendurchmesser in die Nut gedrückt wird, nicht am Nutgrund-Durchmesser des Kolbens anstoßen. Er benötigt also ein radiales Spiel.

Die heutigen Schmieröle lassen in Kolben von Ottomotoren Nuttemperaturen von mehr als 200 °C und in Kolben von Dieselmotoren von bis zu 280 °C zu, ohne dass es zum Feststecken der Kolbenringe durch Rückstandsbildung in der 1. Kolbenringnut kommt.

Bei Kolben für Dieselmotoren, die wesentlich höhere Verbrennungsdrücke als Ottomotoren entwickeln, wird die 1. Kolbenringnut durch Eingießen eines Ringträgers erheblich verschleißresistenter. Ringträger bestehen meist aus Niresist, einem austenitischen Gusseisen, dessen

Wärmeausdehnung in etwa der von Aluminium entspricht. Der Ringträger geht durch das bekannte Alfin-Verbundgussverfahren eine haltbare metallische Verbindung mit dem Kolben ein. Dieses Verfahren ermöglicht auch einen besseren Wärmeübergang.

Als Ringsteg wird der Teil der Ringpartie eines Kolbens bezeichnet, der sich zwischen zwei Kolbenringnuten befindet. Vor allem der 1. Ringsteg, der stark durch den Gasdruck belastet wird, muss ausreichend dimensioniert sein, um Ringstegbrüche zu vermeiden. Seine Höhe hängt vom maximalen Gasdruck des Motors und der Stegtemperatur ab. Bei Kolben für Otto-motoren beträgt die Ringsteghöhe 4 bis 6 %, für aufgeladene Pkw-Dieselmotoren 5,5 bis 10 % und bei Nutzfahrzeug-Kolben etwa 10 % des Kolbendurchmessers. Der 2. bzw. die übrigen Ringstege können durch die geringere Druckbeaufschlagung geringer dimensioniert werden.

## 2.1.5 Gesamtlänge

Die Gesamtlänge GL des Kolbens, bezogen auf den Kolbendurchmesser, ist von der Kompressionshöhe und der Führungslänge am Schaft abhängig. Vor allem bei kleineren schnell laufenden Motoren wird im Sinne einer geringen Kolbenmasse die Gesamtlänge möglichst gering gehalten.

## 2.1.6 Nabenbohrung

### 2.1.6.1 Rauheit

Der einwandfreie Zustand des Gleitsystems Nabenbohrung/Kolbenbolzen gewährleistet einen sicheren Motorbetrieb. Zu geringe Rauheit kann, besonders beim Start, zu Nabenboh-rungsfressern führen. In der Nabenbohrung wird deshalb, je nach Bohrungsdurchmesser, eine Rauheit von $R_a$ = 0,63 bis 1,0 μm angestrebt. Kolben mit nur im Kolben beweglichem Kolbenbolzen (Schrumpfpleuel) haben meist etwas größere Rauheitswerte, um die Ölhaltung, besonders bei ungünstigen Laufbedingungen, zu erhöhen.

Oft sind noch weitere Detailmaßnahmen erforderlich, um die Schmierung unter allen Betriebs-bedingungen sicherzustellen. Unter anderem tragen Öltaschen (Slots) oder umlaufende Ölril-len zu einer verbesserten Schmierung in der Nabenbohrung bei.

### 2.1.6.2 Einbauspiel

Das Spiel des Kolbenbolzens in den Kolbennaben ist für einen ruhigen Lauf und geringen Ver-schleiß der Lagerstellen wichtig. Da die Werkstoffe des Kolbens und des Kolbenbolzens eine unterschiedliche Wärmeausdehnung haben, sind bei warmem Motor die Laufspiele größer als die Einbauspiele bei kaltem Motor. Für diese Differenz gilt näherungsweise:

Spielvergrößerung = 0,001 x Bolzendurchmesser [mm]

Die Spielvergrößerung bei einem Kolbenbolzen von 30 mm Durchmesser beträgt demnach etwa 30 µm.

Früher waren häufig sehr enge Spiele üblich, sodass der Kolbenbolzen nur in den vorgewärmten Kolben eingeschoben werden konnte. Heute ist das Spiel durchweg größer, der Kolbenbolzen wird in die Nabenbohrung bei Raumtemperatur eingeschoben. Auf diese Weise werden Deformationen des Schafts durch Schrumpfspannungen und gegebenenfalls ein Festfressen des Kolbenbolzens im Kolben beim Start bei tiefen Temperaturen vermieden.

Bei der Auslegung des Mindestspiels, **Tabelle 2.2**, ist für Ottomotoren zu unterscheiden, ob es sich um eine schwimmende Bolzenlagerung oder einen im kleinen Pleuelauge eingeschrumpften Kolbenbolzen handelt. Die schwimmende Bolzenlagerung ist die Standardausführung und die in den Kolbennaben spezifisch am höchsten belastbare Variante.

Beim Schrumpfpleuel sitzt der Kolbenbolzen mit Überdeckung im kleinen Pleuelauge. Das erleichtert die automatische Montage von Kolben, Kolbenbolzen und Pleuelstange, da keine besonderen Kolbenbolzensicherungen notwendig sind. Die Schrumpfpleuel-Ausführung ist für moderne Dieselmotoren und für Ottomotoren mit Turboaufladung ungeeignet.

**Tabelle 2.2:** Mindestbolzenspiel für Ottomotoren [mm] – nicht für Motoren für den Rennsport geeignet

| Schwimmende Lagerung des Kolbenbolzens | Schrumpfsitz Kolbenbolzen |
|---|---|
| 0,002 – 0,005 | 0,006 – 0,012 |

### 2.1.6.3  Toleranzen

Für die Paarung von Kolbenbolzen und Kolben gelten ähnliche Gesichtspunkte wie bei Kolben und Zylinder. Um die Montage zu erleichtern, wird – begünstigt durch kleinere Fertigungstoleranzen bei Nabenbohrungen und bei Kolbenbolzen – meistens nur eine Maßgruppe verwendet. Die Toleranz bei Kolbenbolzen beträgt je nach Bolzendurchmesser 4 bis 8 µm. Die Nabenbohrungstoleranz ist um jeweils etwa 1 µm größer.

### 2.1.6.4  Desachsierung

Die Kinematik des Kurbeltriebs eines Hubkolbenmotors führt während eines Arbeitszyklus zu mehrfachem Anlagewechsel des Kolbens an der Zylinderwand. Der Gasdruck drückt nach dem oberen Totpunkt eine Schaftseite des Kolbens an die Zylinderwand. Diese Zone wird als Druckseite bezeichnet, die ihr gegenüberliegende Schaftseite als Gegendruckseite.

Ein Versatz der Kolbenbolzenachse zur Kolbenlängsachse (Desachsierung) bewirkt ein geändertes Anlageverhalten des Kolbens beim Seitenwechsel und beeinflusst die Seitenkräfte und Aufschlagimpulse entscheidend. Durch Berechnung der Kolbenbewegung lassen sich die Lage und Größe des Versatzes zur Kolbenlängsachse optimieren und so das Kolbenlaufgeräusch und die Kavitationsgefahr an der Zylinderlaufbuchse erheblich vermindern.

## 2.1.7 Kolbenschaft

Der Kolbenschaft als unterer Teil des Kolbens führt den Kolben im Zylinder. Diese Aufgabe kann er nur bei geeignetem Spiel zum Zylinder erfüllen. Durch eine ausreichende Schaftlänge und enge Führung bleibt das Kolbenkippen beim Anlagewechsel des Kolbens von der einen zur gegenüberliegenden Zylinderwand gering.

Bei Kolben für Dieselmotoren dominierte früher der Glattschaftkolben mit seinem geschlossenen, nur im Bereich der Kolbenbolzenbohrungen unterbrochenen Schaft. Diese Bauart wird heute teilweise noch bei Kolben für Zweitakt-Ottomotoren angewendet. Aluminium-Dieselkolben sind für Nkw-Motoren teilweise noch in Glattschaft-Bauweise mit nur geringfügiger Zurücksetzung im Bereich der Kolbennabe ausgeführt, im Pkw-Bereich grundsätzlich als Fensterkolben.

Vielseitig sind die Ausführungen der Kolbenschäfte bei Kolben für Ottomotoren, **Bild 2.4**. Um die Massenkräfte gering zu halten, haben sie nur noch verhältnismäßig schmale Schaftflächen, was zum Kastenkolben, z. T. mit unterschiedlich breiten Laufflächen (Asymdukt-Kolben) und/oder mit schrägen Kastenwänden (u. a. EVOTEC®-Kolben) führte.

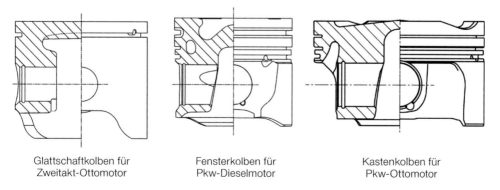

Glattschaftkolben für
Zweitakt-Ottomotor

Fensterkolben für
Pkw-Dieselmotor

Kastenkolben für
Pkw-Ottomotor

**Bild 2.4:** Schaftformen

Der Kolbenschaft muss in Bezug auf seine Festigkeit einige Anforderungen erfüllen. Einerseits soll er die Seitenkräfte ohne große Verformungen aufnehmen, andererseits soll er sich elastisch den Verformungen des Zylinders anpassen. Der Kolbenboden biegt sich unter Temperatur- und Zünddruckbelastung durch und verformt den Kolbenschaft in Druck- und Gegendruckrichtung oval. Das vergrößert den Durchmesser in Richtung des Kolbenbolzens und verkleinert ihn in Druck-Gegendruck-Richtung. Bleibender Schafteinfall durch plastische Verformung sollte jedoch vermieden werden. Abhilfemaßnahmen bei gefährdeten Kolben sind u. a. größere Wandstärken, ovale Kolbeninnenformen oder kleine Umfangslängen des Kolbenschafts.

Das untere Ende des Kolbenschafts sollte möglichst nicht oder nur wenig aus dem Zylinder austauchen (Unterkante Nabenbohrung). Das Austauchen muss bei der Gestaltung der Kolbenform entsprechend berücksichtigt werden.

## 2.2   Kolbenform

### 2.2.1  Kolbenspiel

Der Kolben dehnt und verformt sich unter Einwirkung der Gastemperaturen und Kräfte, insbesondere der Gaskraft. Diese Formänderung gilt es bei der konstruktiven Gestaltung des Kolbens miteinzubeziehen, um einen klemmfreien Lauf bei Betriebstemperatur zu gewährleisten. Dazu wird der Kolben im Kaltzustand mit einem Spiel eingebaut, das die zu erwartende Verformung und die Kolbensekundärbewegung berücksichtigt. Außerdem erhält er eine vom idealen Kreiszylinder abweichende Form, die als „Kolbenform" (auch „Kolbenfeinkontur") bezeichnet wird.

Das lokale Spiel im Kaltzustand setzt sich aus der Differenz der Durchmesser von Zylinder und dem als Kreiszylinder gedachten Kolben (dem Einbauspiel) zusammen sowie aus der Abweichung des Kolbens von dieser Kreiszylinderform. Die Kolbenform weicht in axialer Richtung (Konizität, Balligkeit) und in Umfangsrichtung (Ovalität) von der idealen Kreiszylinderform ab.

### 2.2.2  Ovalität

Üblicherweise haben Kolben in Kolbenbolzenrichtung einen geringfügig kleineren Durchmesser als in Druck-Gegendruck-Richtung. Die Differenz ist die (diametrale) Ovalität, **Bild 2.5**.

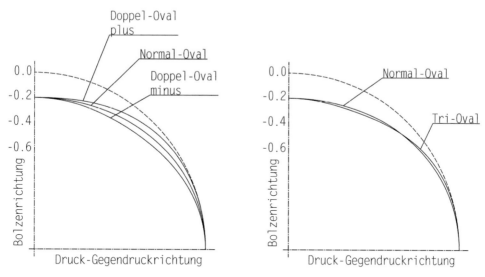

**Bild 2.5:** Ovalität und Überlagerung, Doppel-Oval (links), Tri-Oval (rechts)

Die ovale Formgebung von Kopf und Schaft bietet viele Auslegungsmöglichkeiten. Durch die Schaftovalität wird in Richtung der Kolbenbolzenachse Raum für die Wärmeausdehnung geschaffen. Zur Erzeugung eines gleichmäßigen, ausreichend breiten Tragbildes kann die Ovalität variiert werden. Üblicherweise beträgt sie (diametral) 0,3 bis 0,8 % des Kolbendurchmessers.

Neben der Normal-Ovalität sind auch Ovalitäten mit Überlagerungen möglich, sogenannte Doppel- bzw. Tri-Ovalitäten. Bei Doppel-Ovalität in Form von positiver (Doppel-Oval plus) bzw. negativer (Doppel-Oval minus) Überlagerung ist der örtliche Kolbendurchmesser größer bzw. kleiner als bei Normal-Ovalität, **Bild 2.5 links**. Die positive Überlagerung verbreitert, die negative verschmälert im Vergleich zur Normal-Ovalität das Tragbild. Tri-Ovalität in Form von positiver Überlagerung verbreitert das Tragbild, das aufgrund eines ab etwa 35° zur Druck-Gegendruck-Richtung deutlich abnehmenden örtlichen Kolbendurchmessers begrenzt wird, **Bild 2.5 rechts**.

Die sich in Druck- und Gegendruckrichtung ergebenden Laufflächen sollten nicht zu schmal sein, damit die spezifischen Pressungen zwischen Kolben und Zylinder niedrig bleiben. Um harten Tragstellen und Fressgefahr vorzubeugen, sollte sich die tragende Fläche allerdings auch nicht bis zu den Kastenwänden ausdehnen. **Bild 1.7** in Kapitel 1.2.4 zeigt die tragende Fläche bei einer günstigen Kolbenform.

Weitere Möglichkeiten zur Optimierung der Kolbenform bieten in Druck- und in Gegendruckrichtung unterschiedliche Ovalitäten sowie Ringpartieversätze und sogenannte Korrekturen.

### 2.2.3  Schaft- und Ringpartieeinzug

Am oberen und am unteren Schaftende wird der Kolben etwas eingezogen, um die Ausbildung des tragenden Schmierölkeils zu begünstigen.

Der stärkere Einzug im Bereich der Kolbenringpartie trägt zum einen der starken Wärmedehnung aufgrund hoher Temperaturen in diesem Bereich und der Verformung durch die Gaskraft Rechnung. Zum anderen verhindert er, dass die Kolbenringpartie aufgrund der Kolbensekundärbewegung am Zylinder anschlägt. Vor allem bei den geräuschsensiblen Ottomotoren sollte es keine Kontakte zwischen Kolbenringpartie und Zylinder geben.

All diese Gesichtspunkte verlangen für die verschiedenen Kolbenbauarten optimierte Bearbeitungsformen der Mantelfläche. Die endgültige Kolbengestalt ist nur durch umfangreiche Simulation und Motorenversuche abzusichern. **Bild 2.6** zeigt ein Detail aus einer Kolbenformzeichnung.

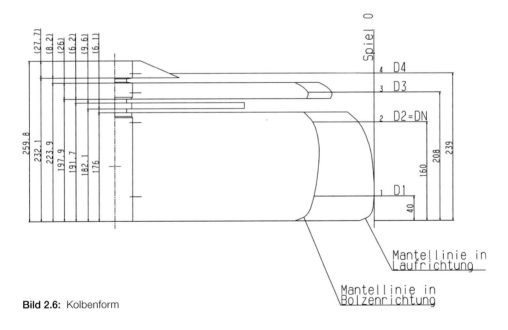

**Bild 2.6:** Kolbenform

### 2.2.4  Maß- und Formtoleranzen

Der Kolbendurchmesser wird üblicherweise an einer von mindestens drei Messebenen absolut bestimmt. Diese Bezugsmessebene wird mit DN bezeichnet. Sie liegt bevorzugt an der Stelle mit dem engsten Spiel zwischen Kolben und Zylinder (DN = D1) oder in einem formstabilen Bereich (DN = D2). Die Maßtoleranz beträgt abhängig vom Kolbendurchmesser (diametral) 8 bis 18 μm.

Die Kolbenaußenkontur wird durch NC-gesteuertes Feindrehen gefertigt. Durch die Elastizität des Kolbens ergibt sich ein trichterförmiges Toleranzband, wie in **Bild 2.7** schematisch dargestellt. Die Abweichungen von der Sollform werden als Formtoleranzen bezeichnet. Die Formtoleranzen der Durchmesser D1, D2, D3 und D4 betragen bei Kolben für Pkw- und Nkw-Motoren im Schaftbereich (diametral) etwa 7 μm bezogen auf DN und im Ringpartiebereich (diametral) 10 bis 15 μm. Es gilt das Prinzip der Gleitskala. Entsprechend dem Ist-Durchmesser in der Klassifizierungsebene verschiebt sich das Toleranzband für die Formtoleranzen.

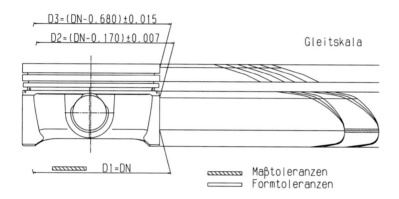

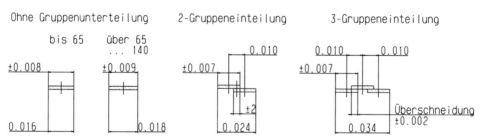

**Bild 2.7:** Kolbenform, Maß- und Formtoleranzen

## 2.2.5 Einbauspiel

Das Einbauspiel ist die Differenz zwischen Zylinderdurchmesser und größtem Kolbendurchmesser D1. Für geringe Reibleistungswerte darf das Einbauspiel einerseits nicht zu klein gewählt werden. Andererseits darf es nicht zu groß sein, damit bei allen Betriebszuständen ein gleichmäßig ruhiger Lauf erreicht wird. Aufgrund der unterschiedlichen Wärmedehnungen sind diese Ziele bei der Kombination von Aluminiumkolben und Graugusszylinder am schwersten zu erreichen. Früher wurden häufig eingegossene Stahlstreifen zur Reduzierung der Wärmeausdehnung eingesetzt. **Tabelle 2.3** gibt eine Übersicht über die (diametralen) Spiele am Schaft verschiedener Kolbenbauarten.

Mit zunehmender Betriebstemperatur verringert sich das Einbauspiel. Ursachen dafür sind die im Vergleich zum Zylinder stärkere Erwärmung des Kolbens und ggf. die unterschiedliche Wärmeausdehnung der Werkstoffe von Kolben und Zylinder. In betriebswarmem Zustand läuft der Kolben mit Überdeckung im Zylinder. Aufgrund der Ovalität beschränkt sich die Überdeckung auf den sich elastisch anpassenden Bereich des Schafts.

**Tabelle 2.3:** Übliche Einbauspiele von Leichtmetallkolben [‰ vom Nenndurchmesser]

| | Ottomotoren | | | Dieselmotoren |
|---|---|---|---|---|
| | Zweitakt | Viertakt (Pkw) | | Viertakt (Pkw) |
| Werkstoff Motorblock | Al-Legierung | Al-Legierung | Grauguss | Grauguss |
| Einbauspiel | 0,6 – 1,3 | 0,2 – 0,6 | 0,4 – 0,8 | 0,6 – 0,9 |
| Spiel am oberen Schaftende | 1,4 – 4,0* | 1,2 – 1,8 | 1,7 – 2,4 | 1,9 – 2,4 |

* Nur bei 1-Ring-Ausführung und Hochleistungsmotoren (Schaftende nahe Feuersteg)

## 2.2.6 Maßgruppen

Eine Maßgruppe für Kolben und Zylinder erleichtert die Logistik in der Großserienfertigung. Hat die Wirtschaftlichkeit der Produktion oberste Priorität, ergeben sich zwangsläufig geringfügig breitere Bänder für die Maßtoleranzen als bei der Einteilung in mehrere Gruppen, z. B. (diametral) 18 µm im Vergleich zu (diametral) 14 µm bei der 2-Gruppeneinteilung, **Bild 2.7**.

Bei Mehrklasseneinteilungen von Kolben bis 140 mm Durchmesser sind an den Grenzen der Gruppen Überschneidungszonen von 2 µm erforderlich. Die Kolben in den Überschneidungszonen können beliebig der jeweils größeren oder kleineren Maßgruppe zugeordnet werden. Dadurch ist gewährleistet, dass für jede Maßgruppe die gewünschte Stückzahl lieferbar ist.

## 2.2.7 Schaftoberfläche

Neben der Schaftform hat auch die Oberfläche der Schaftlauffläche einen großen Einfluss auf das Gleitverhalten des Kolbens. Zu geringe Rauheiten beeinträchtigen das Einlaufen des Kolbens, zu große Rauheiten erhöhen die reibungsbedingten Leistungsverluste. Durch Diamantfeindrehen gezielt erzeugte Schaftrauheitsprofile mit Rauheitswerten von $R_a$ = 1,5 bis 5 µm ($R_z$ = 6 bis 20 µm) führen zu günstigen Ergebnissen (vgl. Kapitel 1.2.4).

Dünne metallische Schichten von Zinn (0,8 bis 1,3 µm) oder Kunstharz-Graphitschichten (10 bis 40 µm) verbessern zusätzlich die Notlaufeigenschaften, besonders beim kritischen Einlaufvorgang oder beim Motorstart unter ungünstigen Bedingungen, etwa beim Kaltstart.

# 3 Simulation der Betriebsfestigkeit von Kolben mittels FEM

Die heutigen Anforderungen an moderne Verbrennungsmotoren sind nur mit hoch effizienten Brenn- und Aufladeverfahren realisierbar. Hinsichtlich spezifischer Leistung und Spitzendruck im Brennraum erreichen moderne Motoren inzwischen Werte, die in der Vergangenheit nur im Rennsport bekannt waren. Besonderen Belastungen sind hierbei die Kolben ausgesetzt, wobei jedoch die hohen Anforderungen an die Dauerhaltbarkeit und Kosteneffizienz des Bauteils unverändert bleiben. Sie sind im aktuellen globalen Wettbewerbsumfeld die entscheidenden Größen.

Eine Voraussetzung im Vorfeld aufwendiger motorischer Versuche ist die Simulation insbesondere der Betriebsbelastung und der Nachweis der Betriebsfestigkeit des Kolbens. Wichtig hierbei sind präzise, physikalisch fundierte Ansätze und die Anwendung effizienter Rechenverfahren. Im industriellen Umfeld hat sich hierfür die Methode der Finiten Elemente (FEM) als ein Standardverfahren etabliert. Die spezielle Anwendung dieses Verfahrens auf die Motorenkomponente Kolben wird im Folgenden beschrieben.

## 3.1 Modellbildung

Grundlage der Berechnung mit FEM ist die Modellbildung mit der Diskretisierung bzw. Vernetzung, also der Aufteilung der betreffenden Struktur in sogenannte Volumenelemente. Die in der Regel dreidimensionale Vernetzung sämtlicher Einzelteile des Gesamtmodells erfolgt unter Berücksichtigung aller wesentlichen Details und mit nur geringen Vereinfachungen.

Ausgehend von der Leistungsfähigkeit aktueller Computer sind Symmetrien (also der Einsatz von Halb- bzw. Viertelmodellen) nicht mehr zwingend erforderlich. Fast immer kann die von der Konstruktion erstellte Ausgangsgeometrie in vollem Umfang umgesetzt werden. Leistungsfähige Netzgeneratoren und Benutzerschnittstellen mit ausgefeilter Grafik (sogenannte Pre-Prozessoren) unterstützen effektiv die Modellbildung. Moderne Programme auf Multiprozessor-Computern erlauben die Bearbeitung (d. h. Lösung) von Modellen mit einer hohen Anzahl von Volumenelementen.

Im Fall der Kolbenberechnung umfasst das Gesamtmodell neben dem Kolben noch den Kolbenbolzen, das kleine Pleuelauge sowie den Zylinder, **Bild 3.1**. Zylinder und kleines Pleuelauge

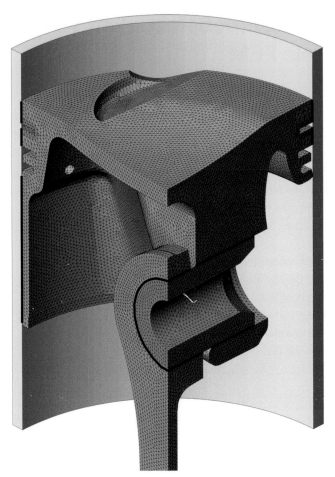

**Bild 3.1:**
FE-Modell eines Kolbens mit
Kolbenbolzen und kleinem
Pleuelauge

—— Kontakt-Bereiche

werden für die Berechnung an den entsprechenden Schnittstellen fixiert. Bei den im Motorbetrieb bewegten Komponenten Kolben und Kolbenbolzen erfolgt die Lagerung ausschließlich
über Kontaktbedingungen. Die Wechselwirkungen und die Lasteinleitung lassen sich dadurch
wirklichkeitsnah gestalten. Innerhalb der Kontaktdefinitionen können ferner etwa vorhandene
Feinprofile der Kontaktflächen, wie z. B. die Kolbenschaftform oder die Nabenformbohrung,
berücksichtigt werden.

Die Aufprägung der Belastung auf das Modell wird in den folgenden Kapiteln 3.2 und 3.3
dargestellt. Die Zuweisung von Materialkennwerten schließt den Modellierungsprozess ab. Je
nach Bauteil, Anwendungs- und Belastungsfall werden dazu rein linear-elastische bzw. auch
elastisch-plastische Materialeigenschaften verwendet.

# 3.2 Randbedingungen aus motorischer Belastung

Es wird zunächst zwischen thermischer und mechanischer Belastung unterschieden, Kapitel 3.2.1 und 3.2.2. In der Folge wird festgestellt, ob die Belastung des Kolbens dynamisch oder vereinfachend statisch angesehen werden kann.

Die Betriebsbelastung des Kolbens wird durch das motorische Arbeitsverfahren (z. B. Viertakt-Otto- bzw. Viertakt-Diesel-Prozess) vorgegeben. Entsprechend der sich zyklisch wiederholenden Abfolge der Takte des Arbeitsverfahrens wird demzufolge von einer zyklischen Belastung gesprochen. Zu den zyklischen Belastungen zählen

- die Temperatur aus dem Verbrennungsprozess,
- die Gaskraft aus dem Verbrennungsdruck,
- die Massenkraft sowie
- die Seitenkraft.

Belastungen, die nicht direkt aus dem Arbeitsverfahren des Motors stammen, sind entweder statisch, wie z. B. Eigenspannungen, Kapitel 3.3, oder sie ergeben sich aus Zustandsänderungen des Motorbetriebs. Diese können zufallsbedingt (z. B. Streckenprofil bei Kfz) oder definiert vorgeschrieben sein (z. B. Abnahmelauf, Abgastestzyklus).

## 3.2.1 Thermische Belastung

Auch die thermische Belastung aus der Gastemperatur im Verbrennungsprozess zählt zu den zyklischen Belastungen des Kolbens. Sie wirkt vorwiegend während des Arbeitstakts brennraumseitig auf den Kolben ein.

In den anderen Takten – je nach Arbeitsverfahren – ist die thermische Belastung auf den Kolben vermindert, unterbrochen oder es tritt beim Gaswechsel sogar eine Kühlwirkung ein. Generell erfolgt der Wärmeübergang von den heißen Brenngasen zum Kolben vorwiegend durch Konvektion und nur zu einem geringen Teil durch Strahlung.

Bezogen auf den Arbeitstakt ist die Einwirkdauer der thermischen Belastung, die aus der Verbrennung resultiert, sehr kurz. Daher folgt nur ein äußerst geringer Anteil der brennraumseitig oberflächennahen Bauteilmasse des Kolbens den zyklischen Temperaturschwankungen. Nahezu die gesamte Masse des Kolbens nimmt also eine quasistatische Temperatur an, die jedoch lokal sehr unterschiedlich ausfallen kann. Es stellt sich ein Temperaturfeld ein, Kapitel 3.4. In der Simulation ist die Berücksichtigung der zyklischen Temperaturschwankungen an der Oberfläche prinzipiell möglich, jedoch äußerst aufwendig. Üblicherweise wird darauf verzichtet.

Die zur Simulation des quasistatischen Temperaturfelds am Kolben nötigen thermischen Randbedingungen werden mit einer thermodynamischen Kreisprozessberechnung ermittelt. Sie werden mit eventuell vorhandenen Temperaturmessungen aus dem Motorversuch ergänzt, Kapitel 7.2. Zusätzliche Kenntnisse über vom Kontaktdruck abhängige Wärmeübergänge ermöglichen nun, an allen relevanten Oberflächen und Kontaktflächen des Kolbens geeignete Wärmeübergangskoeffizienten zu definieren. Mit ihnen lässt sich in Kombination mit den jeweiligen Umgebungstemperaturen der lokale Wärmestrom beschreiben.

Eine Alternative zur Bestimmung der zur Simulation des quasistatischen Temperaturfelds am Kolben nötigen thermischen Randbedingungen ist die Anwendung der CFD-Methode. Sie ermöglicht eine numerische Simulation des Verbrennungsprozesses.

Mit der CFD-Methode werden z. B. die Folgen inhomogener Gemischaufbereitung und entsprechend ungleichmäßiger Wärmefreisetzung im Brennraum beschrieben. Sie ermöglicht insbesondere auch an einem direkt einspritzenden Dieselmotor eine realitätsnahe Abbildung der komplexen Verhältnisse an den kolbenseitigen Brennraumwänden. Ein praktisches Beispiel für die hohe räumliche Auflösung der Randbedingungen für die Simulation des Temperaturfelds ist die detaillierte Berücksichtigung der Interaktion der keulenförmigen Brennstrahlen mit der Kontur der Kolbenmulde, **Bild 3.2**.

Aufgrund der bei diesen Brennverfahren eingesetzten Mehrlochdüsen können nahezu beliebige Muster am Umfang der Kolbenmulde auftreten. Ohne die Unterstützung der CFD-Methode können solche Verhältnisse bei vertretbarem Aufwand nur vereinfacht abgebildet werden.

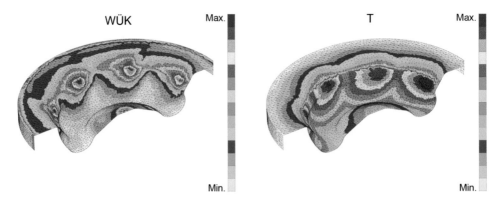

**Bild 3.2:** Verteilung der Wärmeübergangskoeffizienten (WÜK, links) und der Gastemperatur (T, rechts) am Kolbenboden eines Nkw-Motors aus einer CFD-Berechnung

## 3.2.2 Mechanische Belastung

Die zyklische Beaufschlagung des Kolbens durch

- die Gaskraft aus dem Verbrennungsdruck,
- die Massenkraft aus der oszillierenden Bewegung des Kolbens und
- die Seitenkraft aus der Abstützung der Gaskraft über die schräg stehende Pleuelstange sowie der Massenkraft der schwingenden Pleuelstange

begründet die mechanische Belastung.

Gemäß den Grundlagen der Maschinendynamik lassen sich zu jedem beliebigen Zeitpunkt die korrekte Überlagerung dieser dynamischen Kräfte in Abhängigkeit der kinematischen Verhältnisse im Kurbeltrieb bestimmen und bei der Simulation der Betriebsbelastung als äußere Kräfte definieren. Bei der Simulation der Betriebsbelastung des Kolbens werden die auf den Kolben einwirkenden äußeren Kräfte zum jeweils betrachteten Zeitpunkt als statisch angenommen.

Um keine für die Belastung des Kolbens kritische Kombination dieser Kräfte – die sogenannten Lastfälle – zu vernachlässigen, wird nun eine praktikable Anzahl von gezielt gewählten Zeitpunkten betrachtet. Zu diesen gehören vor allem Zeitpunkte, in denen einzelne Anteile der mechanischen Belastung ein Maximum erreichen. So ist z. B. die Wirkung der Massenkraft des Kolbens in den Totpunkten (Strecklagen) des Kurbeltriebs maximal. Weitere Beispiele sind das Maximum des Verbrennungsdrucks oder der Seitenkraft, die wiederum in zwei verschiedenen Richtungen wirken kann. Da in allen diesen Fällen auch immer dieselben Gliedlagen des Kurbeltriebs auftreten, bezieht man sich bei der Definition der Zeitpunkte auf die Winkellage der Kurbelwelle. Beispielsweise sind so beim Viertaktprozess zwei Umdrehungen der Kurbelwelle für den gesamten Prozess notwendig, was 720° Kurbel(wellen)winkel entspricht.

### 3.2.2.1 Gaskraft

Die Simulation der Gaskraft soll die Wirkung des Gasdrucks auf den betriebswarmen Kolben wiedergeben. Dazu wird der Gasdruck am Simulationsmodell über den gesamten Kolbenboden bis zur Unterflanke der obersten Kolbenringnut angesetzt. Der Kraftfluss der so erzeugten Längskraft läuft also über den Kolbenbolzen auf das kleine Pleuelauge.

### 3.2.2.2 Massenkraft

Die oszillierende Bewegung des Kolbens im Zylinder erzeugt Beschleunigungen, die im oberen Totpunkt (OT) das Maximum erreichen.

Eine entscheidende Rolle spielt in diesem Zusammenhang die Länge der Pleuelstange in Relation zum Kurbelradius des Hubzapfens, das sogenannte Schubstangenverhältnis. Bei zunehmender Pleuellänge sinkt die Beschleunigung des Kolbens, und die Seitenkräfte nehmen ab. Eine maximale Pleuellänge ist daher ein anerkanntes Konstruktionsprinzip. Um dies bei minimalen Gesamtabmessungen zu ermöglichen, muss gleichzeitig die Kompressionshöhe des Kolbens so weit wie möglich reduziert werden. Daraus resultieren entsprechende Konsequenzen für die Kolbenauslegung, Kapitel 2, **Bild 2.2**. Die Beschleunigungen sind linear abhängig vom Schubstangenverhältnis des Kurbeltriebs und quadratisch von der Drehzahl abhängig, womit die Massenkrafteinflüsse bei hochdrehenden Motoren deutlich zunehmen.

Die resultierende Beschleunigungskraft wird vom Kolben über den Kolbenbolzen in die Pleuelstange eingeleitet. Im FE-Modell wird dem Kolben und Kolbenbolzen die Beschleunigung global aufgeprägt. Das Modell wird dabei am kleinen Pleuelauge in Achsenrichtung fixiert.

### 3.2.2.3 Seitenkraft

Die Umsetzung der linearen Bewegung des Kolbens in die Drehbewegung der Kurbelwelle führt im Kurbeltrieb durch die seitliche Auslenkung des großen Pleuelauges und die resultierende Schrägstellung der Pleuelstange zu Kraftkomponenten, die den Kolben an die Zylinderlaufbahn drücken, den sogenannten Seitenkräften. Bei einem ungeschränkten Kurbeltrieb (Zylinderachse und Pleuelachse sind in der Strecklage deckungsgleich) treten die höchsten Seitenkräfte im Arbeitstakt auf. Bei hochdrehenden Motoren können sie jedoch bedingt durch die Massenkraft auch in anderen Kurbelwinkelbereichen auftreten. In der Simulation werden die jeweils interessierenden Seitenkräfte über das kleine Pleuelauge und den Kolbenbolzen in den Kolben eingeleitet, der sich dann gegen den Zylinder abstützt.

Wie bereits bei der Simulation der Gaskraft erwähnt, ist auch die Simulation der Seitenkraft zunächst eine ausschließlich statische Betrachtung. Diese Vorgehensweise ist korrekt, wenn der Kolben ohne Spiel im Zylinder läuft, was in der Praxis jedoch nicht immer der Fall ist. Abgesehen von den Betriebsbedingungen unter Kaltstart, in denen das jeweilige Einbauspiel zeitweise unvermindert vorliegt, können je nach Anwendungsfall weitere Bedingungen auftreten, in denen ein Laufspiel zwischen Kolben und Zylinder besteht. Hierzu zählen neben den meisten Anwendungen von Stahl oder Sphäroguss als Kolbenwerkstoff auch alle dünnwandigen Leichtbaukolben, wie sie bevorzugt bei Ottomotoren und insbesondere im Rennsport vorkommen. Diese Kolbenbauarten werden unter motorischer Belastung betriebsbedingt verformt. Dies führt – trotz der unter Volllast üblicherweise vorliegenden Überdeckung – zwischen Kolben und Zylinder zu spielbehafteten dynamischen Vorgängen.

Diese Effekte lassen sich mit entsprechenden Simulationswerkzeugen abbilden (im vorliegenden Fall die strukturdynamische Simulation der Kolbensekundärbewegung) und die resultierenden dynamischen Zusatzbelastungen in den statischen Ansätzen der Seitenkraft für die FE-Berechnung physikalisch korrekt berücksichtigen.

# 3.3   Randbedingungen aus Herstellung und Montage

Kolben mit konstruktiven Merkmalen wie Nabenbuchsen oder Ringträgereinsätzen sowie gebaute Kolben bestehen aus mehreren Teilen, die durch verschiedene Verfahren miteinander verbunden werden: Eingießen, Fügen bzw. Einpressen eines Schrumpfsitzes und Verschrauben. Durch diese Füge- bzw. Verbundverfahren ergeben sich Eigenspannungen, die bei einer präzisen Festigkeitsanalyse beachtet werden müssen. Belastungen dieser Art wirken am Kolben statisch und müssen bei Relaxationsvorgängen und bei Problemen, die sich mit Kriechen unter Last beschäftigen, mit einbezogen werden.

## 3.3.1  Gießprozess/Erstarren

Eigenspannungen im Bauteil sind eine unvermeidliche Eigenschaft beim Gießen. Sie entstehen aufgrund von Wandstärkenunterschieden und lokal verschiedenen Abkühlbedingungen und sind somit auch im Kolben vorhanden. Eine Wärmebehandlung nach dem Gießprozess vermindert jedoch diese Spannungen. Beide Verfahren, sowohl der Gießprozess als auch die Wärmebehandlung, lassen sich mit einer numerischen Gießsimulation abbilden und die daraus resultierenden Eigenspannungen gegebenenfalls berücksichtigen.

## 3.3.2  Eingussteile

Aluminiumkolben für Dieselmotoren haben gewöhnlich einen eingegossenen Ringträger aus austenitischem Gusseisen mit Lamellengrafit (Niresist), der den Flankenverschleiß der 1. Kolbenringnut reduzieren soll, Kapitel 1.3.3. Beim Eingießen dieses Ringträgers bilden sich Einguss- bzw. Verbundspannungen. Die Aluminiumlegierung schrumpft bei der Erstarrung und abschließender Abkühlung auf den Ringträger auf und erzeugt so im Ringträger überwiegend Druckspannungen.

## 3.3.3  Einpressteile

Gegenwärtig erreichen die Verbrennungsdrücke in Pkw-Dieselmotoren etwa 200 bar, in Nkw-Dieselmotoren etwa 250 bar, in Großmotoren auch mehr als 250 bar und führen zu hohen Belastungen der Kolbennaben. Insbesondere bei Kolben aus Aluminium oder gebauten Kolben mit Aluminiumunterteilen kann es daher notwendig werden, die Belastbarkeit der Kolbennabe durch Einschrumpfen einer Nabenbuchse aus einem geeigneten Werkstoff, z. B. Bronze oder Sondermessing, zu erhöhen. Der Einschrumpfvorgang erzeugt in der Nabenbuchse Druckspannungen, in der umgebenden Aluminiumlegierung vor allem an der Nabenunterseite (Nadir) Zugspannungen.

### 3.3.4 Verschraubungen

Die Verschraubungen von gebauten Kolben müssen unter den beschriebenen thermischen und mechanischen Belastungen untersucht werden. Zusätzlich kommt noch die Analyse des Montagezustands bei Raumtemperatur sowie der Reibung an den verschiedenen Auflageflächen hinzu.

Je nach Verfahren des Schraubenanzugs (hydraulischer Anzug, Drehmoment- oder Drehwinkelanzug) wird die Vorspannkraft der Schrauben errechnet und bei der Simulation der Verschraubung am FE-Modell bei Raumtemperatur eingestellt. Der Vorspannkraft wird dann die thermische und die jeweilige mechanische Belastung (Gaskraft, Massenkraft, Seitenkraft) überlagert.

Mit dieser Vorgehensweise ist es möglich zu erkennen,
- ob die Schraubenvorspannkraft am betriebswarmen Kolben zunimmt oder abnimmt,
- wie sich Spiele und Schrägen an den Auflageflächen auf die Verteilung der Vorspannkraft auswirken,
- ob ein Abheben des Oberteils vom Unterteil im Bereich der Schraube auftritt und
- wie sich die Spiele auf die Spannungsamplituden aus den mechanischen Lasten auswirken.

## 3.4   Temperaturfeld und Wärmestrom aus Temperaturbelastung

Die Ausprägung des Temperaturfelds und die daraus resultierenden Temperaturgradienten werden durch die Kühlung des Kolbens bestimmt. Im Wesentlichen unterscheidet man ungekühlte, spritzölgekühlte und kühlkanal- bzw. kühlraumgekühlte Kolben. Eine in den Kühlkanälen bzw. Kühlräumen überwiegend vorliegende Teilfüllung führt in Kombination mit der oszillierenden Kolbenbewegung zu einer ausgeprägten Turbulenz des Kühlmediums Motoröl. Diese Turbulenz erzeugt hohe Relativgeschwindigkeiten des Kühlmediums an der Kanalwand, was wiederum den Wandwärmeübergang begünstigt. Vereinfachend wird dieser Zusammenhang auch als „Shakereffekt" bezeichnet. Bezogen auf den Kolben wird dann von „Shakerkühlung" gesprochen.

Aus Gründen der Bauteilfestigkeit sind besonders die Temperaturen am Kolbenboden (Ottokolben), am Muldenrand (Dieselkolben), im Abstützungsbereich (Übergangsbereich von Nabe zu Kolbenboden) und in der Nabenbohrung interessant. Die Temperaturen in der 1. Kolbenringnut und im Kühlkanal sind darüber hinaus in Bezug auf Ölverkokung von Bedeutung. Typische Temperaturwerte für Pkw-Motoren sind:

- Kolbenboden-Mitte (Ottomotor, Saugrohreinspritzung)  270 – 310 °C
- Kolbenboden-Mulde (Ottomotor, Direkteinspritzung)  270 – 350 °C
- Muldenrand (Dieselmotor, Direkteinspritzung)  350 – 400 °C
- Abstützungsbereich  200 – 250 °C
- Nabenbohrung (Zenit)  200 – 250 °C
- 1. Kolbenringnut (Anspritzkühlung, Salzkern-Kühlkanal)  200 – 280 °C
- 1. Kolbenringnut (Gekühlter Ringträger)  180 – 230 °C
- Kühlkanal (Zenit)  250 – 300 °C

Die numerische Simulation des Temperaturfelds erlaubt die detaillierte Analyse der Wärmeströme im Kolben. In Abhängigkeit von der jeweils angewandten Kolbenkühlungsart sind in **Tabelle 3.1** Anhaltswerte für die prozentuale Aufteilung des über den Kolbenboden einfließenden Wärmestroms auf verschiedene Bereiche des Kolbens angegeben. Während bei den ungekühlten Kolben die Wärmeleitung zur gekühlten Zylinderlaufbahn (über die Ringnuten, die Kolbenringe und den Kolbenschaft) den Wärmestrom dominiert, überwiegt bei den gekühlten Bauformen der Wärmestrom über Konvektion in das Motoröl.

**Tabelle 3.1:** Aufteilung des Wärmestroms bei verschiedenen Kolbenbauarten

| Kolben-bauart | Kolben unge-kühlt | Spritzöl-kühlung | Spritzöl-kühlung | Salzkern-Kühlkanal | Gekühlter Ringträger | MONO-THERM® Ringkanal | 2-Kammer-Kühlraum |
|---|---|---|---|---|---|---|---|
| Arbeits-verfahren | Otto | Otto | Diesel | Diesel | Diesel | Diesel | Diesel |
| Wärme-strom [%] Kühlkanal | 0 | 0 | 0 | 40 – 50 | 50 – 60 | 75 – 90 | 90 – 100 |
| Ringpartie | 50 – 60 | 15 – 25 | 50 – 55 | 25 – 45 | 10 – 30 | 0 – 10 | 0 – 5 |
| Schaft | 10 – 15 | 5 – 10 | 10 – 15 | 5 – 10 | 5 – 10 | 0 | 0 |
| Innenform | 10 – 20 | 50 – 60 | 20 – 30 | 5 – 15 | 5 – 15 | 0 – 10 | 0 – 5 |
| Fenster/Hochguss | 5 – 10 | 0 – 5 | 0 – 5 | 0 – 5 | 0 – 5 | 0 | 0 |
| Nabe | 5 – 10 | 0 – 5 | 0 – 15 | 0 – 10 | 0 – 10 | 0 | 0 |

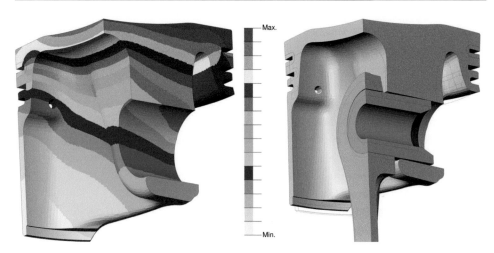

**Bild 3.3:** Temperaturverteilung (links) und thermische Verformung (rechts) eines Kolbens im Pkw-Otto-motor mit Anspritzkühlung (Verformung überhöht dargestellt)

Die typische Temperaturverteilung eines Ottomotor-Kolbens mit einem Temperaturgefälle vom Kolbenboden zum Schaft erzeugt eine thermische Verformung wie in **Bild 3.3** dargestellt. Diese Verformungscharakteristik muss bei der Feinbearbeitung des Außendurchmessers berücksichtigt werden und ist maßgeblich für die sogenannte Balligkeit der aufgebrachten Kolbenschaftform. Typisch bei diesen Verformungsbildern ist die auffallende Schrägstellung im Zenit der Nabenbohrung. Dieser keilförmige Spalt zwischen Nabenzenit und Kolbenbolzen wird unter Gaskraftbelastung vollständig geschlossen.

Bei Pkw-Dieselkolben werden Kolben mit gekühltem Ringträger eingesetzt, um die Temperatur am Muldenrand und in der 1. Kolbenringnut zu reduzieren. **Bild 3.4** zeigt einen Vergleich der Kühlwirkung eines gekühlten Ringträgers (links) mit einem sogenannten Salzkern-Kühlkanal (rechts). Man erkennt den günstigen Einfluss des gekühlten Ringträgers auf die Muldenrandtemperatur und insbesondere auf die Temperatur in der 1. Kolbenringnut.

Im Nkw-Bereich werden für Motoren der höchsten Leistungsstufe auch MONOTHERM®-Kolben eingesetzt. Das ist ein einteilig geschmiedeter Stahlkolben. Er hat einen direkt an die Kolbennabe gebundenen Schaft, der am oberen Ende offen oder geschlossen sein kann. **Bild 3.5** zeigt die Temperaturverteilung in einem MONOTHERM®-Kolben mit geschlossenem Schaft. Typisch für diese Bauart ist der stark verminderte Wärmestrom in den Schaft mit demzufolge niedrigen Schafttemperaturen.

Im Großmotorenbau ist eine deutlich längere Lebensdauer gefordert, und die Verbrennungsdrücke erreichen Werte von mehr als 250 bar. Unter solchen Bedingungen hat die Kolbenkühlung eine entscheidende Bedeutung. Daher sind Großkolben überwiegend als gebaute

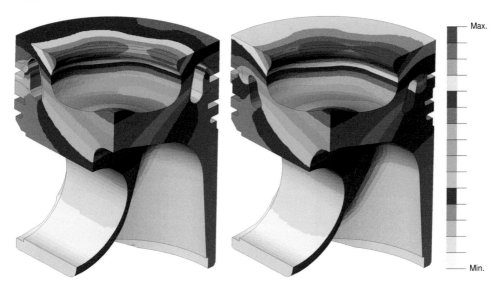

Max.

Min.

**Bild 3.4:**  Vergleich der Kühlwirkung zwischen gekühltem Ringträger (links) und Salzkern-Kühlkanal (rechts) an einem Pkw-Dieselkolben

Kolben ausgeführt, mit einem Oberteil aus warmfestem Stahl und einem Unterteil entweder aus Aluminium, Sphäroguss oder Schmiedestahl. Durch diese Bauweise ist es möglich, die Kühlräume groß und entsprechend günstig für eine effektive Kühlwirkung zu gestalten. Dies wird z. B. durch den Einsatz von konzentrischen 2-Kammer-Systemen erreicht, die nahezu den gesamten Bodenbereich des Kolbens abdecken. Die Wärmebilanzen in **Tabelle 3.1** zeigen, dass die Kühlung dieser Kolben sehr effektiv ist. Die durch die Verbrennung in den Kolben einfließende Wärme kann so bis zu fast 100 % mit dem Kühlöl abgeführt werden.

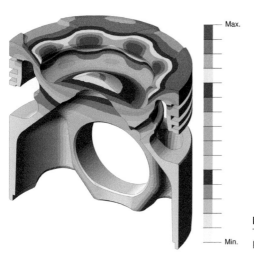

Max.

Min.

**Bild 3.5:**
Temperaturverteilung in einem MONOTHERM®-Kolben mit geschlossenem Schaft

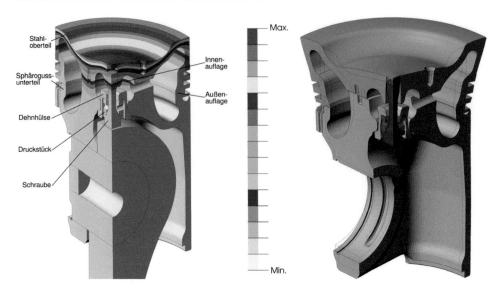

**Bild 3.6:** Temperaturverteilung (links) und thermische Verformung (rechts) eines gebauten Kolbens mit Shakerkühlung (Verformung überhöht dargestellt)

Die durch den starken Temperaturgradienten im Kolbenoberteil verursachten thermischen Verformungen bei einem Kolben mit Shakerkühlung zeigt **Bild 3.6**. Die Temperatur in der Verschraubung hat bei dem hierfür verwendeten hochfesten Schraubenwerkstoff einen Einfluss auf das Relaxationsverhalten. Treten über größere Bereiche der Schraube Temperaturen von mehr als 180 bis 200 °C auf, so muss mit Relaxation und dadurch mit dem Abfall der Schraubenvorspannkraft im Betrieb gerechnet werden.

Die Unterteile von gebauten Kolben sind durch die Temperaturlast kaum beansprucht – mit Ausnahme des Bereichs der Senkungsbohrungen der Verschraubung. Hier kann die Temperatur bei ungünstig ausgelegten Axialspalten die Spannungen in den Radien der Senkungsbohrungen erhöhen. Für die Verschraubungen der gebauten Kolben gilt, dass unter Temperaturbelastung die Verteilung der Schraubenvorspannkraft an der inneren Auflage nicht unter 20 bis 25 % der Vorspannkraft sinken darf. Dies lässt sich mit einer angepassten Auslegung der Axialspalte an der äußeren Auflage erreichen.

# 3.5   Spannungsverhalten

## 3.5.1   Spannungen aus Temperaturbelastung

Die im Kapitel 3.4 an verschiedenen Kolben gezeigten Temperaturverteilungen zeigen deutliche Temperaturgradienten. Dies gilt besonders am Kolbenboden bzw. Muldenrand. Der Kolben dehnt sich in den heißen Bereichen stark aus, wird jedoch von den kälteren Bereichen in der Dehnung behindert. Die dadurch induzierten thermischen Spannungen – überwiegend Druckspannungen – sind im Boden und Muldenbereich am höchsten und können dort die Fließgrenze des Kolbenwerkstoffs überschreiten.

Um Überschreitungen der Fließgrenzen in der FEM zu berücksichtigen, sind aufwendige Berechnungen unter Einbeziehung des nichtlinearen elastisch-plastischen Werkstoffverhaltens notwendig. Die Überschreitung der Fließgrenzen betrifft jedoch nur lokal eingegrenzte Bereiche des Kolbens. Darüber hinaus weisen diese Bereiche aufgrund der dort üblicherweise vorliegenden hohen Temperaturen nur eine geringe Steifigkeit auf. Die Rückwirkung auf das globale Spannungs- und Verformungsverhalten des gesamten Kolbens ist entsprechend gering.

Eine Reduzierung des numerischen Aufwands wird durch die linear-elastische Bestimmung der thermischen Spannungen unter Berücksichtigung der temperaturabhängigen physikalischen Werkstoffdaten erreicht. Die so ermittelten Spannungen werden dann an den interessierenden hoch belasteten Stellen lokal in ein elastisch-plastisches Verhalten umgerechnet und gemäß dem in Kapitel 3.6 beschriebenen Verfahren hinsichtlich Festigkeit bzw. Lebensdauer bewertet.

Das **Bild 3.7** zeigt die Verteilung der thermisch bedingten Spannungen in einem Kolben für einen Ottomotor mit Saugrohreinspritzung. Am annähernd ebenen Kolbenboden betragen die Temperaturen etwa 280 bis 300 °C und erzeugen im inneren Bodenbereich Druckspannungen.

**Bild 3.8** zeigt die thermisch bedingten Spannungen in einem Kolben aus Aluminium mit gekühltem Ringträger für einen Pkw-Dieselmotor mit direkter Einspritzung. Aufgrund der hinterschnittenen Muldenform erkennt man eine deutliche Konzentration der Druckspannungen am Muldenrand. Die Höhe der Muldenrandspannungen in Verbindung mit den hohen Temperaturen (bis zu 400 °C) führt zur Überschreitung der Fließgrenze am Muldenrand.

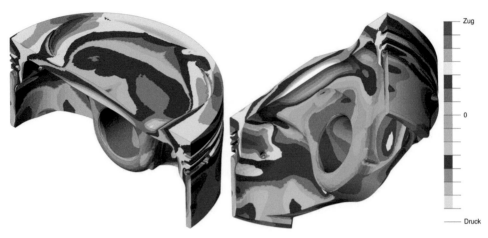

**Bild 3.7:** Thermisch bedingte Spannungen eines Pkw-Ottokolbens mit Saugrohreinspritzung

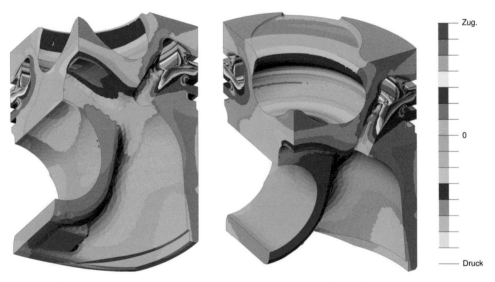

**Bild 3.8:** Thermisch bedingte Spannungen in einem Kolben mit gekühltem Ringträger

Generell sind Muldenränder festigkeits- und temperaturseitig umso günstiger, je größer die Muldenrandradien ausgeführt werden. Dasselbe gilt für einen geringen Hinterschnitt der Mulde sowie stumpfwinklige und flache Muldenformen, die bevorzugt bei Nkw-Kolben eingesetzt werden.

MONOTHERM®-Kolben (aus Stahl) haben ebenfalls hohe thermisch bedingte Druckspannungen am Muldenrand und im Bereich des Kühlkanals. Im Vergleich zu Kolben aus Aluminium ist dies jedoch von geringem Einfluss auf die Festigkeit, solange die Temperaturen in diesen Bereichen unter der Verzunderungsgrenze liegen. Dauertemperaturen von mehr als 450 bis 500 °C bewirken eine Verzunderung und damit eine Oberflächenschädigung. Von solchen Fehlstellen ausgehend, können dann auch Muldenrandrisse an Stahlkolben entstehen.

Gebaute Kolben mit Shakerkühlung haben generell im Stahloberteil die höchsten thermisch bedingten Spannungen. Die Maxima der Spannungen liegen in der Wand zum äußeren Kühlraum, der 1. Kolbenringnut und am Muldenrand.

## 3.5.2 Spannungen aus mechanischer Belastung

Bei allen mechanischen Belastungen wird bei der Kolbenberechnung der als quasistatisch angenommene Lastfall „Temperatur" überlagert, um die korrekten resultierenden Spannungen ermitteln zu können.

Als Reaktion auf die Gaskraftbelastung stützt sich der Kolben gegen den Kolbenbolzen und den Zylinder ab. Bei Kolben aus Aluminium dominiert hierbei der steife Kolbenbolzen das Verformungsverhalten des Systems, da der Kolben aufgrund der stark temperaturabhängigen Werkstoffkennwerte die geringere Steifigkeit aufweist. Es entsteht eine Biegung der Struktur; der Kolben wird „um den Kolbenbolzen" verformt. Diese Verformung erzeugt zusätzlich zu den Temperaturspannungen gaskraftinduzierte Spannungen sowie eine „sattelförmige" Verwölbung der Kolbenringnuten.

**Bild 3.9** zeigt die Verteilung der Spannungsamplituden, wie sie aus der zyklischen Gaskraftbelastung an einem Kolben errechnet werden. Diese prinzipielle Spannungsverteilung aus der

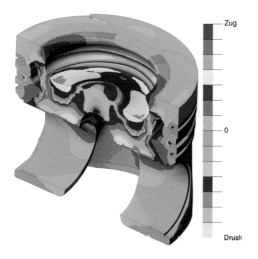

Zug

0

Druck

**Bild 3.9:**
Spannungsamplituden aus Gaskraftbelastung an einem Nkw-Kolben mit Salzkern-Kühlkanal

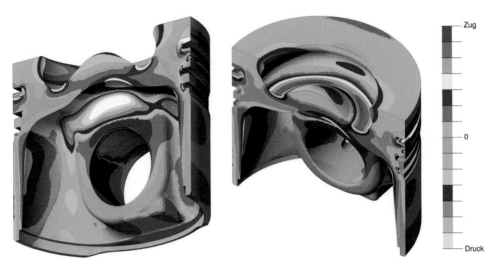

**Bild 3.10:** Spannungen unter Temperatur und Gaskraft an einem Pkw-Dieselkolben mit Anspritzkühlung

Gaskraft kann durch die „Biegung um den Kolbenbolzen" erklärt werden und gilt im weitesten Sinne für alle Kolben: Unter Gaskraftbelastung entstehen am Muldenrand in Bolzenrichtung Zugspannungen in Umfangsrichtung, während in Druck-Gegendruck-Richtung Druckspannungen vorherrschen.

Unter Gaskraftbelastung wird bei allen Kolbenvarianten der Naben-/Abstützungsbereich sowie der Übergang der Abstützung in den Kolbenboden deutlich durch Druckspannungen belastet, **Bild 3.10**. Insbesondere bei Kolben aus Aluminium kann die Belastbarkeitsgrenze der Naben aufgrund hoher lokaler Pressungen und Temperaturen überschritten werden. Diese kann in einem gewissen Rahmen durch Anwendung spezieller Nabenformbohrungen, die im Bereich 10 bis 100 µm von der runden, zylindrischen Nabenbohrung abweichen, erhöht werden. Die Gestaltung der Nabenformbohrung hat jedoch auch Einfluss auf die Spannung an anderen Stellen des Kolbens, z. B. am Muldenrand, Muldengrund, Kühlkanal oder an der Abstützung.

Bei gebauten Kolben treten ebenfalls im Abstützungsbereich hohe gaskraftbedingte Druckspannungen auf. Der Kraftfluss der Gaskraft vom Brennraum über das Oberteil und die Auflageflächen ins Unterteil und dann in den Kolbenbolzen lässt sich über die radiale Lage der Auflageflächen deutlich beeinflussen. An den Auflageflächen treten bei jedem Arbeitstakt unter Gaskraftbelastung Flächenpressungen und Verschiebungen (Relativbewegungen) auf, die durch die unterschiedlichen Verformungen von Oberteil und Unterteil hervorgerufen werden. Dies kann zu Verschleiß an den Kontaktflächen führen.

Die Verschraubung ist bei gebauten Kolben besonders wichtig, um insbesondere in den Senkungsbohrungen im Unterteil die Amplituden aus der Gaskraft zu minimieren. Dies geschieht durch entsprechende Gestaltung der Verschraubungsteile (Kugeldruckstück, optimierte Sen-

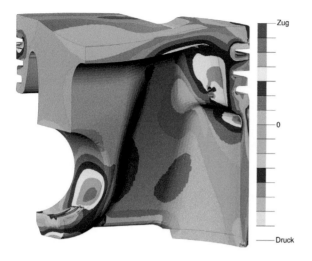

**Bild 3.11:**
Spannungen aus Temperatur und
Massenkraftbelastung im GOT an
einem Ottokolben

kungstiefen) und durch Anbringung der Bohrungen möglichst außerhalb des Kraftflusses der Gaskraft (Zentralverschraubung, Zwillingsverschraubung).

Im Zünd-OT trägt die Massenkraftwirkung zur Entlastung der aus der Gaskraft resultierenden Pressung in der Kolbennabe und im kleinen Pleuelauge bei. **Bild 3.11** zeigt die aus der Temperatur und Massenkraft im Gaswechsel-OT (GOT) entstehende Spannungsverteilung eines Pkw-Ottokolbens, die sich vor allem seitlich der Nabenbohrung konzentriert.

**Bild 3.12** zeigt die Verteilung der Spannungen unter dem Einfluss der Temperatur, der Gaskraft und der maximalen Seitenkraft an einem Pkw-Ottokolben. Hierbei ist die Stelle mit der größten Spannungsamplitude am Übergang vom Kolbenschaft zur Bolzennabe gut zu erkennen. Die Höhe der maximalen Druckspannungen ist durch die Größe der Schaftovalität stark beeinflusst. Die Reduzierung der freien Verformung des Kolbens bis zur Anlage am Zylinder durch Anwendung einer Kolbenschaftform mit verringerter Ovalität reduziert deutlich die Spannungsamplitude, ohne dass die Wandstärke im Schaftbereich erhöht werden muss.

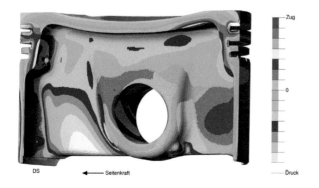

**Bild 3.12:**
Spannungen aus Temperatur, Gaskraft- und Seitenkraftbelastung an einem Ottokolbon

### 3.5.3 Spannungen aus Herstellung und Montage

**Bild 3.13** zeigt die Spannungsverteilung aus dem Fügevorgang einer eingeschrumpften Nabenbuchse am Beispiel eines Kolbens für einen Pkw-Dieselmotor mit direkter Einspritzung. Die Buchse ist im Bild nicht dargestellt. Der Fügevorgang erzeugt in weiten Bereichen am Nabenumfang Zugspannungen in Umfangsrichtung mit Maxima am Äquator und Nadir (außen). Bei der konstruktiven Gestaltung der Nabenform bzw. der Wandstärken muss dies berücksichtigt werden.

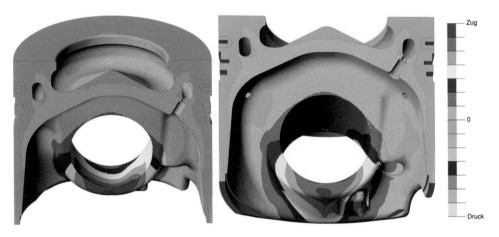

**Bild 3.13:** Nabenschrumpfsitz kalt, Spannungsverteilung

## 3.6   Rechnerischer Nachweis der Betriebsfestigkeit

Während bei Stahl- und Gusseisenwerkstoffen eine ausgeprägte Dauerfestigkeit vorhanden ist, haben Aluminiumwerkstoffe eine mit höherer Schwingspielzahl abfallende Schwingfestigkeit. Diese werkstoffseitigen Phänomene werden auch beim Festigkeitsnachweis berücksichtigt. Für Kolben aus Stahl werden in einer linear-elastischen FEA unter Volllastbedingungen – unter Berücksichtigung sämtlicher Lastfall-Kombinationen – die Vergleichsspannungen ermittelt und auf Dauerfestigkeit in Abhängigkeit der Temperatur und der Oberflächenbeschaffenheit bewertet (stress-life method).

Bei den heutigen hoch belasteten Leichtmetallkolben ist eine Bewertung auf eine definierte Schwingspielzahl (Grenz-Schwingspielzahl: 50 Millionen) mit Mindestsicherheitsfaktoren aufgrund der oben erwähnten nicht vorhandenen Dauerfestigkeit an den schwingbruchgefährdeten Bauteilstellen nicht mehr gegeben. Die sich vornehmlich im thermisch hoch beanspruchten Muldenbereich einstellenden zyklischen Wechselplastifizierungen müssen berücksichtigt werden und erfordern eine andere Vorgehensweise beim Festigkeitsnachweis.

Der rechnerische Nachweis der Betriebsfestigkeit ist ein wichtiges Instrument im Hinblick auf eine Reduzierung der Entwicklungszeiten und damit auch der Kosten geworden. Im Vorfeld ist es möglich, das Produkt durch Variantenbetrachtung hinsichtlich des Serieneinsatzes endkonturnah zu entwickeln und somit die Anzahl der Motorversuche zu reduzieren. Unter anderem bietet die Lebensdauerbetrachtung folgende Untersuchungsmöglichkeiten:

- Beurteilung geometrischer Einflüsse (z. B. Muldenrandradius, Lage des Kühlkanals, Formbohrung der Naben)
- Auswirkung von lastspezifischen Änderungen (z. B. Leistung, Drehmoment und Drehzahl)
- Vergleich von Freigabeprozeduren
- Korrelation zwischen Freigabelauf und Feldanwendung
- Festlegung von Inspektionsintervallen
- Parameterstudien zur Entwicklung von sinnvollen Motortestprogrammen

Der Nachweis der Betriebsfestigkeit wird in Anlehnung an das „Örtliche Konzept" mit der Bewertung lokaler, zeitlich veränderlicher Spannungen bzw. Verformungen geführt (strain-life method), siehe Übersicht in **Bild 3.14**.

Die Last-Zeitverläufe werden meistens durch kundenspezifische Motor-Freigabeläufe oder durch Lastkollektive des eigenen Motorversuchs vorgegeben. Hierbei handelt es sich hauptsächlich um Wechsellastprogramme und Thermoschockversuche, die im Zeitraffereffekt möglichst alle vorkommenden Serienzustände der jeweiligen Anwendungen unter verschärften Bedingungen abdecken sollen.

Aus der Festigkeitsanalyse mithilfe der Finite-Elemente-Methode ist für ein stationäres Temperaturfeld die Spannungsverteilung am Kolben unter Motorbetriebsbelastung bekannt. Neben dem Volllastzustand können je nach Bedarf auch Teillastzustände berechnet und für die kritischen Ebenen in Form von Vergleichsspannungen (Mittelspannung und Ausschlagsspannung) ausgewertet werden. Eigenspannungen werden in der Lebensdauerbetrachtung ebenso berücksichtigt wie auch vorliegende Erkenntnisse aus Motorversuchen, Feldbefund sowie außermotorische DMS-Messungen an gleichen oder geometrisch ähnlichen Kolben.

Werkstoffseitig werden die zyklischen Fließkurven und die totaldehnungskontrollierten Wöhler-Linien in Abhängigkeit von der Temperatur benötigt. Die isothermen Werkstoff-Kennwerte im Temperaturbereich von RT (Raumtemperatur) bis 400 °C basieren auf mittelspannungsfreien Einstufenversuchen (Dehnungsverhältnis $R_\varepsilon = -1$) und gelten für den gesättigten Werkstoffzustand bei der halben Anriss-Schwingspielzahl.

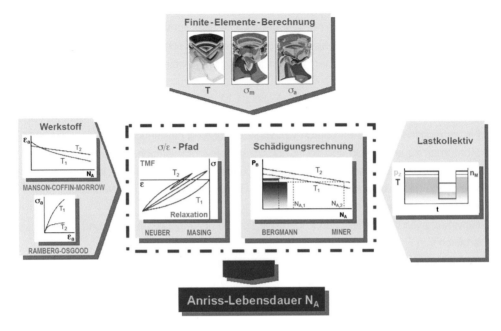

**Bild 3.14:** Lebensdauer-Konzept (schematisch)
Es bedeuten:  $T_1$:  Temperatur 1
$T_2$:  Temperatur 2
$\sigma_m$:  Mittelspannung
$\sigma_a$:  Spannungsamplitude
$\varepsilon_a$:  Dehnungsamplitude
$p_z$:  Maximaler Gasdruck im Arbeitstakt
$n_M$:  Motordrehzahl
Anmerkung: Die Kurzzeichen gelten streng nur für obige Schaubilder.

Für die Beschreibung des Spannungs-Dehnungs-Pfads, beginnend mit der Erstbelastungs-
kurve und nach Lastumkehr weiterführend mit den Hysteresenästen (Verdopplung der Fließ-
kurve nach Masing), werden aus den vorliegenden elastischen Spannungen an den hoch
beanspruchten Bauteilstellen die „wahren" (elastisch/plastischen) Spannungen und Dehnun-
gen mittels der Neuber-Approximation iterativ bestimmt. Die mathematische Formulierung
der zyklischen Spannungsdehnungskurve erfolgt nach dem Werkstoffgesetz nach Ramberg-
Osgood und die der Hyperbelkurve nach Neuber. Der Einfluss der Mittelspannung wird mit
einem Schädigungsparameter, z. B. nach Bergmann, beschrieben.

Hierbei werden Mittelspannungen ungleich Null auf Mittelspannungen gleich Null transfor-
miert. Neben der Umsetzung der Beanspruchung in $P_B$-Werte (Schädigungsparameter nach
Bergmann) werden auch die temperaturabhängigen $\varepsilon/N$-Linien in P-Wöhler-Linien beschrieben. Die Bewertung des Kollektiveinflusses erfolgt in einer Schädigungsrechnung mit der
linearen Schadenshypothese nach Palmgren-Miner. Diese besagt, dass eine Schädigung
vom 1. Schwingspiel an akkumuliert wird. Bei definierter Schadenssumme tritt Versagen ein.

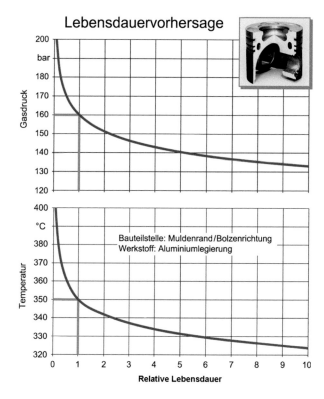

**Bild 3.15:**
Einfluss des Gasdrucks und der Bauteiltemperatur auf die Lebensdauer eines Pkw-Dieselkolbens

Den rechnerischen Nachweis der Betriebsfestigkeit führt MAHLE mit dem selbst entwickelten Computerprogramm MAFAT durch. Das Ergebnis ist die Anrisslebensdauer. Die tendenziellen Einflüsse von Gasdruck und Temperatur auf die Lebensdauer sind am Beispiel eines Pkw-Dieselkolbens in **Bild 3.15** gezeigt: 10 % Gasdruckreduktion führt annähernd zur 3-fachen Lebensdauer, während eine 10 °C niedrigere Bauteiltemperatur die Lebensdauer in etwa verdoppelt.

**Bild 3.16** zeigt die gute Übereinstimmung zwischen Berechnung und Versuch am Beispiel eines Pkw-Ottokolbens. Die Schadensstellen liegen in Bodenmitte und an der Ventilnischenverschneidung und decken sich mit den geringsten Lebensdauerwerten am Bauteil.

In **Bild 3.17** wird am Beispiel eines Nkw-Dieselkolbens der Vergleich Rechnung/Versuch gezeigt. Der Kolbenbefund mit aufgetretenen Rissen im Muldengrund stimmt mit der Lebensdauerprognose überein.

In der Schädigungsrechnung ist eine Separation in die High-Cycle-Beanspruchung aus der maximalen Gaskraftbelastung mit hohen Lastwechselzahlen und den Low-Cycle-Anteil aus den Betriebszustandsänderungen mit vergleichsweise wenigen Ereignissen gegeben (HC

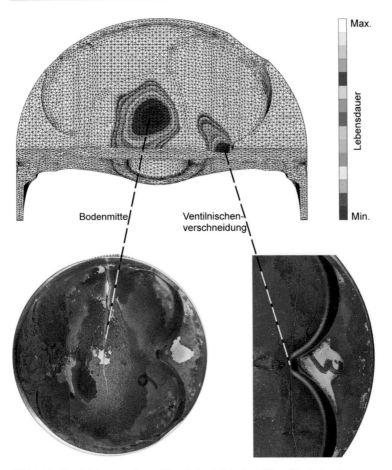

**Bild 3.16:**  Vergleich numerische Simulation/Motortest (Pkw-Ottokolben)

oder HCF: High Cycle Fatigue bzw. LC oder LCF: Low Cycle Fatigue). Bei der Änderung der Betriebszustände liegt ein transientes Temperatur- und Werkstoffverhalten vor. Gegenwärtig wird die LCF-Beanspruchung vorwiegend isotherm betrachtet. Das bedeutet, dass für die LC-Schwingbreite die jeweils höhere Temperatur der beiden Lastzustände angesetzt wird. Dies kann nach neuesten TMF-Grundlagenuntersuchungen unter thermisch-mechanischer Beaufschlagung zu nicht konservativen Lebensdauerwerten führen (TMF: Thermal Mechanical Fatigue). Bedingt durch den am Kolben vorhandenen Temperatur- und Spannungsgradienten interessieren vornehmlich Out-of-Phase-Vorgänge: Während beim Erwärmen durch vorliegende Dehnungsbehinderung Druckspannungen aufgebaut werden, führen Zugspannungen beim Abkühlen nach Wechselplastifizierungen zu Rissinitiierungen.

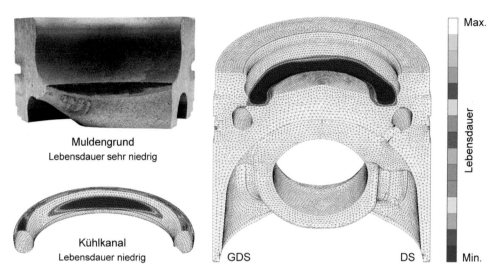

**Bild 3.17:** Vergleich numerische Simulation/Motortest (Nkw-Dieselkolben)

Die aktuellen Forschungs- und Entwicklungsaktivitäten konzentrieren sich auf eine motor-nahe Simulation. In diesem Zusammenhang werden die Untersuchungen werkstoffseitiger Grundlagen auf eigenen TMF-Prüfständen gefahren. Da der instationären LC-Beanspruchung – mit Ausnahme des Abstell- bzw. Stoppvorgangs – die mechanischen Belastungen (HC-Beanspruchung) simultan überlagert sind, ist dies auch bei der numerischen Simulation zu berücksichtigen. Eine mögliche Vorgehensweise liegt in der Untersuchung der mikrostrukturellen Schädigungsentwicklung der verschiedenartigen Beanspruchungen.

Ein praktikabler Ansatz führt über Modelle für zyklische Plastizität (Chaboche, Jiang etc.), die das werkstoffabhängige Deformationsverhalten für monotone und zyklische Belastungen, Kriechen, Relaxation und zyklisches Kriechen beschreiben. Durch Änderungen am Verformungsmodell für LCF-Belastungen kann das viskoplastische Stoffgesetz zur Erfassung des HCF-Einflusses angepasst werden. Die Lebensdauer von Bauteilen unter zyklischer Belastung ist oft durch die Bildung und das Wachstum von Mikrorissen bestimmt. Ein zyklusbezogener Schädigungsparameter kann auf Basis der Fließbruchmechanik von Mikrorissen entwickelt werden und umfasst letztlich die vorhandenen Auswirkungen isothermer und thermisch-mechanischer Belastungen, Haltezeiten, Kriecheffekte etc. in einer lebensdauerorientierten Aussage.

# 4 Kolbenwerkstoffe

## 4.1 Anforderungen an Kolbenwerkstoffe

Aus den Funktionen des Kolbens und den auf ihn wirkenden Belastungen leitet sich ein spezielles Anforderungsprofil an den Kolbenwerkstoff ab.

Ist ein geringes Kolbengewicht das Ziel, wird ein Werkstoff mit niedriger Dichte bevorzugt. Neben der konstruktiven Gestaltung ist die Festigkeit des Werkstoffs für die Belastbarkeit des Kolbens entscheidend. Der zeitliche Verlauf der Belastungen erfordert sowohl gute statische als auch dynamische Festigkeitseigenschaften. Aufgrund der Wärmebelastung ist auch die Temperaturfestigkeit wichtig.

Für das Temperaturniveau ist die Wärmeleitfähigkeit des Werkstoffs von Bedeutung. In der Regel ist eine hohe Wärmeleitfähigkeit von Vorteil, da sie zu einer gleichmäßigen Temperaturverteilung im Kolben führt. Niedrige Temperaturen lassen nicht nur eine höhere Werkstoffbeanspruchung zu, sondern wirken sich am Kolbenboden auch günstig auf Prozesskenngrößen wie Füllungsgrad und Klopfgrenze aus.

Statische und dynamische Festigkeitskennwerte beschreiben das Werkstoffverhalten unter isothermen Bedingungen. Kolben sind teilweise stark wechselnden Temperaturen ausgesetzt. Die hierbei auftretenden instationären Wärmespannungen beanspruchen den Werkstoff zyklisch und teilweise über die Elastizitätsgrenze hinaus. Die Werkstoffe müssen auch gegen diese Beanspruchung resistent sein. Außerdem müssen Kolbenwerkstoffe wegen der Bewegungen und Kräfte an den Gleit- und Dichtflächen hohen Anforderungen hinsichtlich Fresssicherheit, geringen Reibwerten und Verschleißwiderstand genügen.

Von besonderer Bedeutung sind die Werkstoffpaarung von Kolben und Gegenlaufpartner und die Schmierungsverhältnisse. Sie sind als ein tribologisches System zu betrachten. Spezielle Oberflächenbehandlungen oder Beschichtungen verbessern die Eigenschaften des Grundwerkstoffs.

Die Anforderungen an das Wärmeausdehnungsverhalten des Kolbenwerkstoffs sind von der Werkstoffpaarung der Zylinder und Kolbenbolzen abhängig. Im Hinblick auf die Spielveränderungen zwischen Kalt- und Warmzustand sind möglichst geringe Unterschiede der Wärmeausdehnungskoeffizienten anzustreben.

Gute Verarbeitungseigenschaften des Werkstoffs sorgen für eine wirtschaftliche Fertigung in großen Stückzahlen. Die Herstellung des Rohteils soll eine möglichst endkonturnahe Form und hohe Werkstoffqualität ermöglichen. Geeignete Prozesse sind beispielsweise der Schwerkraft-Kokillenguss und das Schmieden. Die Gleit- und Dichtflächen verlangen eine hochpräzise Endbearbeitung, die entsprechende Zerspanungseigenschaften beim Werkstoff erfordert.

## 4.2   Aluminiumwerkstoffe

Aluminium ist als Leichtmetall mit hoher Wärmeleitfähigkeit in besonderem Maße als Kolbenwerkstoff prädestiniert. Unlegiert hat es allerdings zu wenig Festigkeit und Verschleißwiderstand. Durch die Entdeckung der Ausscheidungshärtung durch Wilm im Jahr 1906 sind Aluminiumlegierungen für technische Zwecke gut geeignet.

Metalle haben eine von der Temperatur abhängige gegenseitige Löslichkeit, die bei niedrigen Temperaturen und im festen Zustand bei einigen Metallen sehr gering ist [1]. Zustandsdiagramme, die man aus Abkühlungskurven aus dem flüssigen Bereich ableitet, stellen diese Verhältnisse besonders anschaulich dar.

Als Beispiel zeigt **Bild 4.1** das Zustandsdiagramm des 2-Stoff-Systems (binären Systems) Aluminium/Silizium [2]. Legt man einen Schnitt durch das Diagramm bei etwa 7 % Silizium, so unterschreitet man beim Abkühlen die Liquiduslinie bei etwa 620 °C. Unterhalb dieser Linie liegt eine Mischung von primär ausgeschiedenen $\alpha$-Mischkristallen und Schmelze vor.

Bei den Mischkristallen handelt es sich um Kristalle des Hauptlegierungselements (Aluminium), in deren Gitter die Fremdatome des zweiten Elements (Silizium) willkürlich verteilt eingebaut sind. Mit abnehmender Temperatur reichert sich die Schmelze immer stärker mit Silizium an, bis schließlich die Restschmelze bei 577 °C am sogenannten eutektischen Punkt bei einem Gehalt von etwa 12,5 % Silizium vollständig als eutektisches Gemenge von Aluminium-$\alpha$-Mischkristallen und Silizium-Kristallen erstarrt. Wie das Diagramm zeigt, tritt die maximale Löslichkeit (1,65 %) des Siliziums im Aluminium-Mischkristall bei 577 °C auf und reduziert sich bei niedrigeren Temperaturen. Bei 200 °C beträgt die Löslichkeit nur noch 0,01 %.

Das Gefüge der erstarrten Legierung besteht aus den primär ausgeschiedenen $\alpha$-Mischkristallen und dem AlSi-Eutektikum. Das Diagramm zeigt weiterhin, dass der Anteil des Eutektikums mit zunehmendem Siliziumgehalt immer größer wird, bis schließlich am eutektischen Punkt (12,5 % Silizium) bei 577 °C die Schmelze ohne Erstarrungsintervall vom flüssigen in den festen eutektisch ausgebildeten Zustand übergeht.

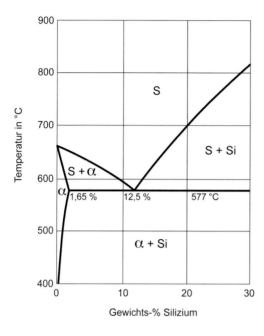

**Bild 4.1:**
Zustandsdiagramm der 2-Stoff-Legierung AlSi

Legierungen mit einem Siliziumanteil < 12,5 % sind untereutektisch, solche mit einem Silizi-umgehalt > 12,5 % übereutektisch. Aus dem Diagramm ist auch ersichtlich, dass das Gefüge im übereutektischen Bereich aus primär ausgeschiedenen Silizium-Kristallen und dem AlSi-Eutektikum besteht.

Die Kristallisation aus der Schmelze wird durch Keime begünstigt. Von der Zahl der Keime und der Abkühlungsgeschwindigkeit hängt u. a. die Feinkörnigkeit des Gefüges ab. Die aus der Schmelze erwachsenden Kristallite engen den Anteil des flüssigen Metalls immer weiter ein und bilden bei ihrem Zusammenstoßen Korngrenzen, an denen sich Verunreinigungen sowie intermetallische Verbindungen, die sich aus der Schmelze bilden, anreichern.

## 4.2.1 Wärmebehandlung

Zur Ausscheidungshärtung wird die Temperaturabhängigkeit des Lösungsvermögens von Mischkristallen genutzt. Bei rascher Abkühlung aus der Schmelze oder von Glühtemperaturen um 500 °C (Lösungsglühen) sind bei niedriger Temperatur übersättigte Mischkristalle vorhan-den. Für Kolben geeignete Legierungen haben hauptsächlich Aluminium-Kupfer-Magnesium- und Aluminium-Magnesium-Silizium-Mischkristalle. Diese sich in übersättigter fester Lösung befindlichen Legierungen sind relativ weich und haben ein minimales Volumen. Schon durch Lagern bei Raumtemperatur versuchen die übersättigten Anteile sich dem der Temperatur entsprechenden Gleichgewichtszustand anzugleichen, was zu Verspannungen im Atomgitter führt. Mikroskopisch nachweisbare Gefügeänderungen finden dabei nicht statt.

Dieser Vorgang, als Kaltaushärtung bezeichnet, führt nach Stunden bzw. Tagen zu einer wesentlichen höheren Härte und Festigkeit und zu einer geringfügigen Volumenvergröße-rung. Die Kaltaushärtung wird jedoch bei relativ niedrigen Temperaturen wieder rückgängig gemacht. Sie ist deshalb für thermisch beanspruchte Teile nicht geeignet.

Im Temperaturbereich zwischen 100 und 300 °C erfolgt die sogenannte Warmaushärtung, bei der Ausscheidungen mikroskopisch nachweisbar sind. Die beträchtlichen Härte- und Festig-keitssteigerungen können bei falscher Wärmebehandlung zu unerwünschten Volumenvergrö-ßerungen bei Präzisionsteilen führen.

Der Verlauf der Warmaushärtung ist von der Einwirkungszeit und der Höhe der Temperatur abhängig, **Bild 4.2**.

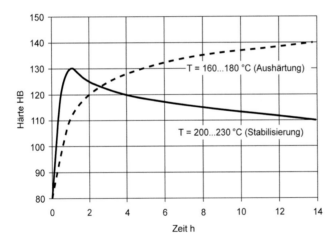

**Bild 4.2:**
Härte-Zeit-Isothermen bei Warmauslagerung von Aluminium-Silizium-Kolbenle-gierungen. Ausgangszustand: lösungsgeglüht und rasch abgekühlt

Je nach Temperatur der Warmauslagerung durchlaufen die Härte-Zeit-Isothermen ein Maxi-mum. Bei der stabilisierenden Warmauslagerung geht man über dieses Maximum hinaus, wobei immer etwas Festigkeit verloren geht, sich aber eine ausreichende Volumenstabilität einstellt. Nicht nur die Härte und damit die Festigkeit bei Raumtemperatur, sondern auch die Warmhärte und Warmfestigkeit, die für das Betriebsverhalten des Kolbenwerkstoffs von entscheidender Bedeutung sind, werden durch die Höhe der Temperatur und deren Einwir-kungsdauer beeinflusst.

**Bild 4.3** zeigt den Verlauf der Resthärte für eine Aluminium-Silizium-Kolbenlegierung, gemes-sen an der erkalteten Probe nach entsprechender Temperatureinwirkung. Die Kurven tragen

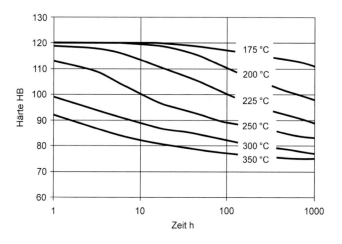

**Bild 4.3:**
Resthärteverlauf einer wärmebehandelten Aluminium-Silizium-Kolbenlegierung nach
Temperatureinwirkung

zur Beurteilung der Eignung von warmfesten Legierungen bei. Außerdem ermöglichen sie durch Messung der Härte an gelaufenen Kolben Rückschlüsse auf die durchschnittlich aufgetretenen Kolbentemperaturen.

## 4.2.2 Kolbenlegierungen

Kolben bestehen fast ausschließlich aus Aluminium-Silizium-Legierungen in eutektischer, teilweise auch übereutektischer Zusammensetzung, die sich gut gießen und fast immer auch schmieden lassen. **Tabelle 4.1** zeigt einen Überblick über MAHLE Kolbenlegierungen und ihre chemische Zusammensetzung.

Die eutektische Legierung M124 ist die „klassische" Kolbenlegierung und Basis für die weitaus meisten Kolben der letzten Jahrzehnte. Sie hat auch heute noch große Bedeutung als universell einsetzbare Legierung. Noch mehr Verschleißfestigkeit bieten Kolben aus übereutektischen Legierungen. Aus dieser Gruppe werden die Legierungen M138 und M244 vorzugsweise für Kolben für Zweitaktmotoren verwendet, während die Legierung M126 für Pkw-Ottomotoren in den USA eingesetzt wird.

Die Legierungen M142, M145 und M174+ sind erst in neuerer Zeit entwickelt worden. Gemeinsames Merkmal sind die relativ hohen Anteile der Elemente Kupfer und Nickel. Das verleiht den Legierungen besonders hohe Warmfestigkeit und thermische Stabilität. Trotz höherer Anforderungen an die Gießtechnologie und geringfügiger Nachteile durch etwas höhere Dichte und geringere Wärmeleitfähigkeit haben die hohe Warmfestigkeit und thermische Stabilität zu einer großen Marktdurchdringung dieser Legierungen bei Kolben für hoch belastete Pkw- und Nkw-Motoren geführt. Die eutektische Legierung M142 wird vor allem in Ottomotoren,

**Tabelle 4.1:** Chemische Zusammensetzungen von MAHLE Aluminium-Kolbenlegierungen (Gewichtsprozent)

| | M124 | M126 | M138 | M244 |
|---|---|---|---|---|
| | AlSi12CuMgNi | AlSi16CuMgNi | AlSi18CuMgNi | AlSi25CuMgNi |
| Si | 11,0 – 13,0 | 14,8 – 18,0 | 17,0 – 19,0 | 23,0 – 26,0 |
| Cu | 0,8 – 1,5 | 0,8 – 1,5 | 0,8 – 1,5 | 0,8 – 1,5 |
| Mg | 0,8 – 1,3 | 0,8 – 1,3 | 0,8 – 1,3 | 0,8 – 1,3 |
| Ni | 0,8 – 1,3 | 0,8 – 1,3 | 0,8 – 1,3 | 0,8 – 1,3 |
| Fe | max. 0,7 | max. 0,7 | max. 0,7 | max. 0,7 |
| Mn | max. 0,3 | max. 0,2 | max. 0,2 | max. 0,2 |
| Ti | max. 0,2 | max. 0,2 | max. 0,2 | max. 0,2 |
| Zn | max. 0,3 | max. 0,3 | max. 0,3 | max. 0,2 |
| Cr | max. 0,05 | max. 0,05 | max. 0,05 | max. 0,6 |
| Al | Rest | Rest | Rest | Rest |

| | M142 | M145 | M174+ | M-SP25 |
|---|---|---|---|---|
| | AlSi12Cu3Ni2Mg | AlSi15Cu3Ni2Mg | AlSi12Cu4Ni2Mg | AlCu2,5Mg1,5FeNi |
| Si | 11,0 – 13,0 | 14,0 – 16,0 | 11,0 – 13,0 | max. 0,25 |
| Cu | 2,5 – 4,0 | 2,5 – 4,0 | 3,0 – 5,0 | 1,8 – 2,7 |
| Mg | 0,5 – 1,2 | 0,5 – 1,2 | 0,5 – 1,2 | 1,2 – 1,8 |
| Ni | 1,75 – 3,0 | 1,75 – 3,0 | 1,0 – 3,0 | 0,8 – 1,4 |
| Fe | max. 0,7 | max. 0,7 | max. 0,7 | 0,9 – 1,4 |
| Mn | max. 0,3 | max. 0,3 | max. 0,3 | max. 0,2 |
| Ti | max. 0,2 | max. 0,2 | max. 0,2 | max. 0,2 |
| Zn | max. 0,3 | max. 0,3 | max. 0,3 | max. 0,1 |
| Zr | max. 0,2 | max. 0,2 | max. 0,2 | – |
| V | max. 0,18 | max. 0,18 | max. 0,18 | – |
| Cr | max. 0,05 | max. 0,05 | max. 0,05 | – |
| Al | Rest | Rest | Rest | Rest |

die ebenfalls eutektische Legierung M174+ vermehrt in Dieselmotoren eingesetzt. In einigen Ottomotoren wird die übereutektische Legierung M145 verwendet.

Aluminium-Silizium-Kolbenlegierungen sind hauptsächlich der Werkstoff für gegossene Kolben. Für spezielle Zwecke werden sie auch durch Schmieden verarbeitet, was zu etwas unterschiedlichen Gefügen und Eigenschaften führt. In der Legierungsbezeichnung wird das durch den Zusatzbuchstaben „P" kenntlich gemacht.

Die Legierung M-SP25 ist eine siliziumfreie, hochfeste Aluminiumlegierung ausschließlich für geschmiedete Kolben und Kolbenteile, vor allem für Rennsportkolben, aber auch für Unterteile gebauter Kolben in Großmotoren.

**Bild 4.4** zeigt beispielhaft charakteristische Werkstoffgefüge. Die eutektischen Legierungen M124, M142 und M174+ weisen im Gussgefüge das körnige, heterogene, eutektische Aluminium-Silizium-Gemenge mit den eingelagerten intermetallischen Verbindungen auf. Bei den übereutektischen Legierungen M126, M138, M145 und M244 ist der mit zunehmendem Siliziumgehalt ansteigende Anteil an primär ausgeschiedenen Siliziumkristallen gut zu erkennen. Geringe Mengen Phosphor in der Aluminiumschmelze wirken als Keimbildner für das Silizium, wodurch eine für die Bearbeitbarkeit günstige Ausbildung der Siliziumkristalle erreicht wird. Ihre Kantenlängen sollten nicht größer sein als 100 µm.

Die eutektische Kolbenlegierung M124 wird auch in veredeltem Zustand eingesetzt (M124V). Das Eutektikum zwischen AlSi-Mischkristallen, die als Dendriten ausgebildet sind, wird durch das Zulegieren von geringen Natrium- oder Strontiummengen besonders fein. Die Bearbeitbarkeit ist besser, der Widerstand gegen Verschleiß jedoch schlechter als bei der körnigen eutektischen Gefügeausbildung.

Ebenfalls abgebildet sind die Gefügebilder der geschmiedeten Legierungen M124P, M124VP und der AlCu-Legierung M-SP25. Man erkennt die Fließstruktur an der zeilenförmigen Ausbildung des Gefüges.

Die temperaturabhängigen physikalischen und mechanischen Werkstoffkennwerte für gegossene Kolben sind in **Tabelle 4.2** zusammengestellt. Für die Beurteilung des Dauerfestigkeitsverhaltens ist neben den statischen Kennwerten Zugfestigkeit und Dehngrenze auch der dynamische Kennwert Wechselfestigkeit angegeben [3]. Für die Ermittlung der Wechselfestigkeit wurde eine Grenz-Lastspielzahl von $50 \times 10^6$ festgelegt.

Die hier angegebenen Festigkeitswerte gelten für aus Kolben entnommene Probestäbe. Vor der Prüfung bei erhöhten Temperaturen wurden sie längere Zeit bei Prüftemperatur künstlich gealtert. Diese Vorgehensweise trägt der heutigen Lebensdauer der Kolben im Motorbetrieb Rechnung, die wesentlich länger ist als die darstellbaren Beanspruchungszeiten in der Werkstoffprüfung.

Die Werkstoffkennwerte für geschmiedete Kolben zeigt **Tabelle 4.3**. Im Vergleich mit dem gegossenen Zustand hat der Werkstoff im geschmiedeten Zustand eine höhere Festigkeit und höhere plastische Verformbarkeit (höhere Bruchdehnung). Der Festigkeitsvorteil des geschmiedeten Werkstoffgefüges ist im unteren und mittleren Temperaturbereich, bis etwa 250 °C, stark ausgeprägt und nimmt bei höheren Temperaturen ab.

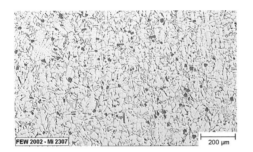
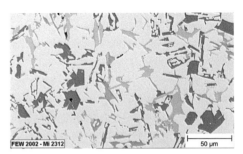

**a)** Eutektische AlSi-Legierung M142 (repräsentativ auch für M124 und M174+), Gusszustand mit körniger Gefügeausbildung

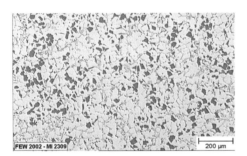
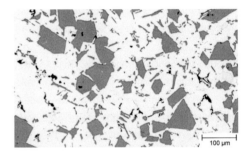

**b)** Übereutektische AlSi-Legierungen, Gusszustand mit körniger Gefügeausbildung, links M145 (14 – 16 % Si), rechts M244 (23 – 26 % Si)

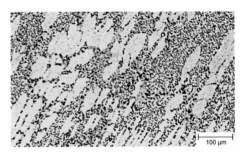

**c)** Al-Legierungen für geschmiedete Kolben, links M124P mit körniger Gefügeausbildung, rechts M124VP mit veredelter Gefügeausbildung

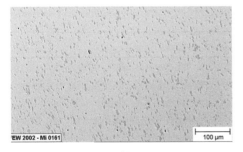

**Bild 4.4:**
Gefüge von MAHLE Aluminium-Kolben-legierungen

**d)** Si-freie Legierung M-SP25

**Tabelle 4.2:** Physikalische und mechanische Eigenschaften gegossener MAHLE Aluminium-Kolben-legierungen

| Bezeichnung | | M124 | M126, M138 | M142, M145, M174+ | M 244 |
|---|---|---|---|---|---|
| Härte HB10 | 20 °C | 90 – 130 | 90 – 130 | 100 – 140 | 90 – 130 |
| Zugfestigkeit $R_m$ [MPa] | 20 °C | 200 – 250 | 180 – 220 | 200 – 280 | 170 – 210 |
| | 150 °C | 180 – 200 | 170 – 200 | 180 – 240 | 160 – 180 |
| | 250 °C | 90 – 110 | 80 – 110 | 100 – 120 | 70 – 100 |
| | 350 °C | 35 – 55 | 35 – 55 | 45 – 65 | 35 – 55 |
| Dehngrenze $R_{p0,2}$ [MPa] | 20 °C | 190 – 230 | 170 – 200 | 190 – 260 | 170 – 200 |
| | 150 °C | 170 – 210 | 150 – 180 | 170 – 220 | 130 – 180 |
| | 250 °C | 70 – 100 | 70 – 100 | 80 – 110 | 70 – 100 |
| | 350 °C | 20 – 30 | 20 – 40 | 35 – 60 | 30 – 50 |
| Bruchdehnung $A_5$ [%] | 20 °C | <1 | 1 | <1 | 0,1 |
| | 150 °C | 1 | 1 | <1 | 0,4 |
| | 250 °C | 3 | 1,5 | 1,5 – 2 | 0,5 |
| | 350 °C | 10 | 5 | 7 – 9 | 2 |
| Biegewechselfe-stigkeit $\sigma_{bw}$ [MPa] | 20 °C | 90 – 110 | 80 – 100 | 100 – 110 | 70 – 90 |
| | 150 °C | 75 – 85 | 60 – 75 | 80 – 90 | 55 – 70 |
| | 250 °C | 45 – 50 | 40 – 50 | 50 – 55 | 40 – 50 |
| | 350 °C | 20 – 25 | 15 – 25 | 35 – 40 | 15 – 25 |
| E-Modul [MPa] | 20 °C | 80.000 | 84.000 | 84.000 – 85.000 | 90.000 |
| | 150 °C | 77.000 | 80.000 | 79.000 – 80.000 | 85.000 |
| | 250 °C | 72.000 | 75.000 | 75.000 – 76.000 | 81.000 |
| | 350 °C | 65.000 | 71.000 | 70.000 – 71.000 | 76.000 |
| Wärme-leitfähigkeit $\lambda$ [W/mK] | 20 °C | 145 | 140 | 130 – 135 | 135 |
| | 350 °C | 155 | 150 | 140 – 145 | 145 |
| Wärme-ausdehnung $\alpha$ [$10^{-6}$ m/mK] | 20 – 100 °C | 19,6 | 18,6 | 18,5 – 19,5 | 18,3 |
| | 20 – 200 °C | 20,6 | 19,5 | 19,5 – 20,5 | 19,3 |
| | 20 – 300 °C | 21,4 | 20,2 | 20,5 – 21,2 | 20,0 |
| | 20 – 400 °C | 22,1 | 20,8 | 21,0 – 21,8 | 20,7 |
| Dichte $\rho$ [g/cm$^3$] | 20 °C | 2,68 | 2,67 | 2,75 – 2,79 | 2,65 |
| Relativer Verschleißwert | | 1 | 0,8 | 0,85 – 0,9 | 0,6 |

**Tabelle 4.3:** Physikalische und mechanische Eigenschaften geschmiedeter MAHLE Aluminium-Kolbenlegierungen

| Bezeichnung | | M124P | M142P | M-SP25 |
|---|---|---|---|---|
| Härte HB10 | 20 °C | 100 – 125 | 100 – 140 | 120 – 150 |
| Zugfestigkeit $R_m$ [MPa] | 20 °C | 300 – 370 | 300 – 370 | 350 – 450 |
| | 150 °C | 250 – 300 | 270 – 310 | 350 – 400 |
| | 250 °C | 80 – 140 | 100 – 140 | 130 – 240 |
| | 300 °C | 50 – 100 | 60 – 100 | 75 – 150 |
| Dehngrenze $R_{p0,2}$ [MPa] | 20 °C | 280 – 340 | 280 – 340 | 320 – 400 |
| | 150 °C | 220 – 280 | 230 – 280 | 280 – 340 |
| | 250 °C | 60 – 120 | 70 – 120 | 90 – 230 |
| | 300 °C | 30 – 70 | 45 – 70 | 50 – 90 |
| Bruchdehnung $A_5$ [%] | 20 °C | <1 | 1 | 8 |
| | 150 °C | 4 | 2 | 9 |
| | 250 °C | 20 | 6 | 12 |
| | 300 °C | 30 | 20 | 12 |
| Biegewechselfestigkeit $\sigma_{bw}$ [MPa] | 20 °C | 110 – 140 | 110 – 140 | 120 – 150 |
| | 150 °C | 90 – 120 | 100 – 125 | 110 – 135 |
| | 250 °C | 45 – 55 | 50 – 60 | 55 – 75 |
| | 300 °C | 30 – 40 | 40 – 50 | 40 – 60 |
| E-Modul [MPa] | 20 °C | 80.000 | 84.000 | 73.500 |
| | 150 °C | 77.000 | 79.000 | 68.500 |
| | 250 °C | 72.000 | 75.000 | 64.000 |
| | 300 °C | 69.000 | 73.000 | 62.000 |
| Wärmeleitfähigkeit $\lambda$ [W/mK] | 20 °C | 155 | 140 | 140 |
| | 150 °C | | | 155 |
| | 250 °C | | | 165 |
| | 300 °C | 165 | 150 | 170 |
| Wärmeausdehnung $\alpha$ [$10^{-6}$ m/mK] | 20 – 100 °C | 19,6 | 19,2 | 22,4 |
| | 20 – 200 °C | 20,6 | 20,5 | 24 |
| | 20 – 300 °C | 21,4 | 21,1 | 24,9 |
| Dichte $\rho$ [g/cm³] | 20 °C | 2,68 | 2,77 | 2,77 |
| Relativer Verschleißwert | | 1 | 0,9 | 1,3 |

Die Festigkeitswerte beruhen auf wärmebehandelten und durch Vorauslagerung bei Prüftemperatur künstlich gealterten Proben, die aus Kolben entnommen wurden.

Die durch unterschiedliche Wärmebehandlung bedingten größeren Streubänder der Festigkeitskennwerte im Vergleich zu den Gusslegierungen berücksichtigen den Einsatz geschmiedeter Kolben für unterschiedliche Lebensdaueranforderungen. Bei Serienfahrzeugen und Großmotoren sind die Untergrenzen, bei Renn- und Sportfahrzeugen die Obergrenzen repräsentativ.

Bei den genannten Verschleißzahlen – bezogen auf den Werkstoff M124 – handelt es sich um Relativwerte, die auf einer abgewandelten Ausführung der Verschleißmaschine nach E. Koch [4] ermittelt wurden. Die Übertragbarkeit der auf Verschleißmaschinen ermittelten Werte auf die Praxis ist aber oft fragwürdig. Die Erfahrung hat gezeigt, dass die von MAHLE ermittelten Daten zumindest eine qualitative Wertung der Werkstoffe erlauben.

## 4.2.3 Faserverstärkung

Die thermische und mechanische Belastungsgrenze von Aluminiumkolben-Werkstoffen wird durch keramische Fasern deutlich angehoben. Mit druckunterstützten Gießverfahren werden vorgeformte Faserkörper – $Al_2O_3$-Kurzfasern mit mittleren Faserdurchmessern von 3 bis 4 µm und mittleren Faserlängen von 50 bis 200 µm – in die schmelzflüssige Legierung infiltriert [5]. Die Gefügeaufnahmen in **Bild 4.5** zeigen die Verteilung und Ausrichtung der keramischen Fasern in der metallischen Matrix. Bedingt durch den Herstellprozess der Faserkörper sind die meisten Fasern regellos in einer Ebene liegend ausgerichtet.

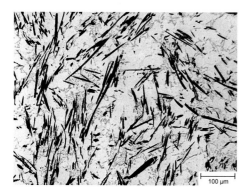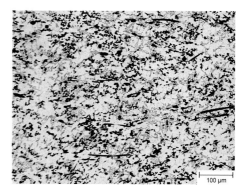

**Bild 4.5:** Gefüge der $Al_2O_3$-faserverstärkten Al-Kolbenlegierung M124 mit etwa 15 Volumenprozent Faseranteil, Schnitt links in der Ebene und rechts senkrecht zur vorzugsweisen Faserrichtung

Geringfügigen Nachteilen in Form etwas höherer Dichte und geringerer Wärmeleitfähigkeit stehen bei den faserverstärkten Verbundwerkstoffen vielfältige Vorteile, wie die Anhebung des E-Moduls und ein geringerer thermischer Ausdehnungskoeffizient, gegenüber.

Besonders nachhaltig steigt die thermische und mechanische Wechselfestigkeit. Aus diesem Grund bieten sich Verbundwerkstoffe vor allem zur lokalen Verstärkung besonders hoch beanspruchter Zonen an, wie etwa der Verbrennungsmulde von Kolben für Dieselmotoren. In Nutzfahrzeugmotoren beweisen Kolben mit lokal faserverstärkter Brennraummulde seit vielen Jahren ihre Funktionalität und Zuverlässigkeit.

# 4.3   Eisenwerkstoffe

Wenn aufgrund der Belastungen die Festigkeit oder der Verschleißwiderstand von Aluminiumlegierungen nicht ausreichen, werden Eisenwerkstoffe eingesetzt. Dies kann mit lokalen Bewehrungen (z. B. Ringträger) beginnen und über Teile gebauter Kolben (z. B. Kolbenboden, Schrauben) bis hin zu Kolbenkonstruktionen gehen, die komplett aus Gusseisen oder Schmiedestahl bestehen.

Kohlenstoff ist das wichtigste Legierungselement des Eisens. Das Eisen-Kohlenstoff-Diagramm, **Bild 4.6**, ermöglicht eine weitgehende Beurteilung dieser Werkstoffe [6]. Dieses Diagramm unterscheidet zwei Systeme: das metastabile oder carbidische aus Eisen und metastabilem Eisencarbid $Fe_3C$ (ausgezogene Linien) und das stabile oder grafitische System (gestrichelte Linien). Bei diesem ist der Kohlenstoff zum größten Teil als Grafit im Eisen eingelagert. Im metastabilen System kann das Eisen den Kohlenstoff nur als Zementit ($Fe_3C$) bis maximal 6,7 % C binden. **Bild 4.6** stellt deshalb ein vollständiges Schaubild (0 – 100 % $Fe_3C$) dar. In Abhängigkeit von der Temperatur können Kohlenstoffatome zu einem gewissen Grad in das Eisengitter auf sogenannten Zwischengitterplätzen eingebaut werden. Hierbei ist die Löslichkeit von Kohlenstoff im kubisch raumzentrierten $\alpha$-Mischkristall – auch $\alpha$-Eisen oder Ferrit genannt – wesentlich geringer (max. 0,02 Gewichtsprozent C) als im kubisch flächenzentrierten $\gamma$-Mischkristall – auch $\gamma$-Eisen oder Austenit genannt – (max. 2,0 Gewichtsprozent C).

Bei Kohlenstoffgehalten von weniger als 4,3 % wird primär Austenit aus der Schmelze ausgeschieden. Bei 4,3 % C erstarrt die Schmelze eutektisch als Ledeburit. Bei mehr als 4,3 % C wird primär Zementit aus der Schmelze ausgeschieden. Unterhalb 2,0 % C entsteht zunächst Austenit, dessen Existenzbereich mit fallender Temperatur zu kleinerer C-Konzentration hin abnimmt, bis schließlich bei 723 °C der kohlenstoffreiche Austenit in den kohlenstoffarmen

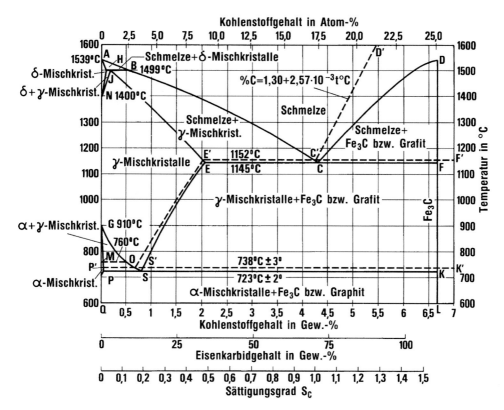

**Bild 4.6:** Eisen-Kohlenstoff-Diagramm

Ferrit und den Zementit zerfällt. Im Bereich von 0,8 % C entsteht dann das Eutektoid Perlit, eine schichtweise Anordnung von Ferrit und Zementit.

Im stabilen System treten die gestrichelt gezeichneten Vorgänge bei normalen Abkühlungsgeschwindigkeiten nur bei zusätzlichem höherem Siliziumgehalt (> 0,5 %) auf, da Silizium die Bildung von freiem Kohlenstoff (Grafit) begünstigt. Grundsätzlich sind die Vorgänge ähnlich wie beim metastabilen System, nur dass sich anstelle von Zementit Grafit bildet.

## 4.3.1 Gusseisen-Werkstoffe

Gusseisen-Werkstoffe haben im Regelfall einen Kohlenstoffgehalt > 2 %. Bei diesen Werkstoffen kann der spröde Zementit oder Grafit durch eine nachträgliche Wärmebehandlung nicht mehr in Lösung gebracht werden. Sie eigenen sich daher nicht für eine durchgreifende Warmformgebung, ihre Gießbarkeit kann aber optimiert werden.

**Tabelle 4.4:** MAHLE Gusseisen-Werkstoffe − chemische Zusammensetzung, mechanische und physikalische Eigenschaften (Richtwerte für getrennt gegossene Probestäbe)

| Bezeichnung | | Austenitische Gusseisen für Ringträger | | Gusseisen mit Kugelgrafit für Kolben/Kolbenunterteile |
| --- | --- | --- | --- | --- |
| | | M-H (lamellar) | M-K (sphärolithisch) | M-S70 (EN GJS 700-2) |
| Legierungselemente [Gewichtsprozent] | C | 2,4 − 2,8 | 2,4 − 2,8 | 3,5 − 4,1 |
| | Si | 1,8 − 2,4 | 2,9 − 3,1 | 2,0 − 2,4 |
| | Mn | 1,0 − 1,4 | 0,6 − 0,8 | 0,3 − 0,5 |
| | Ni | 13,5 − 17,0 | 19,5 − 20,5 | 0,6 − 0,8 |
| | Cr | 1,0 − 1.6 | 0,9 − 1,1 | − |
| | Cu | 5,0 − 7,0 | | <0,1 |
| | Mo | | | |
| | Mg | | 0,03 − 0,05 | 0,04 − 0,06 |
| Brinellhärte HBW 30 | | 120 − 150 | 140 − 180 | 240 − 300 |
| Zugfestigkeit $R_m$ [MPa] | 20 °C | 190 | 380 | 700 |
| | 100 °C | 170 | | 640 |
| | 200 °C | 160 | | 600 |
| | 300 °C | 160 | | 590 |
| | 400 °C | 150 | | 530 |
| Dehngrenze $R_{p0,2}$ [MPa] | 20 °C | 150 | 210 | 420 |
| | 100 °C | 150 | | 390 |
| | 200 °C | 140 | | 360 |
| | 300 °C | 140 | | 350 |
| | 400 °C | 130 | | 340 |
| Bruchdehnung $A_5$ [%] | 20 °C | 2 | 8 | 2 |
| Biegewechselfestigkeit $\sigma_{bw}$ [MPa] | 20 °C | 84 | | 250 |
| E-Modul [MPa] | 20 °C | 100.000 | 120.000 | 177.000 |
| | 200 °C | | | 171.000 |
| Wärmeleitfähigkeit $\lambda$ [W/mK] | 20 °C | 32 | 13 | 27 |
| Wärmeausdehnung $\alpha$ [$10^{-6}$ m/mK] | 20 − 200 °C | 18 | 18 | 12 |
| Dichte $\rho$ [g/cm$^3$] | 20 °C | 7,45 | 7,4 | 7,2 |

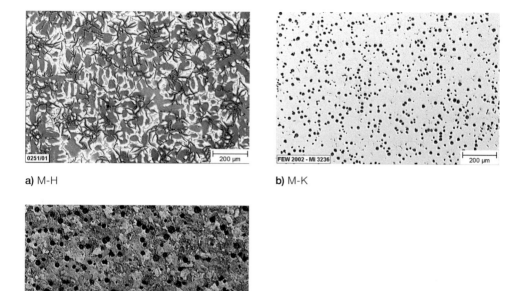

a) M-H

b) M-K

**Bild 4.7:**
Gefüge von MAHLE Gusseisen-Werkstoffen

c) M-S70

MAHLE setzt für seine Produkte hochwertige Gusseisensorten mit lamellarer und sphärolithischer Grafitausbildung ein. **Tabelle 4.4** enthält Zusammensetzung, physikalische Eigenschaften und Festigkeitswerte der geläufigen Legierungen. Die Gefüge dieser Werkstoffe zeigen die **Bilder 4.7a bis c.**

Durch ihre im Vergleich zum Gusseisen mit perlitischer oder ferritischer Grundmasse hohen Wärmedehnungen haben austenitische Gusseisen-Werkstoffe große Bedeutung für die Herstellung von Ringträgerkolben [7]. Die Legierung M-H hat z. B. eine Wärmeausdehnungszahl $\alpha \approx 17{,}5 \times 10^{-6}$ m/mK, was im Vergleich zu normalem Gusseisen mit $\alpha \approx 10 \times 10^{-6}$ m/mK sehr nahe an die der Aluminium-Kolbenlegierung M124 ($\alpha \approx 21 \times 10^{-6}$ m/mK) heranreicht. Dadurch ist am erstarrten, gegossenen Aluminiumkolben der Aufbau von kritischen Spannungen zwischen dem Kolbenkörper und einem Ringträger aus austenitischem Gusseisen wesentlich geringer als bei einem Ringträger aus normalem Gusseisen. Die meisten Ringträger werden aus dem austenitischen Gusseisen mit lamellarer Grafitausbildung M-H hergestellt. In Sonderfällen wird das höherfeste austenitische Gusseisen mit sphärolithischer Grafitausbildung M-K eingesetzt. Die Ringträger werden spanend aus Schleudergussbuchsen herausgearbeitet. Der Schleuderguss ermöglicht ein dichtes, gleichmäßig ausgebildetes Gussgefüge.

Bei den für den Kolbenguss verwendeten Werkstoffen liegt die Grundmasse des Gefüges mit Rücksicht auf die guten Festigkeits- und Verschleißeigenschaften vorwiegend in perlitischer Form vor. Kolben von hoch belasteten Dieselmotoren und andere hoch beanspruchte Teile des Motoren- und Maschinenbaus bestehen vorwiegend aus dem sphärolithischen Gusseisen M-S70. Aus diesem Werkstoff bestehen z. B. einteilige Kolben und Kolbenunterteile für gebaute Kolben.

## 4.3.2  Stähle

Die als Stähle bezeichneten Eisenlegierungen weisen im Allgemeinen einen Kohlenstoffgehalt von weniger als 2 % auf. Durch Erwärmung wandeln sich diese vollständig in den gut verformbaren (schmiedbaren) Austenit um. Die Eisenlegierungen sind daher hervorragend für eine Warmformgebung wie Walzen oder Schmieden geeignet.

Für Bauteile verwendete Stähle haben meist einen Kohlenstoffgehalt von weniger als 0,8 %. Kühlen sie nach dem Guss oder der Warmformgebung langsam ab, bildet sich ein ferritisch-perlitisches Gefüge aus, **Bild 4.8b**. In diesem Zustand hat der Stahl meist noch keine ausreichende Festigkeit und Härte. Deshalb wird mit verschiedenen Maßnahmen die Festigkeit erhöht.

Ein technisch bedeutendes Verfahren ist das Vergüten, bei dem der Stahl von einer Temperatur von mehr als 850 °C sehr rasch abgekühlt wird (Abschrecken). Die im Eisen-Kohlenstoff-Diagramm, **Bild 4.6**, dargestellte Umwandlung des Austenits zu Perlit und Ferrit findet aufgrund der plötzlich eingeschränkten Beweglichkeit der Kohlenstoffatome im Eisengitter nicht mehr statt. Der Kohlenstoff bleibt zwangsgelöst im Kristallgitter, obwohl unter Gleich-

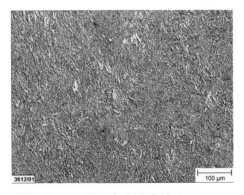

**a)** Vergütungsgefüge, Stahl 42CrMo4

**b)** Ferritisch-perlitisches Gefüge, AFP-Stahl 38MnVS6

**Bild 4.8:** Gefüge von Stählen für Kolben

gewichtsbedingungen keine ausreichende Löslichkeit vorhanden ist. Dies führt zu starken Gitterverzerrungen, die sich makroskopisch in einer hohen Härte und Festigkeit, aber auch Sprödigkeit äußern. Dieses Härtungsgefüge mit seinem typisch nadeligen Aussehen wird Martensit genannt. Ein anschließendes Erwärmen des Werkstoffs, das Anlassen, baut die Verspannungen etwas ab und bildet ein Vergütungsgefüge aus, **Bild 4.8a**. Härte und Festigkeit gehen etwas zurück, die Zähigkeit nimmt jedoch zu [8].

Beim Abschrecken nimmt die Abkühlgeschwindigkeit vom Rand zum Kern eines Bauteils hin ab und ist schließlich geringer als die kritische Abkühlgeschwindigkeit des Stahls, sodass sich hier der Austenit nicht mehr vollständig zu Martensit umwandelt. Der Werkstoff härtet nicht mehr durch. Elemente wie z. B. Mangan, Chrom, Nickel oder Molybdän erhöhen die Härtbarkeit der Legierung bzw. senken die kritische Abkühlgeschwindigkeit. Dies ist besonders für Bauteile mit großen Vergütungsquerschnitten wichtig, da so der Festigkeitsabfall zum Kern hin begrenzt werden kann.

Für sehr hoch beanspruchte Kolben und Kolbenteile wird der chrom- und molybdänlegierte Vergütungsstahl 42CrMo4 verwendet. Neben der verbesserten Durchhärtbarkeit fördern beide Legierungselemente die Karbidbildung, Molybdän zusätzlich noch die Warmfestigkeit. Allerdings ist auch bei diesem Stahl bei sehr großen Vergütungsquerschnitten oder Querschnittsänderungen mit einer Abnahme der Festigkeit zum Kernbereich hin zu rechnen. Die in **Tabelle 4.5** aufgeführten Streubereiche für die Festigkeitskennwerte verdeutlichen dies.

Schrauben, die bei gebauten Kolben die Kolbenböden mit den Unterteilen verbinden, bestehen meist ebenfalls aus dem Vergütungsstahl 42CrMo4. Sie müssen die höchste Festigkeitsklasse 10.9 nach DIN 267 erfüllen. In Sonderfällen wird der Vergütungsstahl 34CrNiMo6 verwendet, der durch den Nickelzusatz eine nochmals verbesserte Durchhärtbarkeit aufweist.

Eine weitere bedeutende Technik für mehr Festigkeit bei metallischen Werkstoffen ist die Ausscheidungshärtung. Bei den ausscheidungshärtenden ferritisch-perlitischen Stählen, kurz AFP-Stähle genannt, werden geringe Mengen Vanadium oder Niob (etwa 0,1 Gewichtsprozent) zulegiert. Sie werden daher auch als mikrolegierte Stähle bezeichnet [9]. Mit Erwärmung des Werkstoffs auf Schmiedetemperatur gehen diese Mikrolegierungselemente vollständig im $\gamma$-Mischkristall in Lösung über. Direkt im Anschluss an die Warmformgebung lässt man das Schmiedeteil kontrolliert an der Luft abkühlen. Bei Umwandlung des Austenits zu Ferrit und Perlit scheiden sich im Ferrit die Karbide bzw. Karbonitride dieser Mikrolegierungselemente sehr fein verteilt aus und führen durch die Behinderung der Versetzungsbeweglichkeit zu einem Anstieg der Festigkeit, insbesondere der Streckgrenze.

**Bild 4.8b** zeigt ein typisches AFP-Gefüge am Beispiel von 38MnVS6. Dieser Werkstoff wird bevorzugt bei Stahlkolben von Nutzfahrzeugmotoren sowie für geschmiedete Stahlunterteile von gebauten Kolben eingesetzt. Vorteile dieser Werkstoffgruppe im Vergleich zu Vergütungs-

**Tabelle 4.5:** Stähle für Kolben – chemische Zusammensetzung, mechanische und physikalische Eigenschaften

| Bezeichnung | | 42CrMo4 | 38MnVS6 |
|---|---|---|---|
| Wärmebehandlungszustand | | Vergütet | Gesteuert aus der Umformwärme abgekühlt |
| Legierungselemente [Gewichtsprozent] | C | 0,38 – 0,45 | 0,34 – 0,41 |
| | Si | max. 0,40 | 0,15 – 0,80 |
| | Mn | 0,60 – 0,90 | 1,20 – 1,60 |
| | Cr | 0,90 – 1,20 | max. 0,30 |
| | Mo | 0,15 – 0,30 | max. 0,08 |
| | P | max. 0,035 | max. 0,025 |
| | S | max. 0,035 | 0,020 – 0,060 |
| | V | | 0,08 – 0,020 |
| | N | | 0,010 – 0,020 |
| Brinellhärte HBW 30 | | 265 – 330 | 240 – 310 |
| Zugfestigkeit $R_m$ [MPa] | 20 °C | 920 – 980 | 910 |
| | 130 °C | 870 – 960 | 860 |
| | 300 °C | 850 – 930 | 840 |
| | 450 °C | 630 – 690 | 610 |
| Dehngrenze $R_{p0,2}$ [MPa] | 20 °C | 740 – 860 | 610 |
| | 130 °C | 700 – 800 | 570 |
| | 300 °C | 680 – 750 | 540 |
| | 450 °C | 520 – 580 | 450 |
| Bruchdehnung $A_5$ [%] | 20 °C | 12 – 15 | 14 |
| | 130 °C | 8 – 13 | 9 |
| | 300 °C | 10 – 13 | 11 |
| | 450 °C | 15 – 16 | 15 |
| Biegewechselfestigkeit $\sigma_{bw}$ [MPa] | 20 °C | 370 – 440 | 370 |
| | 130 °C | 350 – 410 | 350 |
| | 300 °C | 340 – 400 | 320 |
| | 450 °C | 280 – 340 | 290 |
| E-Modul [MPa] | 20 °C | 212.000 | 208.000 |
| | 130 °C | 203.000 | 201.000 |
| | 300 °C | 193.000 | 189.000 |
| | 450 °C | 180.000 | 176.000 |
| Wärmeleitfähigkeit $\lambda$ [W/mK] | 20 °C | 44 | 38 |
| | 130 °C | 43 | 39 |
| | 300 °C | 40 | 39 |
| | 450 °C | 37 | 37 |
| Mittlere lineare Wärmeausdehnung $\alpha$ [$10^{-6}$ m/mK] | 20 – 300 °C | 13,2 | 13,1 |
| | 20 – 450 °C | 13,7 | 13,7 |
| Dichte $\rho$ [g/cm$^3$] | 20 °C | 7,80 | 7,78 |

stählen sind die bessere Zerspanbarkeit des ferritisch-perlitischen Gefüges sowie der Entfall der kostenintensiven nachträglichen Wärmebehandlung.

Beide für den Bau von Kolben heute verwendeten Stahlgüten, der Vergütungsstahl 42CrMo4 und der AFP-Stahl 38MnVS6, sind hinsichtlich Warmfestigkeit und Oxidationsbeständigkeit für einen Einsatz bei Temperaturen bis zu 450 °C geeignet. Bei der Erprobung neuer Motoren ist es teilweise üblich, die Dauerhaltbarkeit unter Überlastbedingungen zu testen. Dabei treten am Stahlkolben, insbesondere am Rand der Brennraummulde, durchaus Temperaturen von 500 bis 550 °C auf. In diesem Temperaturbereich reagiert das Eisen mit dem Sauerstoffüberschuss des verbrennenden Kraftstoff-Luft-Gemischs, und es entsteht eine merkliche Verzunderung. Sollten zukünftige Motorenkonzepte derartige thermische Belastungen auch unter normalen Betriebsbedingungen mit sich bringen, könnten entweder oxidationshemmende Beschichtungen oder andere warmfestere und oxidationsbeständigere Stahlgüten zur Anwendung kommen.

# 4.4  Kupferwerkstoffe für Nabenbuchsen

Spezifisch hoch belastete Naben von Kolben für Dieselmotoren haben teilweise Nabenbuchsen aus Kupferwerkstoffen. Die Nabenbuchsen werden unter Überdeckung eingesetzt, d. h. durch Schrumpfverbindung fixiert. Bei Aluminiumkolben steigern Nabenbuchsen die Ermüdungsfestigkeit der Kolbennabe. Bei Stahlkolben steht die Fresssicherheit der Kolbenbolzenlagerung im Vordergrund. Neben hoher Festigkeit und gutem Gleitverhalten sollten Kolbenbuchsen-Werkstoffe weitere Eigenschaften haben:

- Ähnliches Wärmeausdehnungsverhalten wie der Kolbenwerkstoff (für konstante Überdeckung im Warm- und Kaltzustand)
- Korrosionsbeständigkeit gegen heißes und mit Säuren angereichertes Schmieröl

MAHLE verwendet vorzugsweise massive Kolbennabenbuchsen. Sie werden aus gezogenem Rohr spanend herausgearbeitet, das seine Festigkeit durch den Umformprozess bzw. durch eine Wärmebehandlung erhält. Das oben genannte Anwendungsspektrum wird mit zwei Werkstoffgüten abgedeckt.

**Sondermessing CuZn31Si1 (Werkstoff 2.1831) nach DIN/ISO 4382-2**
Ein nicht aushärtbarer Werkstoff, der seine Festigkeit durch Kaltumformen erlangt. Er ist gegen Öle sehr korrosionsbeständig und hat gute Gleiteigenschaften. Das Gefüge besteht aus $\alpha$-Matrix mit Anteilen von $\beta$-Phase. Zulegiertes Silizium verbessert die Verschleiß- und Korrosionsbeständigkeit.

**Aluminiumbronze CuAl10Ni5Fe4**

Ein ausscheidungshärtender Werkstoff, der bei der Warmumformung aushärtend ist. Er zeichnet sich durch hohe Festigkeit und gute Korrosionsbeständigkeit gegenüber Ölen aus. Das Gefüge besteht aus $\alpha$-Matrix mit Eisen-, Nickel- und Mangan-Ausscheidungen ($\kappa$-Phase). Zulegiertes Aluminium verbessert die mechanischen Eigenschaften. Nickel erhöht die Warmfestigkeit, Eisen verbessert die Feinkörnigkeit und Festigkeit. Der Zusatz von Mangan erhöht die Korrosionsbeständigkeit sowie die Duktilität.

**Bilder 4.9** zeigen Gefüge, **Tabelle 4.6** die Zusammensetzung und Eigenschaften der beiden Werkstoffe. Aufgrund der sehr hohen Festigkeit wird die Aluminiumbronze CuAl10Ni5Fe4 bevorzugt für Buchsen in Stahlkolben eingesetzt, während das Sondermessing CuZn31Si1 aufgrund seines höheren Wärmeausdehnungskoeffizienten der bevorzugte Nabenbuchsen-Werkstoff für Aluminiumkolben ist.

**Tabelle 4.6:** Chemische Zusammensetzung und Eigenschaften von Nabenbuchsen-Werkstoffen

|  |  | CuZn31Si1 | CuAl10Ni5Fe4 |
|---|---|---|---|
| **Zusammensetzung** [Gewichtsprozent] |  |  |  |
| (Richtwerte) | Al | – | 8,5 – 11 |
|  | NI | max. 0,5 | 4 – 6 |
|  | Fe | max. 0,4 | 2 – 5 |
|  | Mn | – | 0,5 – 1,5 |
|  | Si | 0,7 – 1,3 | – |
|  | Pb | 0,1 – 0,3 | max. 0,05 |
|  | Zn | 28,5 – 33,3 | max. 0,5 |
|  | Sonstige zusammen | max. 0,5 | max. 0,3 |
|  | Cu | Rest | Rest |
| **Physikalische Eigenschaften** |  |  |  |
| Dichte | [g/cm$^3$] | 8,4 | 7,6 |
| Wärmeausdehnung, RT – 300 °C | [$10^{-6}$ m/mK] | 19,2 | 16,6 |
| Wärmeleitfähigkeit | [W/mK] | 71 | 63 |
| E-Modul RT | [MPa] | 108.000 | 120.000 |
| **Mechanische Eigenschaften bei RT, Mindestwerte** |  |  |  |
| Härte | [HB 10] | 150 | 170 |
| Zugfestigkeit $R_m$ | [MPa] | 540 | 700 |
| Dehngrenze $R_{p0,2}$ | [MPa] | 430 | 460 |
| Bruchdehnung $A_5$ | [%] | 10 | 10 |

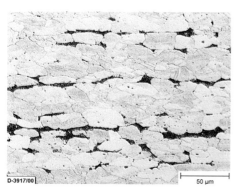
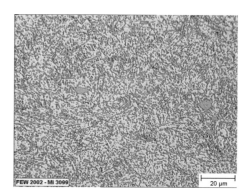

a) CuZn31Si1

b) CuAl10Ni5Fe4

**Bild 4.9:**  Gefüge der Nabenbuchsen-Werkstoffe

# 4.5  Beschichtungen

## 4.5.1  Beschichtungen am Kolben

Die Beschichtung des Kolbenschafts soll hauptsächlich ein örtliches Verschweißen zwischen Kolben und Zylinder, das Fressen des Kolbens, vermeiden. Eine Verschleißschutzschicht ist hier in der Regel nicht erforderlich.

Unter normalen, moderaten Betriebszuständen benötigt ein Kolben bei sorgfältiger und richtiger Dimensionierung keine Schaftbeschichtung. Fressgefahr besteht jedoch bei extremen Betriebszuständen:

■ Bei lokalem Spielmangel, hervorgerufen durch mechanische und/oder thermische Deformation des Zylinders

■ Bei unzureichender Ölversorgung, z. B. während eines Kaltstarts

■ Bei unzureichender Schmierfähigkeit des Motoröls, hervorgerufen durch Kraftstoffanteile, extrem hohe Betriebstemperatur oder Überalterung des Öls

■ Im Neuzustand, wenn Kolben und Zylinder noch nicht eingelaufen sind

Eine Beschichtung am Kolbenschaft schützt bei derartigen Extremsituationen. Wichtig ist, dass die Schaftbeschichtung tribologisch auf die Zylinderlaufbahn (Gusseisen oder Aluminium) abgestimmt ist.

### 4.5.1.1  GRAFAL® 255 bzw. EvoGlide

Die Beschichtung des Kolbenschafts mit GRAFAL® ist die Standardbeschichtung bei Kolben aller Größen und Bauarten, die mit Gusseisenzylindern gepaart werden.

GRAFAL® ist eine etwa 20 µm dicke Gleitlackschicht mit feinen Grafitpartikeln, eingebettet in eine Polymermatrix. Sie erträgt die am Kolbenschaft auftretenden Temperaturen von bis zu 250 °C und ist gegen Öle und Kraftstoffe beständig. Die filmbildende Polymermatrix unterstützt durch günstige tribologische Eigenschaften die Wirkung des Festschmierstoffes Grafit bei der Notlaufschmierung. Das bewirkt eine hohe Fresssicherheit bei geringstem Spiel und Ölmangel. Bei normaler Beanspruchung verschleißt die Schicht nicht. Bei extremer Beanspruchung, insbesondere bei örtlich hoher Flächenpressung, wird sie dagegen lokal teilweise abgetragen. Das so entstehende höhere Spiel vermindert die Neigung zum Fressen. Aufgrund dieser Anpassungsfähigkeit und der selbst schmierenden Eigenschaften von GRAFAL® sind Kolben mit sehr engen Spielen möglich, was günstige akustische Eigenschaften bei niedriger Reibung zur Folge hat.

Da bei Realisierung von Downsizing-Konzepten die Seitenkräfte am Kolbenschaft ansteigen werden, muss die Gleitlackschicht, über die Lebensdauer des Motors betrachtet, eine verbesserte Verschleißbeständigkeit im System Kolben/Zylinderlaufbahn aufweisen. Zu diesem Zweck wurde EvoGlide entwickelt. Durch Zugabe bestimmter Additive wird die Harzmatrix verschleißfester ausgebildet. Die Fähigkeit, bei extremer Beanspruchung lokal zu verschleißen, bleibt jedoch erhalten.

### 4.5.1.2  Zinn

Zinn als ein weiches, verformbares Metall eignet sich ebenfalls zur Schaftbeschichtung und dient als Einlaufhilfe und zur Verbesserung der Notlaufeigenschaften, besonders beim Kaltstart. Die Zinnschicht ist 1 bis 2 µm dick. Daher ist ihr Potenzial zur Vermeidung von Fressern etwas geringer als das der GRAFAL®-Schicht. Verzinnte Kolben werden mit Grauguss- oder NIKASIL®-Zylindern gepaart und bevorzugt in Pkw-Ottomotoren eingebaut.

### 4.5.1.3  Ferrostan/FerroTec®

Die in Graugusszylindern bewährten Schaftbeschichtungen, wie Zinn und GRAFAL®, sind als Partner für Aluminiumlaufbahnen tribologisch ungeeignet, denn sie würden zu raschen Fressern und hohem Verschleiß führen. Für unbeschichtete AlSi-Zylinder hat sich das Ferrostan-Schichtsystem bzw. FerroTec® hervorragend bewährt. Beide zeichnen sich durch hohe Laufsicherheit und geringen Verschleiß aus. Ferrostan besteht aus einer 10 bis 13 µm dicken Eisenschicht, die mit einer dünnen Zinnschicht als Einlaufhilfe überzogen wird. FerroTec® besteht aus einer reinen Eisenschicht, die optional auch noch verzinnt werden kann.

Ferrostan/FerroTec®-Kolben werden ausschließlich in Pkw-Ottomotoren eingesetzt, da Dieselmotoren mit AlSi-Laufflächen nicht üblich sind.

### 4.5.1.4 FERROPRINT®

Eine Alternative zur Ferrostan-Beschichtung ist die FERROPRINT®-Beschichtung. Auch sie dient als Laufflächenschutz für Kolben, die mit hoch siliziumhaltigen Aluminiumzylindern gepaart werden. Diese Schicht besteht – ähnlich wie GRAFAL® – aus einem hochtemperaturbeständigen Polymer, in den härtere Edelstahlpartikel zur Verstärkung eingelagert sind. Die Schichtdicke beträgt etwa 20 µm. Das Eigenschaftsprofil ähnelt dem von GRAFAL®.

### 4.5.1.5 Hartoxid in der 1. Kolbenringnut

Während bei Kolben für Dieselmotoren die 1. Kolbenringnut, die Kompressionsringnut, traditionell durch einen Ringträger bestens vor Verschleiß geschützt ist, benötigten Kolben für Ottomotoren in der Vergangenheit hier keinen Schutz. In letzter Zeit traten jedoch Schädigungen in Form von Zerrüttungen und Werkstoffabtragungen an den Nutflanken, insbesondere an der unteren Nutflanke, auf („Microwelding"). Sie entstehen vermutlich durch lokale Mikroverschweißungen zwischen Kolbenring- und Nutflanke und bevorzugt an Kolben mit kurzen Feuerstegen, die höhere Nuttemperaturen zur Folge haben. Diese höheren Temperaturen treten vermutlich in Verbindung mit Ringpaketen auf, die auf extrem niedrigen Ölverbrauch abgestimmt sind. Wegen der nur noch minimalen Ölmenge, die zur Schmierung der Kolbenringe zur Verfügung steht, können Mikroverschweißungen entstehen.

Ein wirksamer Schutz gegen Mikroverschweißungen ist lokales Hartanodisieren der Nutpartie mit einer Schichtdicke von zirka 15 µm. Die quasi-keramische Struktur der Hartoxidschicht unterbindet einen metallischen Kontakt zwischen Kolbenringnut und Kolbenring und verhindert so das Mikroverschweißen. Obwohl die Hartoxidschicht deutlich rauer ist als eine fein bearbeitete Nutflanke, gibt es keine Probleme mit der Abdichtung der Kolbenringe, da die Schichtoberfläche durch die Mikrobewegungen der Kolbenringe rasch eingeglättet wird.

### 4.5.1.6 Hartoxid am Boden

Bei Pkw- und Nkw-Dieselmotoren können nach längeren Laufzeiten thermische und mechanische Überbeanspruchungen zu Rissen an Muldenrand und Kolbenboden führen. Um solche Muldenrandrisse zu vermeiden, werden ebenfalls Hartoxidschichten eingesetzt, in diesem Fall jedoch mit Schichtdicken von 50 bis 80 µm.

Die günstige Wirkung dieser Schicht auf das Anrissverhalten des Kolbenwerkstoffs ist auf Verbundspannungen zurückzuführen, welche die Druckspannungen aus der thermischen und mechanischen Belastung des Kolbenbodens mindern. Da die Schicht nicht von außen auf-getragen wird, sondern durch Umwandlung des Grundwerkstoffs an der Oberfläche entsteht, treten hohe Bindungskräfte zwischen Schicht und Grundwerkstoff auf, die den erheblichen örtlichen Belastungen standhalten.

### 4.5.1.7  Phosphat

Metallphosphate bilden kristalline oder amorphe Überzüge, die sich durch gute Ölbindung, hohe Haftfestigkeit und hohe Verformbarkeit auszeichnen. In Gleitpaarungen können Phos-phatschichten, insbesondere in Einlaufphasen, wirksam vor Fressern und Reibern schützen. Diese Wirkung macht man sich auch bei Kolben zunutze, besonders bei Kolben für Dieselmo-toren zum Schutz der Naben.

Auf Stahlkolben (MONOTHERM®, FERROTHERM®, MonoWeld®) werden relativ dicke Schich-ten (im Mittel etwa 5 µm) aus Mangan-Eisen-Mischphosphaten abgeschieden. Sie erlauben die direkte Paarung mit gehärteten Stahlbolzen, ohne Einbringen einer Nabenbuchse.

Auf Aluminiumkolben werden dünne (< 0,5 µm) Aluminiumphosphatschichten als Konver-sionsschicht abgeschieden. Auch diese bieten einen begrenzten Schutz vor Reibern in der Kolbennabe.

### 4.5.1.8  GRAFAL® 210

Der Einlauf von Stahlkolben in Heavy-Duty-Motoren bei Nkw ist eine kritische Phase im Hinblick auf das tribologische System Nabenbohrung/Bolzen. Hier ist ein höheres Schutz-potenzial gefordert, wie es z. B. GRAFAL® 210 bietet. Die Schicht besteht aus einer hochtem-peraturbeständigen Polymermatrix, in die Grafitpartikel und als druckbeständige Komponente Molybdändisulfidpigmente eingelagert sind. Die Schichtdicke beträgt etwa 8 µm und bietet während der Einlaufphase einen längeren Schutz vor Reibern/Fressern in der Nabenbohrung.

### 4.5.1.9  Chrom-Auflageflächen

Bei gebauten Kolben für Großdieselmotoren treten an den Flächen, an denen das Oberteil auf dem Unterteil aufliegt, Relativbewegungen auf, hervorgerufen durch zyklische Bauteilver-formungen. Obwohl diese Relativbewegungen im Normalfall weniger als 100 µm betragen, können sie unerwünschten Reibverschleiß an den Auflageflächen erzeugen. Bei der Paarung Aluminium-Unterteil und Stahl-Oberteil verschleißt das härtere Oberteil aus Stahl stärker. Eine wirksame Hilfe bietet die Maßverchromung der Auflagefläche des Stahl-Oberteils mit einer Schichtdicke von etwa 20 µm.

### 4.5.1.10 Chrom-Ringnuten

Schweröl als Kraftstoff für Großdieselmotoren kann erhebliche Mengen von kleinen, harten Partikeln enthalten, die – sofern sie in den Brennraum gelangen – an den Kolbenringen und Kolbenringnuten erheblichen abrasiven Verschleiß verursachen können. Außerdem weist Schweröl gelegentlich relativ hohe Konzentrationen von Schwefelverbindungen auf, aus denen bei der Verbrennung saure Gase entstehen. Diese kondensieren im Bereich der Kolbenringnut und verursachen dann Korrosionsschäden an den Kolbenringen und Kolbenringnuten.

Die Hartverchromung der Flanken der Kompressionsringnut, gepaart mit einem flankenverchromten Kolbenring, bietet hochwirksamen Schutz gegen diese Effekte. Um die bei diesen Motoren geforderten sehr langen Laufzeiten zu erreichen, muss die Schicht entsprechend dick sein, mindestens 200 µm sind hier der Standard.

## 4.5.2 Anwendungstabelle

**Tabelle 4.7:** Anwendungstabelle für Beschichtungen

| | Pkw-Kolben Otto | Pkw-Kolben Diesel | Nkw-Kolben Stahl | Nkw-Kolben Aluminium | Großkolben |
|---|---|---|---|---|---|
| GRAFAL®/EvoGlide | X | X | X | X | X |
| Zinn | X | | | X[1] | |
| Ferrostan/ FerroTec® | X | | | | |
| FERROPRINT® | X | | | | |
| Hartoxid-Kompressionsringnut | X | | | | |
| Hartoxid-Boden | | X | | X | |
| Phosphat Al | X | X | | X | X[2] |
| Phosphat Fe | | | X | | X[3] |
| GRAFAL® 210 | | | X | | |
| Hartchrom | | | | | X |

[1] nur bei Alttypen

[2] Unterteile aus Aluminium

[3] Unterteile aus Grauguss

# 5 Kolbenkühlung

Mit den steigenden spezifischen Leistungen sind die Kolben in modernen Verbrennungs-motoren zunehmenden thermischen Belastungen ausgesetzt. Um ihre Betriebssicherheit zu gewährleisten, müssen sie daher so effektiv wie möglich gekühlt werden.

## 5.1 Thermische Belastung

Im Zylinder wird die im Kraftstoff gebundene chemische Energie bei der Verbrennung in Wärme umgewandelt. Der Kolben als bewegliche Wand des Brennraums wandelt einen Teil dieser Wärme in mechanische Arbeit um und treibt über das Pleuel die Kurbelwelle an. Die nicht in mechanische Arbeit umgewandelte Wärme wird teilweise mit dem Abgas abgeführt. Der andere Teil wird durch Konvektion und Strahlung auf die den Brennraum begrenzenden Motorteile übertragen. Zusätzlich zu den mechanischen Beanspruchungen führt dies zu einer teilweise lokal sehr hohen thermischen Belastung dieser Bauteile.

## 5.2 Verbrennung und Brennstrahlen

Bei Ottomotoren leitet normalerweise die Zündkerze die Verbrennung des Kraftstoff-Luft-Gemischs ein. Die Flammfront breitet sich in alle Richtungen etwa gleichmäßig aus, sodass alle den Brennraum umgebenden Flächen mit der Gastemperatur beaufschlagt werden. Dadurch entsteht im Kolben ein Temperaturgefälle von der Brennraumseite zum Kurbelgehäuse.

Bei Dieselmotoren mit direkter Einspritzung des Kraftstoffs beginnt die Verbrennung im Bereich der Einspritzdüse, da dort zuerst ein zündfähiges Gemisch vorliegt. Nach der Selbstzündung des Gemischs in diesem Bereich laufen mehrere Flammfronten in Form von Brennkeulen entlang den eingespritzten Kraftstoffstrahlen auf die den Brennraum umgebenden Flächen zu, **Bild 5.1**. Dadurch entsteht im Kolben, insbesondere am Muldenrand der Brennraummulde, ein inhomogenes Temperaturfeld.

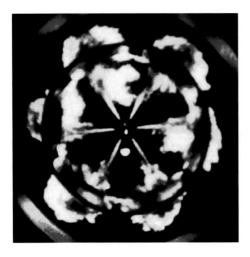

**Bild 5.1:**
Flammfronten beim Dieselprozess

## 5.3    Temperaturprofil am Muldenrand

Am Muldenrand des Dieselkolbens stellt sich als Folge der ungleichmäßigen Wärmeeinbrin-
gung durch die oben beschriebenen „Brennkeulen" ein quasistationäres, wellenförmiges Temperaturprofil ein. Der in **Bild 5.2** dargestellte Temperaturverlauf entlang des Muldenrands stellt
diesen Temperaturzustand dar. Die Temperaturdifferenz zwischen den Stellen, die direkt in der
Mitte einer Brennkeule liegen, und den dazwischenliegenden Bereichen kann mehr als 40 K
betragen.

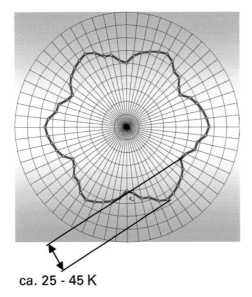

**Bild 5.2:**
Wellenförmiger Temperaturverlauf
am Muldenrand

ca. 25 - 45 K

Die daraus resultierenden thermischen Spannungen können in Verbindung mit überlagerten Belastungen (mechanische Spannungen, Temperaturwechsel, Oxidation usw.) Risse am Muldenrand verursachen.

Zusätzlich ergibt sich zwischen Einlass- und Auslassseite eine Verschiebung des Temperaturprofils in Richtung der Auslassseite. Darüber hinaus sind weitere Einflüsse, z. B. infolge der Kühlwasserführung zwischen den einzelnen Zylindern, zu berücksichtigen.

# 5.4 Temperaturprofil am Kolben

Wegen der verschiedenen Brennverfahren und der dafür erforderlichen unterschiedlichen Kolbengeometrien ergeben sich an Diesel- und Ottokolben unterschiedliche Temperaturprofile, **Bild 5.3**.

Kolben für Ottomotoren haben ihr Temperaturmaximum meist in der Mitte des Kolbenbodens, bei direkter Kraftstoffeinspritzung und ausgeprägter Verbrennungsmulde auch am Rand der Mulde. Zum Feuersteg hin fällt die Temperatur recht gleichmäßig ab. Bei Kolben für Dieselmotoren tritt das Temperaturmaximum dagegen an den Stellen des Muldenrands auf, die mitten in Brennkeulen liegen. Zur Muldenmitte und zum Feuersteg hin fällt die Temperatur gleichmäßig ab. Das Temperaturprofil wird von der Anzahl und Neigung der Einspritzbohrungen, dem Einspritzdruck, dem Einspritzzeitpunkt und der Einspritzdauer sowie von der Muldengeometrie wesentlich mitbestimmt.

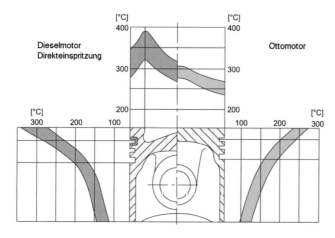

**Bild 5.3.**
Temperaturprofil an Diesel- und Ottokolben

Entlang der Kolbenmantellinie ergeben sich vom Feuersteg über das Kolbenringpaket zur Kolbennabe und zum Ende des Kolbenschafts für Diesel- und Ottokolben qualitativ ähnliche Temperaturprofile.

# 5.5    Auswirkungen auf die Funktion des Kolbens

Die thermische Belastung des Kolbens und das daraus resultierende Temperaturprofil im Kolben führen zu temperaturbedingten Deformationen. Diese haben in Verbindung mit der thermischen Wechselbelastung Einfluss auf die lokale Werkstoffbeanspruchung und -festigkeit, außerdem beeinflussen sie die Funktion des Kolbens. Das kann im Extremfall zum Versagen des Bauteils und zum Motorschaden führen.

## 5.5.1  Thermisch bedingte Verformung

Bei der konstruktiven Gestaltung des Kolbens ist die durch das Temperaturprofil bedingte Verformung des Kolbens zu berücksichtigen. **Bild 5.4** zeigt diese thermische Verformung schematisch für den Kolben eines Ottomotors. Kolben in Dieselmotoren zeigen ein prinzipiell vergleichbares Verformungsverhalten.

Die Größe der Verformung hängt vom thermischen Ausdehnungskoeffizienten und der Temperaturdifferenz zwischen kaltem und betriebswarmem Zustand ab. Die radiale Verformung hat Einfluss auf Geräusch, Fressneigung und Reibleistung und muss durch geeignete Spiel-

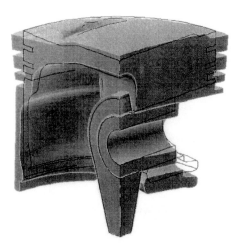

**Bild 5.4:**
Verformung eines Kolbens im Ottomotor
unter thermischer Last

gebung, vor allem im Bereich der Ringpartie, ausgeglichen werden. Die axiale thermische
Verformung muss in der Auslegung des Freigangs im oberen Totpunkt bei der Abstimmung
von Kolbenposition und Ventilhub berücksichtigt werden.

## 5.5.2 Temperaturabhängige Werkstoffkennwerte

Wie **Bild 5.5** zeigt, hat die Bauteiltemperatur einen deutlichen Einfluss auf die Dauerfestigkeit
des Kolbenwerkstoffs.

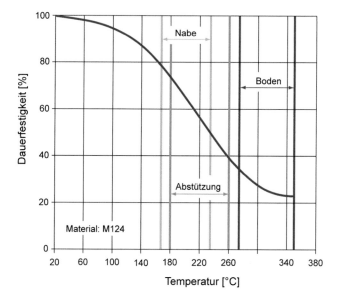

**Bild 5.5:**
Temperatureinfluss auf die
Dauerfestigkeit für M124

Für die Kolbenlegierung M124 bedeutet dies beispielsweise für die Bereiche Kolbennabe und
Abstützung, die üblicherweise ein Temperaturniveau von 160 bis 260 °C haben, eine um 20
bis 60 % verringerte Dauerfestigkeit im Vergleich zum Wert bei Raumtemperatur. Beim Kolbenboden bzw. Muldenrand von Aluminium-Dieselkolben, die Temperaturen von 300 bis 400
°C aufweisen können, sinkt die Dauerfestigkeit sogar um bis zu 80 % ab. Eisenwerkstoffe sind
in diesem Temperaturbereich deutlich unempfindlicher.

## 5.5.3 Temperatureinfluss auf die Kolbenringe

Wird die maximal ertragbare Temperatur in der Kolbenringpartie überschritten, sind – besonders in der 1. Kolbenringnut – plastische Verformungen und erhöhter Verschleiß möglich.

Die thermisch bedingte chemische Zersetzung des Schmieröls kann ferner Verkokung im Nutgrund verursachen. Diese Rückstände wirken dann im System Kolbenringnut/Kolbenring wärmeisolierend und verschlechtern den Wärmetransport vom Kolben zur Zylinderwand. Außerdem behindern sie die Kolbenringe in ihrer Eigenbewegung und blockieren sie eventuell sogar vollständig. Insbesondere die Drehbewegung der Kolbenringe in den Kolbenringnuten ist jedoch für die Funktion wichtig. Durch diese Rotation wird sichergestellt, dass sich der Ringstoß, durch den stets geringe Mengen Verbrennungsgase in den Kurbelraum strömen, nicht ständig an derselben Stelle befindet. Üben die Kolbenringe über längere Zeit keine Drehbewegungen aus, können vorbeiströmende heiße Verbrennungsgase im Bereich des Ringstoßes sowohl die Kolbenringnut als auch die Zylinderlauffläche schädigen. Auch der Schmierölfilm in diesem Bereich wird gestört, und dies kann zu einem Ring-/Kolbenfresser und Motorschaden führen.

## 5.6 Einflussmöglichkeiten auf die Kolbentemperatur

Die Einflüsse der motorischen Betriebsparameter auf die Kolbentemperaturen müssen bei der Kolbenentwicklung beachtet werden. Zu diesen gehören beispielsweise Drehzahl, Last, Zündzeitpunkt bzw. Einspritzzeitpunkt, Luftverhältnis und Betriebsmitteltemperaturen. In **Tabelle 7.2** (Kapitel 7.2) sind beispielhaft Anhaltswerte für Temperaturänderungen im Bereich der 1. Kolbenringnut eines Otto- und eines Dieselkolbens angegeben. Bemerkenswert ist, dass schon durch eine Beimischung von 50 % Glykol (Frostschutz) zum Kühlmittel die Kolbentemperatur in der 1. Kolbenringnut um 5 °C ansteigen kann.

Ein Vergleich der Kühlungsarten „Anspritzkühlung durch eine Anspritzdüse am Pleuelfuß", „Anspritzkühlung durch eine Standdüse am Kurbelgehäuse" und „Kolbenkühlung durch ölgefüllte Kühlkanäle" zeigt, dass mit Kühlkanälen die größten Temperaturabsenkungen erzielt werden können. Abhängig von den konstruktiven Randbedingungen sind bis zu 50 °C niedrigere Temperaturen an der 1. Kolbenringnut erreichbar.

## 5.7 Kühlungsarten

Um eine wirksame Wärmeabfuhr am Kolben sicherzustellen und in den kritischen Kolbenzonen die Temperatur abzusenken, werden in Abhängigkeit von der abzuführenden Wärmemenge und dem Verbrennungsverfahren – Diesel oder Otto – Kolben mit verschiedenen Kühlungsarten anstelle eines ungekühlten Kolbens eingesetzt. Kühlmedium bei allen hier betrachteten Methoden der Kolbenkühlung ist das Motoröl.

## 5.7.1 Kolben ohne Kolbenkühlung

Kolben ohne Kolbenkühlung werden vorwiegend in Ottomotoren eingesetzt, da diese thermisch geringer belastet sind, ferner in Dieselmotoren mit geringer Leistung. Das Temperaturprofil dieser Kolben ist – je nach der betrachteten Stelle – um mehr als 20 °C höher im Vergleich zum selben Kolben mit Anspritzkühlung.

## 5.7.2 Kolben mit Anspritzkühlung

Die einfachste Art, einen Kolben zu kühlen, ist die Anspritzkühlung, **Bild 5.6**. Die Kolbeninnenseite wird kontinuierlich möglichst großflächig mit Öl aus einer Kühlöldüse angespritzt. Bei Ottomotoren ist diese Technik am gebräuchlichsten, da wegen der geringen Bauhöhe oft kein Platz für einen Kühlkanal bleibt. Bei Ottomotoren mit direkter Einspritzung ist der Einsatz eines Kühlkanals wegen der muldenähnlichen Gestaltung des Kolbenbodens eher möglich. Die Anspritzkühlung wird ferner bei Dieselmotoren im unteren Leistungssegment eingesetzt.

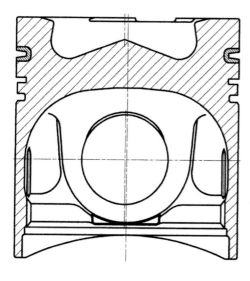

**Bild 5.6:**
Kolben für Dieselmotor mit Anspritzkühlung

## 5.7.3 Kolben mit Kühlkanal

Wird durch Anspritzkühlung keine ausreichende Absenkung der Kolbentemperatur erreicht, müssen Kolben mit Kühlkanal eingesetzt werden. Dabei wird im Betrieb ständig Kühlöl durch den Kühlkanal transportiert. Eine, selten mehrere Ölspritzdüsen führen das Kühlöl durch Zulauföffnungen dem Kühlkanal zu. Den Kühlkanal verlässt das Kühlöl durch eine oder mehrere Ablauföffnungen.

Unter den Betriebsbedingungen des Motors ist nur eine Teilfüllung des Kühlkanals möglich, dabei bewegt sich das Kühlöl entsprechend der oszillierenden Kolbenbewegung im Kühlkanal auf und ab. Das führt im Kühlkanal zu einer hoch turbulenten Strömung mit einem hieraus resultierenden hohen Wärmeübergangskoeffizienten.

In Abhängigkeit vom Herstellverfahren des Kühlkanals wird zwischen Salzkern-Kühlkanal, gekühltem Ringträger und spanend hergestelltem Kühlkanal unterschieden.

### 5.7.3.1 Salzkern-Kühlkanalkolben

Bei Kolben mit Salzkern-Kühlkanal wird der vorgesehene Hohlraum im Kolben durch einen Salzkern erzeugt, der vor dem Gießen in die Kokille eingelegt wird. Nach der Entnahme des Kolbenrohlings wird der Salzkern mit Wasser unter Hochdruck rückstandslos ausgespült.

Ist der Salzkern-Kühlkanal im Gießwerkzeug auf zwei Stützpinolen aufgelegt, werden die Zulauf- und Ablauföffnungen nach dem Ausspülen des Salzes aufgebohrt, **Bild 5.7**. Zulauföffnungen mit Pinolenbohrungen werden überwiegend bei senkrecht angeordneten Kühlöldüsen verwendet. Diese Ausführung bietet auch die bestmögliche Ölversorgung und somit Kühlwirkung des Kühlkanals.

Bei schräg stehenden Kühlöldüsen wird meist eine nierenförmige Zulauföffnung in Verbindung mit einem Trichter verwendet, **Bild 5.8**, um die während des Kolbenhubs durch die Schrägstellung der Düse hervorgerufene Änderung des Strahlauftreffpunktes am Kolben auszugleichen und für einen möglichst unterbrechungsfreien Ölzufluss in den Kühlkanal zu sorgen. Bei einer derartigen Kolbenausführung ist normalerweise keine oder nur eine geringfügige Bearbeitung der Zu- und Ablauföffnung nötig.

Es wird angestrebt, den Salzkern-Kühlkanal möglichst nahe an die Verbrennungsmulde zu legen. Allerdings setzen hier die mechanische Belastbarkeit und die Gießbarkeit des Kolbens sowie die geometrischen Verhältnisse (Muldendurchmesser, Lage der ersten Ringnut) Grenzen.

Der Salzkern-Kühlkanal senkt die Temperatur am Muldenrand im Vergleich zu einer Anspritzkühlung um bis zu 20 °C ab, **Bild 5.9**. Am Feuersteg und in der 1. Kolbenringnut beträgt der verbesserte Kühleffekt etwa 10 °C.

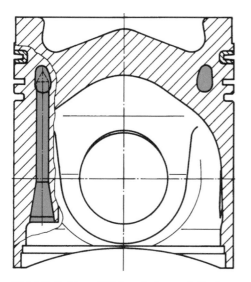

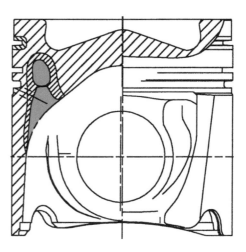

**Bild 5.7:** Salzkern-Kühlkanalkolben mit Pinolen-
bohrung

**Bild 5.8:** Salzkern-Kühlkanalkolben mit Trichter-
zulauf

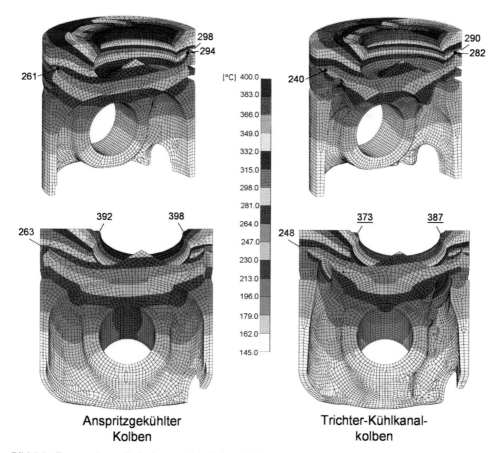

**Bild 5.9:** Temperaturprofile bei unterschiedlichen Kühlungsarten

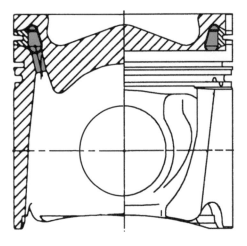

**Bild 5.10:**
Kolben mit gekühltem Ringträger

### 5.7.3.2 Kolben mit gekühltem Ringträger

Bei Kolben mit gekühltem Ringträger wird an den Niresist-Ringträger ein Blechkanal ange-schweißt, wodurch sich ein geschlossener Kühlkanal ergibt, **Bild 5.10**. Dieses Bauteil wird vor dem Gießen des Kolbens mit einer Alfinschicht versehen, in die Kokille eingelegt und in den Kolbenrohling eingegossen. Die Zu- und Ablauföffnungen werden durch Anbohren des Blechs hergestellt.

Für die Gestaltung des Zu- und Ablaufbereichs gelten, abhängig von der Strahlrichtung der Kühlöldüsen, dieselben Anforderungen wie bei einem Kolben mit Salzkern-Kühlkanal.

Ein gekühlter Ringträger senkt im Vergleich zu einem Salzkern-Kühlkanal die Temperatur am Muldenrand noch etwas weiter ab, **Bild 5.11**. An der 1. Kolbenringnut bewirkt ein gekühlter Ringträger eine Temperaturabsenkung von bis zu 50 °C.

**Gekühlter Ringträger**                                    **Salzkern-Kühlkanal**

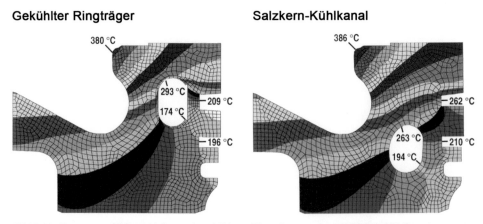

**Bild 5.11:** Temperaturfeld am Kolben mit gekühltem Ringträger und mit Salzkern-Kühlkanal

Es ist klar, dass am Kühlkanal die Oberflächentemperatur umso höher ist, je näher der Kühlkanal an der Brennraumoberfläche liegt. Dabei soll die maximale Oberflächentemperatur
von etwa 250 °C nicht wesentlich überschritten werden. Oberhalb dieser Temperatur ist mit
zunehmender Ölalterung, thermisch bedingter Zersetzung des Kühlöls und der Ablagerung
von Ölkohle zu rechnen.

### 5.7.3.3 Spanend bearbeitete Kühlkanäle

Bei geschmiedeten Stahlkolben können die Kühlkanäle nicht durch Salzkerne oder in Form
von gekühlten Ringträgern erzeugt werden. Deshalb wird der obere Teil des Kühlkanals
durch spanende Bearbeitung hergestellt. Den unteren Teil des Kühlkanals bilden bei den
FERROTHERM®-Kolben Shaker-Taschen im Pendelschaft oder ein Federblech, das den
Kühlkanal nach unten abschließt. Bei der einteiligen Konstruktion des MONOTHERM®-
Kolbens kommt ausschließlich das Federblech zum Einsatz, **Bild 5.12**. Bei geschweißten
Kolbenausführungen (MonoWeld®, TopWeld®) wird der Kühlraum beim Fügen der beiden
Einzelteile des Kolbens verschlossen.

**Bild 5.12:**
MONOTHERM®-Kolben mit
Federblech am Kühlkanal

## 5.7.4  Gebaute Kolben mit Kühlräumen

Die mehrteilige Kolbenausführung erlaubt eine spanende Bearbeitung der Kühlräume. Gebaute
Kolben weisen zusätzlich zu dem äußeren Kühlraum hinter der Ringpartie noch einen inneren
Kühlraum auf. Vor allem die Muldengeometrie und die Lage des Kolbenringpakets bestimmen
die Gestalt und Größe des äußeren Kühlraums. Die Geometrie des inneren Kühlraums wird
durch die Muldengeometrie und die Verschraubungsart des Kolbens beeinflusst.

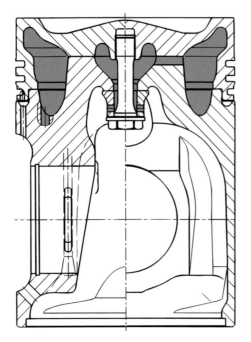

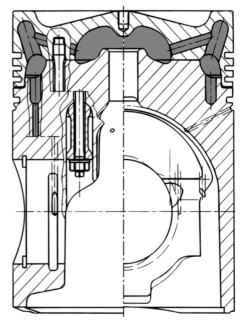

**Bild 5.13:** Gebauter Kolben mit Zentralverschraubung und Shakerkühlung

**Bild 5.14:** Gebauter Kolben mit Mehrfachverschraubung und Bohrungskühlung

Bei zentral verschraubten Kolben ist der innere Kühlraum wegen der dort befindlichen Verschraubung eher klein, **Bild 5.13**. Die Schraube wird in dieser Konstruktion vom Öl im Kühlraum umströmt.

Bei mehrfach verschraubten Kolben liegen die Verschraubungen in der Auflagefläche zwischen den Kühlräumen. Dadurch kann der innere Kühlraum wesentlich größer gestaltet
werden, **Bild 5.14**. Äußerer und innerer Kühlraum sind über mehrere Überströmkanäle oder
-bohrungen miteinander verbunden.

Das Kühlöl wird üblicherweise dem äußeren Kühlraum zugeführt. Ablauföffnungen befinden
sich sowohl im äußeren als auch im inneren Kühlraum. In Ausnahmefällen ist die Zulauföffnung zentrisch im inneren Kühlraum. Ablauföffnungen befinden sich dann nur im äußeren
Kühlraum. Etwa im Verhältnis vom äußeren zum inneren Ablaufquerschnitt wird der Kühlöl-
strom bei gebauten Kolben mit der üblichen Strömungsrichtung vom äußeren zum inneren
Kühlraum aufgeteilt. Der eine Teilölstrom verlässt den Kolben nach dem Durchströmen des
äußeren Kühlraums, der zweite Teilölstrom gelangt durch Überströmbohrungen in den inneren
Kühlraum und strömt von dort in das Kurbelgehäuse zurück. Abhängig von der Gestaltung
des äußeren Kühlraums wird bei gebauten Kolben zwischen Shakerkühlung und Bohrungskühlung unterschieden.

### 5.7.4.1 Shakerkühlung

Bei der Shakerkühlung hat der äußere Kühlraum einen rotationssymmetrischen Querschnitt, **Bild 5.13**. Der innere Kühlraum ist mit dem äußeren meist durch mehrere gefräste Überströmkanäle verbunden, die etwa auf halber Höhe des äußeren Kühlraums liegen.

### 5.7.4.2 Bohrungskühlung

Bei der Bohrungskühlung ist der untere Teil des äußeren Kühlraums ebenfalls rotationssymmetrisch. Von dieser Seite aus verlaufen Kühlölbohrungen in Richtung des Kolbenbodenrands. Einige der Kühlölbohrungen werden jeweils durch Überströmbohrungen mit dem inneren Kühlraum verbunden, **Bild 5.14**.

Der Vorteil der Bohrungskühlung im Vergleich zur Shakerkühlung ist die steifere Konstruktion des Kolbenoberteils. Zwischen den Kühlölbohrungen ergeben sich Materialanhäufungen, die brennraumseitig zu Temperaturmaxima führen können. Der Aufwand für die spanende Bearbeitung des Kühlraums ist wesentlich höher.

## 5.8 Zuführung des Kühlöls

Kühlmedium für die Kolbenkühlung ist das Motoröl. Das von der Ölpumpe des Motors geförderte Kühlöl wird über Kanäle im Kurbelgehäuse verteilt. Für die Zufuhr des Kühlöls zum Kolben gibt es im Wesentlichen zwei Methoden. So kann es durch im Kurbelgehäuse montierte Düsen als Freistrahl dem Kühlkanal zugeführt werden; diese Lösung ist bei Pkw- und Nkw-Motoren üblich. Im Großkolbenbereich kommt meist der Öltransport von der Kurbelwelle durch die Pleuelstange und den Kolbenbolzen zum Kolben zum Einsatz.

### 5.8.1 Zuführung des Kühlöls als Freistrahl

Hierbei gelangt das Kühlöl über Ölkanäle im Kurbelgehäuse zu einer gehäusefest montierten Düse und von hier aus als Freistrahl zum Kolben, **Bild 5.15**.

Zwischen dem Ölkanal im Kurbelgehäuse und der Düse befindet sich meist noch ein Druckregelventil, das den Zustrom von Kühlöl zur Düse erst ab einem vorgegebenen Betriebsdruck freigibt. Dadurch wird gewährleistet, dass beim Starten des Motors und bei niedrigen Drehzahlen und Motorlasten an allen Lagerstellen ausreichend Schmieröl zur Verfügung steht. Eine Kühlung des Kolbens ist wegen der unter diesen Betriebsbedingungen geringen thermischen Belastung noch nicht notwendig.

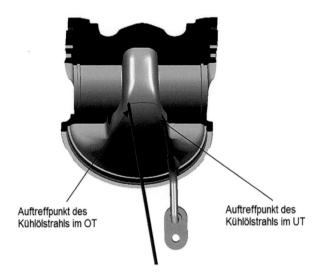

Auftreffpunkt des
Kühlölstrahls im OT

Auftreffpunkt des
Kühlölstrahls im UT

**Bild 5.15:**
Dieselkolben mit Kühlölzufuhr
durch Freistrahl (Anspritzkühlung)

Der Freistrahl weitet sich nach dem Verlassen der Düse auf. Diese Aufweitung hängt wesentlich von der Geometrie und Gestaltung der Kühlöldüse ab.

### 5.8.1.1  Düsenausführung bei Anspritzkühlung

Kühlöldüsen für die Anspritzkühlung sollen einen großen Aufweitewinkel $\alpha$ des Ölstrahls erzeugen, um die zu kühlende Innenkontur großflächig mit Kühlöl zu beaufschlagen, **Bild 5.16**.

Ein großer Aufweitewinkel $\alpha$ lässt sich erreichen, indem die Kühlöldüse überkritisch betrieben wird (Reynold'sche Zahl s > 2.300), das Verhältnis des Düsendurchmessers $d$ zur Länge der Beruhigungsstrecke $l$ möglichst groß und das Düsenende nicht scharfkantig gestaltet ist (z. B. Fase). Unabsichtlich kann diese Strahlcharakteristik auch bei einer zu stark entgrateten Mündung entstehen.

### 5.8.1.2  Düsenausführung zur Versorgung von Kühlkanälen/-räumen

Kühlöldüsen für die Versorgung von Kühlkanälen bzw. Kühlräumen sollten einen möglichst kleinen Aufweitewinkel besitzen, damit der Freistrahl während des gesamten Kolbenhubs die Zulauföffnung des Kühlkanals bzw. des Kühlraums zuverlässig trifft, **Bild 5.17**. Dieser gebündelte Strahl lässt sich erreichen, indem die Kühlöldüse unterkritisch betrieben wird (Reynold'sche Zahl < 2.300), das Verhältnis des Düsendurchmessers d zur Länge der Beruhigungsstrecke l möglichst klein ( $l = 4 \ldots 6 \cdot d$ ) und das Düsenende scharfkantig, aber gratfrei gestaltet ist.

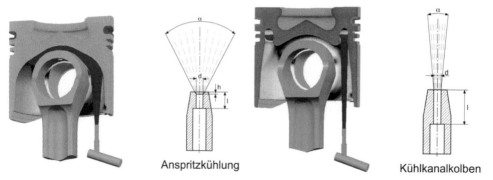

Anspritzkühlung                                                Kühlkanalkolben

**Bild 5.16:** Strahlbild für Anspritzkühlung          **Bild 5.17:** Strahlbild zur Kanalversorgung

## 5.8.2  Zuführung über Kurbelwelle und Pleuelstange

Bei dieser Führung des Kühlöls strömt das Öl zunächst über das Hauptlager in Bohrungen
in den Kurbelwangen der Kurbelwelle. Von hier fließt das Öl zu den Pleuellagerzapfen, weiter
durch Querbohrungen im Hubzapfen, eine Nut im unteren Pleuellager und eine Längsbohrung
in der Pleuelstange zum oberen Pleuelauge. Auf diesem Weg schmiert das vorbeiströmende
Kühlöl alle Lagerstellen der Kurbelwelle und die Pleuellager. Für den weiteren Transport zu
den Kühlkanälen bzw. Kühlräumen werden hauptsächlich zwei Konzepte angewendet.

### 5.8.2.1  Zuführung über Kolbenbolzen und Kolbennabe

Das Kühlöl strömt durch eine umlaufende Nut im oberen Pleuelauge und mehrere Querbohrungen in den längs gebohrten und an den Enden verschlossenen Kolbenbolzen. Von dort
gelangt es durch weitere Querbohrungen des Kolbenbolzens jeweils in eine Nut in der Nabe
des Kolbens. Diese Nuten sind durch Bohrungen mit dem äußeren Kühlraum verbunden.

### 5.8.2.2  Zuführung über Gleitschuh

In diesem Fall wird Kühlöl durch eine umlaufende Nut im Lager des oberen Pleuelauges zu
einer Bohrung geführt, von dort durch einen am Kolben montierten Gleitschuh, über den es
in den inneren Kühlraum des Kolbens gelangt. In diesem Fall durchströmt das Kühlöl den
Kolben vom inneren zum äußeren Kühlraum. Ein Vorteil dieser Konstruktion ist, dass der Kolbenbolzen nicht durch Querbohrungen geschwächt wird.

# 5.9   Wärmeströme am Kolben

Abhängig von der Art der Kolbenkühlung unterscheiden sich die Wärmeströme im Kolben, **Bild 5.18**. Nach dem Energieerhaltungssatz ist die Summe der dem Kolben zufließenden Wärmeströme gleich der Summe aller aus dem Kolben abfließenden Wärmeströme.

Bei einem Aluminiumkolben mit Anspritzkühlung werden etwa 55 bis 65 % des einfallenden Wärmestroms über das Kolbenringpaket und die zugehörigen Ringstegflächen an die Zylinderwand übertragen. Die verbleibenden 35 bis 45 % werden über die Innenkontur und das Kühlöl sowie teilweise auch durch den unteren Teil des Kolbenschafts einschließlich Kolbennabe abgeführt. Wird anstatt der Anspritzkühlung ein Kühlkanal verwendet, **Bild 5.18 rechts**, reduziert sich der über das Kolbenringpaket abgeführte Wärmestrom je nach Position des Kühlkanals auf 30 bis 40 %. Der über die Innenkontur und den unteren Teil des Kolbenschafts abgeführte Wärmestrom verringert sich auf 15 bis 25 %. Den verbleibenden Wärmestrom von 35 bis 55 % führt das Kühlöl direkt über den Kühlkanal ab. Salzkern-Kühlkanäle, die meist auf Höhe der Ölringnut positioniert sind, reduzieren im Vergleich zum gekühlten Ringträger den Wärmestrom von der Mulde zum Kolbenringpaket und zur Innenkontur in geringerem Maß. Der gekühlte Ringträger liegt direkt in der Hauptrichtung des Wärmestroms zur Zylinderwand und führt daher einen deutlich größeren Teilwärmestrom direkt an das Öl ab.

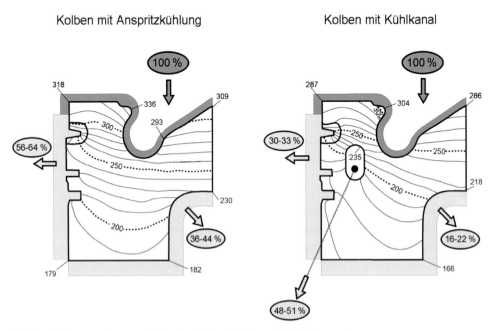

**Bild 5.18:**  Wärmeströme am Kolben in Abhängigkeit von der Kühlungsart

Da die absolute Kühlölmenge von der Größe des Motors und dessen Leistung abhängt, wird als Vergleichsgröße die spezifische Kühlölmenge, definiert als Quotient aus absoluter Kühlölmenge und Motorleistung, in kg/kWh betrachtet. Als Richtwerte für die erforderliche spezifische Kühlölmenge gelten:

- Bei Anspritzkühlung:                                                                    $3-5$ kg/kWh
- Bei Zuführung über Freistrahl:                                                          $5-7$ kg/kWh
- Bei Zuführung über Kurbelwelle und Pleuelstange (Großmotoren):  $3-5$ kg/kWh

**Bild 5.19** zeigt den Zusammenhang zwischen der spezifischen Kühlölmenge, der mit dem Kühlöl abgeführten Wärmemenge und der Differenz zwischen Ölzulauf- und Ölrücklauftemperatur. Bei einer abzuführenden Wärmemenge von beispielsweise 8 % der effektiven Leistung wird für eine zulässige Temperaturerhöhung des Kühlöls von 30 °C eine spezifische Kühlölmenge von 4,4 kg/kWh benötigt.

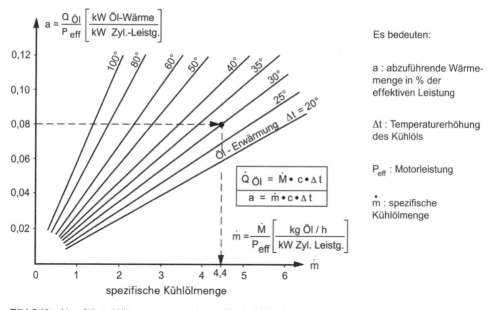

**Bild 5.19:** Abgeführte Wärmemenge und spezifische Kühlölmenge

# 5.10 Ermittlung der thermischen Belastung

Zur Ermittlung der Temperaturen am Kolben und der Wirkung der Kolbenkühlung sind verschiedene Verfahren im Einsatz. Sie unterscheiden sich in Aufwand und Genauigkeit im Motor. Die Verfahren und ihre Wirkung auf die Temperaturen am Kolben werden in Kapitel 7.2 ausführlich erläutert.

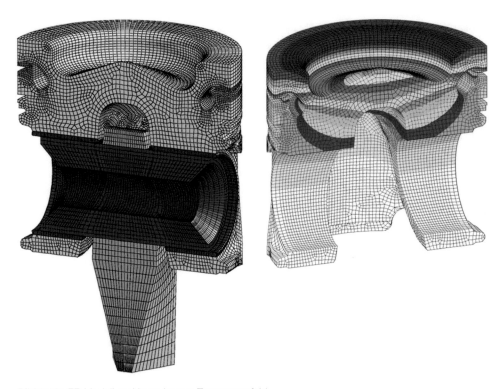

**Bild 5.20:** FE-Modell und berechnetes Temperaturfeld

# 5.11 Numerische Berechnung mit der FE-Methode

Die Erstauslegung von neuen Kolben und Variantenvergleiche erfolgt üblicherweise mit der Finite-Elemente-(FE-)Methode, **Bild 5.20**. Auf der Basis von im Motor gemessenen Temperaturen werden die Randbedingungen variiert, bis berechnete und gemessene Temperaturen genügend genau übereinstimmen. Nun lassen sich die Wärmeströme ermitteln. Wenn keine Temperaturmessungen vorliegen, können die Randbedingungen ähnlicher Konstruktionen übertragen werden, um eine erste Abschätzung der zu erwartenden thermischen Belastung zu erhalten.

Durch Variation der Kolbengeometrie (z. B. Geometrie der Mulde, Form und Lage des Kühlkanals, Position des Ringpakets) wird der Einfluss auf das Temperaturfeld am Kolben untersucht. Auf diese Weise sind Optimierungsarbeiten deutlich schneller und einfacher als mit motorischen Temperaturmessungen möglich.

Die den Berechnungen zugrunde gelegten Randbedingungen beruhen auf theoretischen Überlegungen und experimentellen Untersuchungsergebnissen. Dabei erfolgt regelmäßig ein Abgleich von Berechnungsergebnissen und motorischen Temperaturmessungen.

## 5.12 Außermotorische Shakeruntersuchungen

Die Bewegung des Kühlöls entlang der Innenkontur des Kolbens und in den Kühlkanälen und Kühlräumen ist von entscheidendem Einfluss auf die erzielbare Wärmeabfuhr. Diese Ölbewegung ist im motorischen Betrieb nicht registrierbar. Als Ersatz dienen Shakeruntersuchungen. Auf geeigneten Prüfständen werden die kinematischen und strömungsmechanischen Bedingungen des Motors nachgebildet. Kolbenmodelle aus Plexiglas erlauben die Untersuchung der Ölbewegung im Kühlkanal.

## 5.13 Kenngrößen

Zur Beurteilung der Ölzufuhr und des Öldurchsatzes durch den Kühlkanal bzw. den Kühlraum bei Kühlölzufuhr mit einer Spritzdüse dient der dynamische Fanggrad $\eta_F$, **Bild 5.21**. Er ist definiert als:

$$\eta_F = \frac{\dot{V}_{out}}{\dot{V}_{in}}$$

mit:

$\dot{V}_{out}$   Volumenstrom an der Ablauföffnung des Kühlkanals (am bewegten Kolbenmodell)

$\dot{V}_{in}$   Volumenstrom durch die Kühlöldüse

Um eine bestmögliche Wärmeabfuhr zu erzielen, muss das von der Öldüse gelieferte Kühlöl möglichst vollständig in den Kühlkanal bzw. den Kühlraum gelangen, also ein möglichst hoher dynamischer Fanggrad vorliegen. Dieser dynamische Fanggrad ist nicht

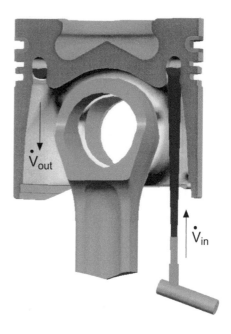

**Bild 5.21:** Definition des dynamischen Fanggrads

zu verwechseln mit dem von Kühlöldüsenherstellern verwendeten statischen Fanggrad, der sich auf den Strahldurchsatz durch eine definierte Blende bezieht.

Der Füllungsgrad $\psi_F$ ist ein Maß für die zu erwartende Kühlwirkung durch den Shakereffekt im teilgefüllten Kühlkanal, **Bild 5.22**, und ist definiert als:

$$\psi_F = \frac{V_{\text{Öl}}}{V_{KK}} \quad \text{bzw.} \quad \psi_{FA} = \frac{A_{\text{Öl}}}{A_{KK}} \quad \text{bzw.} \quad \psi_{Fh} = \frac{h_{\text{Öl}}}{h_{KK}}$$

mit:

$V_{\text{Öl}}$  Mit Öl gefülltes Volumen des Kühlkanals

$V_{KK}$  Volumen des Kühlkanals

$A_{\text{Öl}}$  Mit Öl gefüllte Querschnittsfläche des Kühlkanals

$A_{KK}$  Querschnittsfläche des Kühlkanals

$h_{\text{Öl}}$  Mit Öl gefüllte Höhe des Kühlkanals

$h_{KK}$  Höhe des Kühlkanals

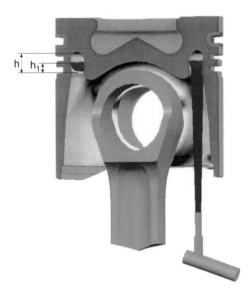

**Bild 5.22:**
Definition des Füllungsgrads

Da bei rotationssymmetrischen Kühlkanälen die Querschnittsfläche proportional zum Volumen ist, kann man zur Bewertung den flächenbezogenen Füllungsgrad $\psi_{FA}$ heranziehen. Bei einer nahezu rechteckigen Querschnittsfläche ist zur weiteren Vereinfachung der höhenbezogene Füllungsgrad $\psi_{Fh}$ anwendbar.

An den Kühlraumoberflächen des bewegten Kolbens ergibt sich durch den Shakereffekt des Öls ein intensiver konvektiver Wärmeübergang, der auf die hoch turbulente, den Energie-

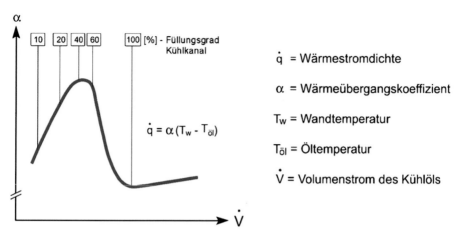

**Bild 5.23:** Zusammenhang von Füllungsgrad und Wärmeübergang

austausch begünstigende Mischungsbewegung zurückzuführen ist. Ein vollständig gefüllter Kühlkanal bzw. Kühlraum hätte aufgrund geringer Ölgeschwindigkeiten niedrigere Wärme-übergangskoeffizienten zur Folge. Aus Grundsatzversuchen mit einem beheizten Modell geht hervor, dass der Füllungsgrad den Wärmeübergangskoeffizienten $\alpha$ beeinflusst, **Bild 5.23**. Das Optimum des Füllungsgrads betrug unter den gewählten Bedingungen 30 bis 60 %. Hervor-gerufen durch die abnehmende Turbulenz bei stärker gefülltem Kanal sinkt in diesem Fall oberhalb eines Füllungsgrads von 60 % der Wärmeübergangskoeffizient wieder ab.

Haupteinflussgrößen auf den Fanggrad und den Füllungsgrad sind die Drehzahl, die angebo-tene Ölmenge und die Gestaltung der Zu- und Ablaufbereiche, **Bild 5.24**.

Mit steigender Drehzahl nehmen sowohl der Fanggrad als auch der Füllungsgrad ab. Dies ist in geringem Maß auch auf die sich ändernde Relativgeschwindigkeit zwischen Kolben und Ölstrahl zurückzuführen. Während des Abwärtshubs weisen die Geschwindigkeitsvekto-ren von Kolben und Kühlölstrahl in entgegengesetzte Richtungen. Dadurch ergibt sich eine hohe Relativgeschwindigkeit zwischen Kolben und Kühlölstrahl. In diesem Zeitintervall tritt viel Kühlöl mit hoher Geschwindigkeit in den Kühlkanal bzw. Kühlraum ein. Im Bereich vom oberen und unteren Totpunkt ist die Kolbengeschwindigkeit nahezu null. Zu diesen Zeitpunk-ten tritt das Kühlöl mit der Geschwindigkeit des Ölstrahls in den Kühlkanal bzw. Kühlraum ein. Der besonders kritische Bereich ist der Aufwärtshub. Hier weisen die Geschwindigkeitsvekto-ren von Kolben und Kühlölstrahl in die gleiche Richtung. Falls hier die Kolbengeschwindigkeit größer als die Geschwindigkeit des Kühlölstrahls wird, tritt kurzzeitig kein frisches Kühlöl in den Kühlkanal ein. Hierdurch können Fanggrad und Füllungsgrad abnehmen. Dieses Phä-nomen lässt sich durch einen günstig gestalteten Zulaufbereich teilweise kompensieren. So wirken sich beispielsweise Pinolenbohrungen positiv auf den Fanggrad und auch auf den Füllungsgrad aus.

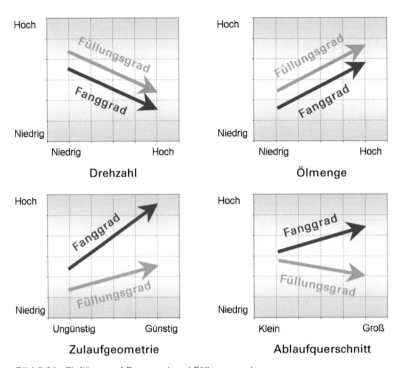

**Bild 5.24:** Einflüsse auf Fanggrad und Füllungsgrad

Eine steigende Ölmenge bei gleichem Kühlöldüsenquerschnitt führt zu steigendem Fang- und Füllungsgrad. Fang- und Füllungsgrad lassen sich durch die Größe der Ablauföffnung erheblich beeinflussen.

Eine weitere Messgröße lässt sich im Shakerversuch aus der direkten Messung des lokalen Wärmestroms ableiten. Hierzu werden Wärmestromsensoren im zu untersuchenden Kolbenmodell eingebaut. Ihre Messsignale werden durch ein Telemetriesystem nach außen übertragen.

## 5.14  Versuchseinrichtungen

Die Prüfstände für die außermotorischen Shakeruntersuchungen basieren auf einer Kinematik, die in den Hauptabmessungen einem Pkw- bzw. Nkw-Motor entspricht und die mit regelbarer Drehzahl angetrieben wird, **Bild 5.25**. Der Versuchsaufbau besteht aus einer Schubstange und einem aufgesetzten Modellkolben aus Plexiglas. Die Kühlölzufuhr zum

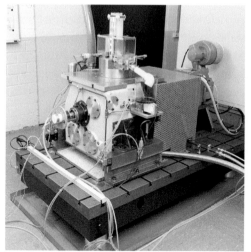

**Bild 5.25:** Shakerprüfstand und Versuchsaufbau

Modell erfolgt abgeschirmt in Plexiglasrohren über die Original-Kühlöldüsen. Das aus dem Kolben ablaufende Kühlöl wird ebenfalls in Plexiglasrohren geführt und zur Ermittlung des Fanggrads in einer Messvorrichtung aufgefangen. Die Ermittlung des Füllungsgrads erfolgt aus zu bestimmten Kurbelwinkeln aufgenommenen Videoaufnahmen durch rechnerunterstützte Bildverarbeitung.

Ergänzend steht ein Düsenprüfstand zur Verfügung, mit dem Durchflusskennlinien und Strahlbilder zur Beurteilung von Kühlöldüsen ermittelt werden können. Diese Untersuchungen sind die Basis für ein optimiertes Strahlbild der Düsen.

## 5.15  Simulation der Ölbewegung

Eine weitere Möglichkeit zur Analyse der Kolbenkühlung ist die CFD-(Computational Fluid Dynamics-)Simulation der Ölbewegung einschließlich des Wärmeübergangs. Grundlage sind Modellansätze der Thermofluid-Dynamik, die in die Simulationsprogramme einfließen. Die theoretischen Ansätze sowie deren numerische Umsetzungen müssen durch experimentelle Messungen abgesichert werden.

Die Weiterentwicklung kommerzieller Berechnungs- und Simulationsprogramme zur Beschreibung des Ölstroms von der Düse oder der Pleuelstange zum Kolben, durch die Kühlkanäle

bzw. Kühlräume und zurück in den Ölsumpf ermöglicht künftig eine noch realistischere Nach-
bildung und Analyse. Hierbei stellen sowohl die komplexe Strömungscharakteristik (dreidimen-
sional, turbulent, instationär und mehrphasig) wie auch der Wärmeübergang hohe Ansprüche
an die detailgenaue Abbildung der Bedingungen im Simulationsmodell. Für eine realitätsnahe
Simulation der Ölbewegung und Validierung der Rechenergebnisse durch experimentelle
Daten ist noch erhebliche Entwicklungsarbeit erforderlich.

# 6 Bauteilprüfung

Die Bauteilfestigkeit des Kolbens kann auf unterschiedliche Weise abgesichert werden. Meist wird hierfür die Finite-Elemente-Methode, seltener eine DMS-Messung oder der Pulserversuch eingesetzt. In der rechnerischen Bauteilanalyse lassen sich alle relevanten thermischen und mechanischen Belastungen sowie Schrumpf-, Füge- und Eigenspannungen analysieren. Basis der Modellgestaltung ist die ideale, durch den CAD-Datensatz beschriebene Kontur. Die Bewertung der Berechnungs- und DMS-Messergebnisse erfolgt mit temperaturabhängigen Werkstoffkennwerten. Diese basieren auf statistisch abgesicherten Versuchswerten und wurden an Probestäben ermittelt, die aus Kolben entnommen und vor dem Versuch bei Prüftemperatur vorgealtert wurden. So ist sichergestellt, dass die ungünstigsten Werkstoffkennwerte zugrunde gelegt werden.

Die DMS-Messung und die Bauteilprüfung basieren im Vergleich zur FE-Berechnung zwar nur auf einzelnen Belastungsfällen, aber auf den realen Bauteilgeometrien, Toleranzen und bei der bauteilbezogenen Festigkeitsprüfung auch auf technischen Einflüssen wie etwa der Legierungszusammensetzung, Wärmebehandlung und Gussqualität. Somit ergänzen sich die drei Verfahren in ihrer Aussage. Für die DMS-Messung wie auch für einen Pulserversuch sind allerdings fertig bearbeitete Bauteile erforderlich, während die Berechnung auf den CAD-Daten der Kolbenkonstruktion aufbaut.

Für die DMS-Messung werden hoch belastete Bereiche mit Dehnungsmessstreifen instrumentiert. Im Labor erfolgt eine statische oder zyklische Belastung zur Ermittlung der lokalen Spannungsamplitude. Im Motor kann eine dynamische Messung weitere Aufschlüsse über die Beanspruchung liefern.

Für die Festigkeitsuntersuchung an Kolben haben sich mehrere standardisierte Prüfungen bewährt. Im Einzelfall werden speziell angepasste Belastungsvorrichtungen eingesetzt. Wichtig ist, dass die Prüfeinrichtungen das Bauteil möglichst realitätsnah belasten. Wegen der Vielfalt der Last/Temperatur-Kombinationen muss normalerweise für jede Belastungssituation ein separater Prüfaufbau konzipiert werden. Die phasenrichtige Kombination mehrerer dynamischer mechanischer Belastungen ist allerdings schwierig darstellbar.

Bauteilprüfungen im Labor erfolgen vor allem, wenn eine absolute Aussage über das Festigkeits- oder Verschleißverhalten erwartet wird, oder um unterschiedliche Konstruktionsvarianten vergleichen zu können. Für Motorkomponenten spielen rein statische Belastungen meist eine untergeordnete Rolle. Daher werden bevorzugt Dauerversuche mit großer Lastwechselzahl durchgeführt. Der dafür notwendige Zeitaufwand erlaubt oft nicht, die für eine gesicherte

statistische Aussage erforderliche Anzahl von Versuchsteilen zu prüfen. Meist wird zur Auswertung das Treppenstufenverfahren angewendet. Zusätzlich wird mit einer Zeitraffung durch
überhöhte Lasten gearbeitet, allerdings muss hier die Übertragbarkeit auf reale motorische
Bedingungen gewährleistet sein.

# 6.1   Statische Bauteilprüfung

Zu den häufig eingesetzten statischen Untersuchungen gehören die Spannungsanalyse mit
Dehnungsmessstreifen (DMS) sowie der Abreiß- oder Bruchlastversuch, bei dem das Bauteil
statisch mit einer kontinuierlich steigenden Last bis zum Bruch belastet wird, **Bild 6.1**. Aus
dem Vergleich mit Erfahrungswerten lassen sich die Festigkeitsreserven eines Bauteils zuverlässig ableiten, etwa hinsichtlich der Belastung durch die Massenkraft bei hohen Drehzahlen
oder auch der kritischen Last, z. B. im Falle eines Kolbenfressers.

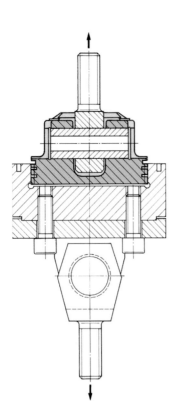

Die DMS-Messung ermöglicht eine Analyse der geometrischen Einflüsse (Gesamtkonstruktion, lokale Radien/
Übergänge, Feingeometrie, Elastizitäten usw.) auf die lokal
gemessene Beanspruchung, **Bild 6.2**. Die so ermittelten
Spannungen können mit Erfahrungswerten bezogen auf
die lokale Bauteiltemperatur verglichen werden. Ferner
können mit den Versuchsergebnissen auch Berech-
nungsergebnisse bestätigt und so die für die Berechnung
zugrunde gelegten Randbedingungen validiert werden.

Mit dem Zerlegeverfahren ist es möglich, den im Bauteil
vorliegenden lokalen Eigenspannungszustand zu ermitteln, um diese Spannungen bei der Festigkeitsbewertung
adäquat zu berücksichtigen. Für lokale Eigenspannungs-
analysen kann auch das Bohrlochverfahren eingesetzt
werden.

Weitere statische Bauteiluntersuchungen sind die Defor-
mations- und Steifigkeitsmessungen sowie die Untersuchung der Druckverteilung zwischen belasteten Flächen.

**Bild 6.1:**
Statischer Abreißversuch am Kolben

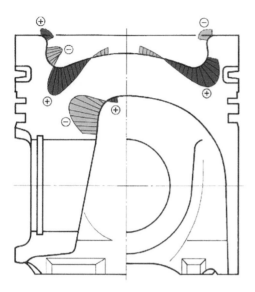

**Bild 6.2:** Beispiel für DMS-Messungen am Kolben

Bei der Deformationsmessung belastet eine definierte Kraft die Struktur. Die Verformung wird an ausgewählten Stellen gemessen. Aus der Verformung am Lastangriffspunkt lässt sich die Steifigkeit ableiten.

Die Pressungsverteilung etwa in einer Flanschverbindung oder zwischen Kolbenschaft und Zylinder wird mit einer druckempfindlichen Folie zwischen zwei in Kontakt befindlichen Flächen gemessen. Abhängig von der lokalen Druckkraft stellt sich ein Messsignal bzw. eine Farbänderung ein, **Bild 6.3**.

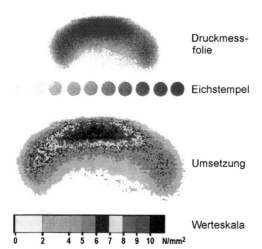

Druckmessfolie

Eichstempel

Umsetzung

Werteskala

0  2    4  5  6  7  8  9  10   N/mm²

**Bild 6.3:**
Druckverteilung am Kolbenschaft

Ebenfalls zu den statischen Untersuchungen gehören Kriechversuche an Bauteilen. Mit ihnen werden bleibende Deformationen abhängig von Belastung, Zeit und Temperatur ermittelt. Bei Schraubenverbindungen kann sich eine Abnahme der Schraubenkraft infolge Relaxation einstellen. Andere Bauteile weisen Setzerscheinungen oder kriechbedingte bleibende Verformungen auf.

# 6.2  Dynamische Bauteilprüfung

Im Motor treten neben variablen thermischen Beanspruchungen vor allem dynamische mechanische Belastungen auf. Daher sind zur Bewertung des tatsächlichen Bauteilverhaltens hauptsächlich Versuche mit schwellender oder wechselnder Last geeignet. Die veränderliche mechanische Belastung wird üblicherweise mit in Resonanz betriebenen oder mit hydraulischen Prüfmaschinen – auch unter Temperatureinfluss – aufgebracht. Allerdings ist im Labor der Temperaturgradient, der sich im realen Motorbetrieb am Kolben einstellt, nicht wirklichkeitsgetreu nachzubilden. Als Ersatz dienen Versuche bei konstanter Bauteiltemperatur. Für die zielgerichtete Bewertung der Ergebnisse aus dynamischen Bauteilprüfungen sind Kenntnisse über im Motor auftretende Schadensbilder bzw. Schadfreiheit bei spezifischen Betriebsbedingungen erforderlich, um eine Korrelation zwischen dem Laborversuch und der motorischen Beanspruchung abzuleiten.

Typische Beispiele für dynamische Dauerprüfungen an Bauteilen sind:
- Bodenpulsen von Kolben
- Schaftpulsen von Kolben zur Simulation der Normalkraftbelastung
- Hydropulserversuche zur Ermittlung der Nabenbelastbarkeit und Simulation der Massenträgheitskraft, **Bild 6.4**
- Zug-Druck-Wechselversuche an Pleueln
- Dauerfestigkeitsversuche an Kolbenbolzen, Kolbenringen, Gleitlagern
- Temperaturwechselfestigkeit von Brennraummulden
- Zugschwellversuche an Sacklochzylindern

Prüfungen der Temperaturwechselfestigkeit, insbesondere von Verbrennungsmulden für Dieselmotoren, erfolgen mit Flammprüfständen. In diesen wird der Muldenrand, ähnlich wie im Motor, durch einen gasbetriebenen Brenner rasch aufgeheizt und nach Erreichen der Solltemperatur (z. B. 400 °C) durch eine Wasserdusche schnell abgekühlt. Die Oberfläche wird regelmäßig auf Anrisse untersucht. Typische Zyklenzahlen sind 500 bis 3.000. Dieser Versuch erlaubt eine vergleichende Bewertung unterschiedlicher Beschichtungen und Geometrien, **Bild 6.5**.

**Bild 6.4:**
Hydropulserversuche am
Kolben

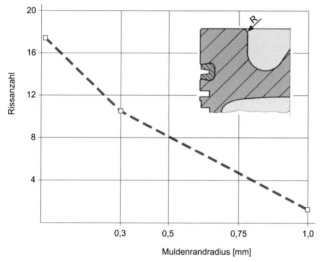

**Bild 6.5:**
Flammprüfstand, Einfluss
unterschiedlicher Muldenrandradien

Zur Untersuchung der Ölbewegung in gekühlten Kolben kommen mehrere Prüfstände zum
Einsatz, vgl. Kapitel 5. Untersucht wird:

■ Die im Kühlraum vorhandene Ölmenge in Abhängigkeit von Ölzufluss und Drehzahl
■ Bei Freistrahldüsen der Fanggrad, d. h. der Anteil des durch den Kühlraum transportierten
  Öls bezogen auf die insgesamt zur Verfügung stehende Ölmenge

Die Prüfstände, **Bild 6.6**, sind als Kurbeltriebe bzw. auf der Basis von modifizierten, fremd
angetriebenen Einzylinderaggregaten aufgebaut und simulieren die kinematischen Bedingungen eines Pkw- bzw. Nkw-Motors. Die Modelle sind teilweise aus durchsichtigem Kunstharz
gefertigt, um die momentane Ölmenge örtlich im Kühlraum in Videoaufnahmen zu ermitteln.
Die Versuchsergebnisse dienen der Optimierung von Geometrien und Ölführungsquerschnit-
ten. Aus dem Vergleich mit motorischen Temperaturmessungen werden die anzustrebenden
Kennwerte abgeleitet.

**Bild 6.6:**
Shakerprüfstand

## 6.3   Verschleißprüfung

Die Charakterisierung der Verschleißeigenschaften in Laborversuchen ist ein wichtiges Hilfs-
mittel zur Optimierung von Oberflächen und Beschichtungen. Maßgebliche Faktoren für den
Verschleiß sind die Laufpartner, der Oberflächenzustand, die mechanische Belastung, die
Relativgeschwindigkeit, das Schmiermittel sowie gegebenenfalls die Atmosphäre und die Tem-
peratur. Daher sind für wirklichkeitsnahe Prüfungen Labormethoden an Modellkörpern, wie
Stift-Scheibe, block-on-ring, SRV (Schwing-Reibverschleiß) und ähnliche nur von begrenzter
Aussagefähigkeit, insbesondere, wenn die eingesetzten Teile in der Endbearbeitung oder dem
Herstellprozess nicht dem realen Bauteil entsprechen. Die Prüfkonzepte im Labor verwenden
daher überwiegend das vollständige reale Bauteil oder zumindest Abschnitte hieraus.

Für die Charakterisierung der Schwenkbewegung des Pleuels um den Kolbenbolzen unter
schwellender Last hat MAHLE eine B/N-(Bolzen/Nabe-)Prüfmaschine, **Bild 6.7**, konzipiert.
Hier bewegt sich eine Nabenprobe unter dosiert zugeführter Ölmenge um einen definierten

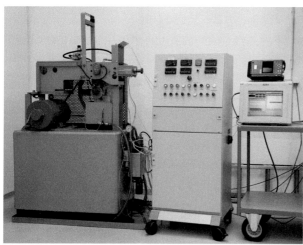

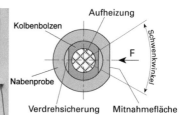

Aufheizung
Kolbenbolzen
Nabenprobe
Verdrehsicherung    Mitnahmefläche
F
Schwenkwinkel

Bolzen/Nabe

| | |
|---|---|
| Belastung: | Schwellend  (Druck) |
| Temperatur: | 150 °C |
| Auswertung: | Visuell  (Laufspuren) |
| | Durchmesseränderung |
| | Rauhigkeit |
| | Lastwechselzahl |
| | Reibwert |

**Bild 6.7:**  Bolzen/Nabe-Prüfmaschine

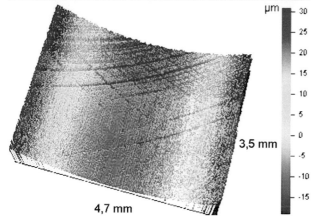

**Bild 6.8:**  Weißlichtinterferometer: Topografie einer verschlissenen Zylinderoberfläche

Schwenkwinkel relativ zu einem fixierten beheizbaren Kolbenbolzen. Die Axialkraft sinkt in den Umkehrpunkten fast auf Null ab und ist zum Zeitpunkt der größten Drehgeschwindigkeit maximal. Ausgewertet werden die Oberflächenrauheit, Maßveränderungen, das Reibmoment, visuell das Aussehen und eventuelle Fressspuren.

Zur Charakterisierung des Kolben-/Ring-/Zylinder-Kontakts werden Kolbenschaft- oder Kolbenring- und Zylindersegmente eingesetzt. So lassen sich die Einflüsse von Kolbenringbeschichtung, fertiger Ringoberfläche, Zylinderwerkstoff und -honung auf den Verschleiß oder die Fressneigung des Systems untersuchen. In beiden Fällen beschränkt sich die Untersuchung auf die Simulation des mischreibungsgefährdeten Umkehrpunkts des Kolbenrings und des dort auftretenden Verschleißes oder auch der Fressneigung. Da die Öladditivwirkung nicht als vordringlicher Systemparameter untersucht werden soll, werden die Versuche üblicherweise ohne zusätzliche Beheizung durchgeführt. Der Verschleiß wird durch Messen und Abtasten ermittelt, teilweise auch durch eine berührungslose Untersuchung der Probentopografie mit einem Weißlichtinterferometer, **Bild 6.8**.

# 7 Motorische Erprobung

Im vergangenen Jahrzehnt hat die Simulationsrechnung einen zunehmend größeren Stellenwert in der Entwicklung eingenommen. Die Bedeutung des Motorenversuchs ist dadurch jedoch keineswegs in den Hintergrund gerückt. Er dient vielmehr nicht mehr nur der direkten Bauteilentwicklung, sondern auch der Validierung von neuen Simulationsprogrammen und dem systematischen Erarbeiten von Konstruktionsrichtlinien.

Zur Verkürzung der teuren Laufzeiten werden heute auch bei der Entwicklung der Motormechanik verstärkt umfangreiche Sondermesstechniken eingesetzt. Ohne sie lassen sich Mechanismen und Hintergründe nicht mehr ausreichend genau verstehen. Die einzelnen motorischen Probleme werden dabei präzise analysiert, entsprechend kritische Randbedingungen und Laufprogramme definiert und komplexe Mess- und Auswerteverfahren entwickelt und diese – soweit möglich – automatisiert.

Systematische Parameterstudien führen anschließend zu umfangreichen Maßnahmenkatalogen, die dem Konstrukteur und Entwickler erlauben, bereits in der frühen Auslegungsphase möglichst seriennahe Ausgangswerte zu wählen. Diese erlauben während der darauffolgenden Entwicklungsphase letztendlich eine Verringerung der Anzahl von experimentellen Versuchsschleifen auf dem Prüfstand und tragen somit zu einer Reduzierung der Entwicklungszeit und der Entwicklungskosten bei.

Im Rahmen solcher Verfahrensentwicklungen entstehen bei MAHLE fortlaufend neue spezifische Messgeräte, Laufprogramme sowie Mess- und Auswerteverfahren zur effektiveren motorischen Erprobung. Einige ausgewählte Themen werden im vorliegenden Band behandelt.

## 7.1 Prüflaufprogramme mit beispielhaften Laufergebnissen

Zur Erprobung von Motorkomponenten setzt MAHLE im Motorenversuch Prüflaufprogramme ein, die in der Folge beispielhaft beschrieben werden. Hierzu gehören z. B.:

- Volllastkurven
- Entwicklungsläufe
- Dauerläufe (Standard bei jeder Entwicklung)

Sonderprüfprogramme ermöglichen die Weiterentwicklung von Bauteilen insbesondere zur Erzielung bestimmter Eigenschaften. Hierzu gehören z. B.:

- Kaltstarttests zur Erprobung der Kaltreiberbeständigkeit von Kolbenbeschichtungen
- Brandspurtests zur Bewertung der Brandspursicherheit von Kolbenringlaufflächen

Der MAHLE Motorenversuch ist somit in der Lage, alle vom Kunden zur Serienentwicklung geforderten Tests durchzuführen. Darüber hinaus werden im Rahmen der Produktentwicklung ständig eigene, den jeweiligen neuen Aufgaben angepasste Prüfverfahren und -einrichtungen neu erstellt und weiterentwickelt.

## 7.1.1  Standard-Prüflaufprogramme

### 7.1.1.1  Volllastkurve

In der Volllastkurve wird die Leistungseinstellung des Motors überprüft. Dazu werden bei Volllast bei verschiedenen Drehzahlen relevante zugehörige Betriebswerte ermittelt. Hierzu gehören je nach Motorbauart z. B.:

- Leistung
- Drehmoment
- Kraftstoffverbrauch
- Lambda-Wert
- Rauchwert
- Ansauglufttemperatur
- Ladelufttemperatur
- Ladeluftdruck
- Abgastemperatur
- Abgasgegendruck
- Zünddruck
- Durchblasmenge (Blow-by)

**Bild 7.1** zeigt beispielhaft ausgewählte Betriebswerte eines Verbrennungsmotors bei Volllast als Funktion der Drehzahl.

### 7.1.1.2  Blow-by-Verhalten

Im **Bild 7.2** wird das Verhalten der Durchblasmenge als Funktion der Last und der Motordrehzahl dargestellt. Dies ist die Gasmenge, die vom Brennraum über Kolben, Kolbenringe und Zylinder in das Kurbelgehäuse strömt. Diese Gase werden entölt und über den Ansaugtrakt der Verbrennung wieder zugeführt. Es ist üblich, die anfallenden Gasmengen an definierten

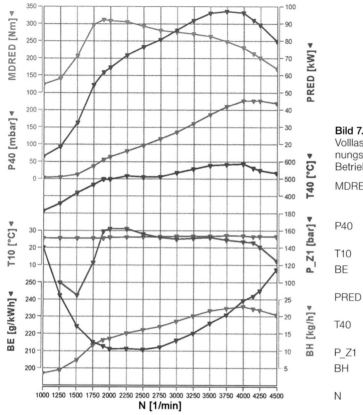

**Bild 7.1:**
Volllastkurve eines Verbren-
nungsmotors mit zugehörigen
Betriebswerten

| | |
|---|---|
| MDRED | Auf Normzustand reduziertes Drehmoment |
| P40 | Abgasgegendruck nach ATL |
| T10 | Ansauglufttemperatur |
| BE | Spezifischer Kraftstoffverbrauch |
| PRED | Auf Normzustand reduzierte Leistung |
| T40 | Abgastemperatur nach ATL |
| P_Z1 | Zünddruck Zylinder 1 |
| BH | Kraftstoffverbrauch je Stunde |
| N | Motordrehzahl |

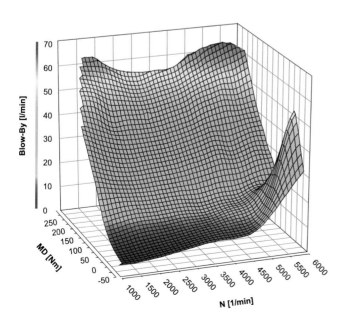

**Bild 7.2:**
Blow-by-Verhalten eines
Benzinmotors

| | |
|---|---|
| MD | Drehmoment |
| BL_BY | Durchblasmenge |
| N | Motordrehzahl |

Punkten über den ganzen Drehzahlbereich des Motors, z. B. bei Null-, Teil- und Volllast, zu bestimmen.

### 7.1.1.3 Fresstest

Der Fresstest dient zur Prüfung der Fresssicherheit von Kolben, Kolbenringen und Zylindern unter extremen motorischen Bedingungen, **Bild 7.3**.

Der Motor wird hierzu bei Volllast und Nenndrehzahl unter erhöhten Kühlmittel- und Öltemperaturen betrieben. Verschärfend kann zusätzlich das Kolbeneinbauspiel reduziert und auf eine Einlaufphase verzichtet werden. Der Motor wird nach dem Start sofort unter Volllast auf Nenndrehzahl gefahren.

Die Laufzeiten für Fresstests liegen üblicherweise zwischen 0,5 und 5 Stunden.

**Bild 7.3:**
Sichtbare Fressschäden
an einer Zylinderlaufbahn

### 7.1.1.4 Entwicklungslauf

Im Entwicklungslauf werden Kolben, Kolbenringe und Zylinder hinsichtlich folgender Verhalten untersucht:
- Blow-by
- Ölverbrauch

Weitere Entwicklungsschwerpunkte sind:
- Tragbild von Kolben und Kolbenringen
- Ölkohleaufbau am Feuersteg und im Ringpartiebereich und damit eventuelles Entstehen von Zylinderpolierern

Die Laufzeiten von Entwicklungsläufen betragen üblicherweise 50 bis 100 h.

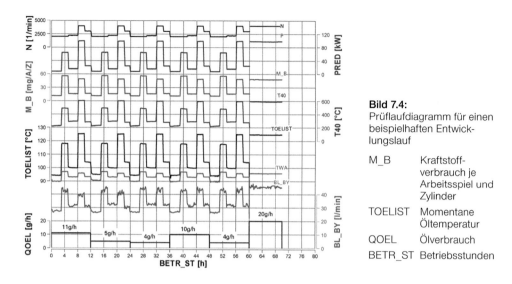

**Bild 7.4:**
Prüflaufdiagramm für einen beispielhaften Entwicklungslauf

| | |
|---|---|
| M_B | Kraftstoffverbrauch je Arbeitsspiel und Zylinder |
| TOELIST | Momentane Öltemperatur |
| QOEL | Ölverbrauch |
| BETR_ST | Betriebsstunden |

Die Programme beinhalten in der Regel hohe Anteile mit Volllastpunkten bei Nenndrehzahl sowie Punkte maximalen Drehmoments. Je nach Entwicklungsziel können zusätzlich auch andere Punkte, wie Teillast- und Nulllastpunkte, angefahren werden, **Bild 7.4**.

Um die bereits genannten Versuchsziele zu erreichen, werden hauptsächlich geometrische Änderungen an den Bauteilen vorgenommen. Diese betreffen im Wesentlichen eine Feinoptimierung von Formen und Spielen. Das bedeutet beim Kolben Änderung der Spiele am Kolbenkopf und Schaft wie auch Abstimmung von Fasen im Ringpartiebereich. Zusammen mit den Kolbenringen müssen ebenfalls die axialen Nutspiele abgestimmt werden, da einerseits eine ausreichende Abdichtung gegen Durchblasen sowie Ölpumpen und andererseits – besonders beim Dieselkolben – eine Sicherheit gegen das Festgehen der Kolbenringe aufgrund von Ölkohleaufbau wichtig ist. Weitere Optimierungsstellen sind die Öldrainagen in der Ölringnut.

Bei den Kolbenringen erstrecken sich die Einflussmöglichkeiten auf die verschiedenen Größen der Ringgeometrie mit Ringhöhe und -breite, Lauflächenform sowie Innenfasen.

Am Zylinder bzw. Motorblock kann über die Konstruktion Einfluss auf die Verzüge und damit auf das Blow-by- und Ölverbrauchsverhalten genommen werden. Der Ölverbrauch kann außerdem über Art und Rauheit der Honung beeinflusst werden.

## 7.1.2  Langzeit-Prüflaufprogramme

### 7.1.2.1  Standard-Dauerlauf

Dauerläufe erfolgen wegen der langen Laufzeiten von bis zu 1.000 Stunden für Pkw-Motoren und bis zu 3.000 Stunden für Nkw-Anwendungen und der damit verbundenen hohen Kosten erst zum Abschluss der Entwicklung der entsprechenden Komponenten. Sie dokumentieren die Wirksamkeit der konstruktiven Maßnahmen, die bei zuvor gefahrenen, kürzeren Entwicklungsläufen erarbeitet wurden.

Versuchszwecke der Dauerläufe sind Nachweise für die

- uneingeschränkte Langzeit-Funktionsfähigkeit der Motorkomponenten hinsichtlich z. B. niedrigem Ölverbrauch und Blow-by und geringem Verschleiß sowie
- Dauerhaltbarkeit der entwickelten Komponenten.

Bestandene Dauerläufe sind häufig die Basis für eine Serienfreigabe der erprobten Komponenten.

### 7.1.2.2  Kalt-Warm-Dauerlauf

Eine Variante des Standard-Dauerlaufs ist der Kalt-Warm-Dauerlauf. Extreme Temperaturwechsel des Kühlwassers bewirken aufgrund der Wärmedehnung hohe Spannungsänderungen im Werkstoff der betreffenden Bauteile wie Kolben, Kolbenringe, Zylinderkopf und Zylinderkopfdichtung. Im ungünstigsten Falle bilden sich Risse, wie hier an einer Kolbenringlauffläche, **Bild 7.5**.

**Bild 7.6** zeigt beispielhaft einen derartigen Kalt-Warm-Zyklus mit einer Zykluszeit von etwa 10 min.

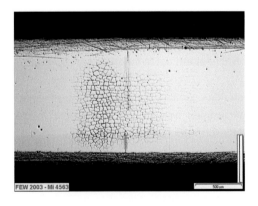

**Bild 7.5:**
Rissnetzwerk in der Kolbenringlauffläche

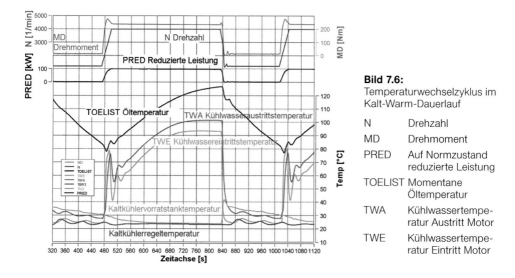

**Bild 7.6:**
Temperaturwechselzyklus im
Kalt-Warm-Dauerlauf

N          Drehzahl

MD       Drehmoment

PRED    Auf Normzustand
           reduzierte Leistung

TOELIST Momentane
           Öltemperatur

TWA      Kühlwassertempe-
           ratur Austritt Motor

TWE      Kühlwassertempe-
           ratur Eintritt Motor

## 7.1.3   Sonder-Prüflaufprogramme

### 7.1.3.1   Kaltstarttest

Der Kaltstarttest dient der Erprobung von Kolbenbeschichtungen zur Vermeidung von sogenannten Kaltstartreibern. Diese treten beim Benzinmotor auf, wenn durch die bei kaltem Motor
erhöhte Kraftstoffeinspritzung der Schmierfilm von der Zylinderlaufbahn abgewaschen wird.
Im Kaltstarttest werden als Basis zunächst unbeschichtete Kolben eingesetzt, bei denen
solche Kaltstartreiber auftreten. Im Anschluss werden verschiedene Beschichtungen im direkten Vergleich erprobt.

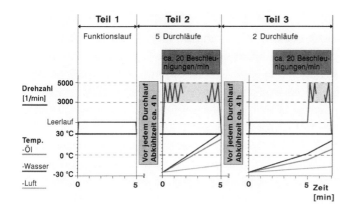

**Bild 7.7:**
Drehzahl- und Temperatur-
verlauf im Kaltstarttest

Für den Kaltstarttest kann der Motor ohne Belastung betrieben werden. Vor den eigentlichen Tests läuft der Motor bei Raumtemperatur, um eine gleichmäßige Ölverteilung im Motor zu gewährleisten. Anschließend wird der Motor inklusive Öl und Wasser in der Kältezelle auf −25 °C abgekühlt. Bild **7.7** zeigt beispielhaft Details eines solchen Zyklus.

### 7.1.3.2  Microwelding-Test

Microwelding oder Nutflankenschädigung bezeichnet einen lokalen Zerstörungsprozess in der Unterflanke der Kolbenringnut von Aluminiumkolben, **Bild 7.8**, und tritt überwiegend in der 1. Kolbenringnut von Ottomotor-Kolben auf. Vereinzelt sind auch Fälle von Microwelding in der 2. Kolbenringnut von Aluminiumkolben für Dieselmotoren bekannt, da diese in der Regel nicht, wie die 1. Kolbenringnut, durch einen Ringträger vor Verschleiß geschützt ist.

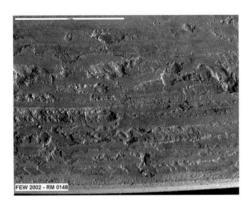

**Bild 7.8:**
Microwelding-Schaden in der Unterflanke der 1. Kolbenringnut eines Kolbens ohne Ringträger

Bei Microwelding wird lokal Werkstoff aus der belasteten Flanke der 1. Kolbenringnut herausgerissen, auf den 1. Kolbenring aufplattiert und danach an anderer Stelle wieder in die Nutflanke eingedrückt.

Da Microwelding schon nach kurzer Laufzeit, z. B. nach dem Einlauf oder Auditläufen des Motors, festzustellen ist, beträgt auch die Laufzeit des eigens dafür entwickelten Laufprogramms nur 23 Stunden. Darin enthalten sind Einlauf, Volllastkurven und der eigentliche Microwelding-Zyklus, der drei Stunden andauert und mehrfach wiederholt wird. Im Zyklus werden alternierend unter Volllast das maximale Moment, die Nennleistung und die Abregeldrehzahl angefahren. Im Anschluss an den Test erfolgt eine visuelle Beurteilung des Schadens. Bei weniger schweren Schädigungen kann eine Optimierung des Kolbenrings ausreichen. Dies kann z. B. eine Verrundung der Ringkanten (Trovalisierung), ein Feinschliff der Unterflanke zur Erhöhung des Traganteils oder eine Beschichtung der Ringunterflanke sein. Abhilfemaßnahme gegen starkes Microwelding ist eine Hartanodisierung der 1. Kolbenringnut.

### 7.1.3.3 Fretting-Test

Fretting bedeutet Schwingungsreibverschleiß und tritt vorzugsweise in hoch belasteten Nutzfahrzeug-Dieselmotoren auf der Unterflanke der 1. Kolbenringnut und des 1. Kolbenrings auf.

Ähnlich wie beim Microwelding wird lokal Werkstoff aus Kolben und Kolbenring herausgerissen und an anderer Stelle, zum Teil in Kombination mit harten Ölkohlerückständen, wieder eingedrückt. Zu Beginn zeigen sich nur leichte Oberflächenschäden von wenigen μm, im weiteren Verlauf können jedoch lokale Vertiefungen bis zu mehreren 1/10 mm entstehen, **Bilder 7.9** und **7.10**.

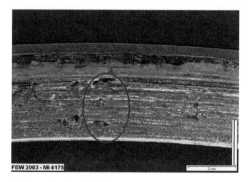 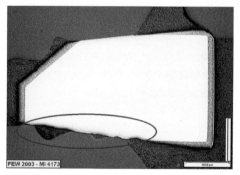

**Bilder 7.9** und **Bild 7.10:** Fretting-Schaden in der Unterflanke eines 1. Kolbenrings

Zur Erprobung von Oberflächenmodifikationen oder -beschichtungen von Kolbennut oder Ringflanke wird ein Volllastprogramm eingesetzt. Die Laufzeit beträgt 100 h. Damit kann eine gute Erstabschätzung über die Tauglichkeit der am Kolben bzw. Ring durchgeführten Maßnahme gemacht werden. Weitere Erprobungen finden dann im Rahmen von Standard-Dauerläufen statt. Entsprechend Laufzeit und Beurteilung kommen Maßnahmen wie eine Vollnitrierung über den kompletten Ringquerschnitt oder eine Verchromung der Ringunterflanke zum Einsatz.

### 7.1.3.4 Brandspurtest

Der Brandspurtest wird bei der Entwicklung von Kolbenringen eingesetzt. Brandspuren treten auf der Kolbenringlauffläche unter hoher thermischer Belastung auf. Sie stellen eine Schädigung dar, bei der in der Ringlauffläche größere Risse und Ausbrüche entstehen können, **Bild 7.11**.

Im fortgeschrittenen Stadium verstärken sich die Brandspuren derart, dass die Lauffläche des Kolbenrings sich aufzulösen beginnt. Dies führt schließlich mit zu einer Beschädigung der Zylinderlauffläche. Am Ende kann dieser Schaden zu einem Fresser im betroffenen Zylinder

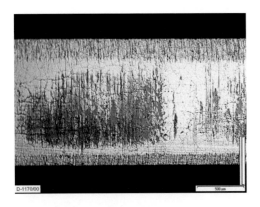

**Bild 7.11:**
Brandspurbildung auf der Kolbenringlauffläche

und damit zum kompletten Ausfall des Motors führen. Um solchen Schäden vorzubeugen, ist es notwendig, Kolbenringmaterialien und Beschichtungen zu entwickeln, die über eine hohe Brandspursicherheit verfügen.

Ein wichtiger Schritt bei dieser Entwicklung ist, die Brandspursicherheit unter erschwerten Bedingungen direkt im Motor ermitteln zu können. Außermotorische Tests können die ganze Komplexität der Beanspruchungen im realen Motor nur unzureichend nachbilden. Daher musste für diesen Zweck eine spezielle Testprozedur, der sogenannte Brandspurtest, entwickelt werden. Obwohl Kolbenringe von Diesel- und Ottomotoren vergleichbare Aufgaben im Motor zu erfüllen haben, sind doch Unterschiede bezüglich Geometrie und Materialauswahl vorhanden. Es war daher notwendig, für beide Motortypen eigene Testprozeduren zu entwickeln. Die Versuchsbedingungen für einen Brandspurtest werden im Vergleich zu herkömmlichen Prüflaufprogrammen deutlich verschärft und sind in **Bild 7.12** exemplarisch für den Dieselmotor aufgelistet.

Das einzigartige Merkmal des Brandspurtests gegenüber allen anderen außermotorischen Testprozeduren, wie z. B. Tribometerversuchen, ist die Möglichkeit, eine Bewertung und Einstufung von Ringoberflächenmaterialien und vor allem Ringbeschichtungen bezüglich ihrer Brandspursicherheit unter wirklichen Betriebsbedingungen vornehmen zu können.

Um die Brandspurgrenze eines Kolbenringmaterials zu ermitteln, wird jeweils mit einem neuen Versuchsaufbau (neuer Motorblock, neue Kolbenringe) die Kühlflüssigkeitstemperatur im Bereich 100, 110, 120 und 130 °C um jeweils 10 °C gesteigert. Zur Bewertung der Brandspursicherheit werden dann innerhalb einer im Brandspurtest erreichten Kühlflüssigkeitstemperaturstufe nochmals vier Abstufungen bezüglich der Stärke der aufgetretenen Brandspuren vorgenommen. Diesen vier Bewertungsstufen werden die Farben Weiß, Hellgrau, Dunkelgrau oder Schwarz zugeordnet. Damit ist in Tabellen und Diagrammen eine vereinfachte visuelle Darstellbarkeit erzielbar. Für die Bewertung wird hierbei der gesamte Ringumfang herangezogen.

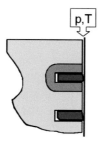
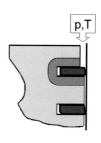

| Versuchsart | Standard | Brandspurtest |
|---|---|---|
| Kolbentyp | Kühlkanal | Anspritzkühlung |
| Kühlölangebot | groß | klein |
| Feuersteghöhe | groß | klein |
| Feuerstegspiel | klein | groß |
| Stoßspiel am 1. Ring | klein | groß |
| Axiales Spiel Nut 1 | klein | groß |
| Axiales Spiel Nut 2 | klein | groß |
| Kühlflüssigkeit | 50 % Wasser/ 50 % Frostschutz | 100 % Frostschutz |
| Kühlflüssigkeitstemperatur | 90 °C | **100, 110, 120, 130 °C** |
| Öltemperatur | 130 °C | 150 °C |
| Ladelufttemperatur | 50 °C | 90 °C |
| Prüflaufprogramm | kundendefiniert | 10 h bei Nennleistung |

**Bild 7.12:** Aufstellung verschärfter Versuchsbedingungen für den Brandspurtest am Dieselmotor

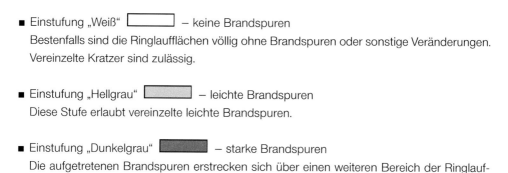

- Einstufung „Weiß" [          ] – keine Brandspuren
  Bestenfalls sind die Ringlaufflächen völlig ohne Brandspuren oder sonstige Veränderungen. Vereinzelte Kratzer sind zulässig.

- Einstufung „Hellgrau" [          ] – leichte Brandspuren
  Diese Stufe erlaubt vereinzelte leichte Brandspuren.

- Einstufung „Dunkelgrau" [          ] – starke Brandspuren
  Die aufgetretenen Brandspuren erstrecken sich über einen weiteren Bereich der Ringlauffläche und sind deutlich stärker ausgeprägt als bei der Einstufung „Hellgrau". An der betroffenen Zylinderlauffläche treten meistens gleichzeitig deutlich sichtbare Streifen oder sogar leichte Fressspuren auf.

- Einstufung „Schwarz" [          ] – Fresser über weite Umfangsbereiche
  Diese Bewertung wird vergeben, wenn die Brandspuren nahezu den gesamten Umfang

der Ringlauffläche betreffen und teilweise schon zu einer Auflösung der Oberfläche geführt haben. Der zugehörige Zylinder zeigt meistens schon stark ausgeprägte Fressspuren in weiten Bereichen am Umfang.

Nach einer solchermaßen durchgeführten Untersuchung der Ringlauffläche kann das Ergebnis einfach in Diagrammform dargestellt werden. **Bild 7.13** zeigt beispielsweise die erreichten Brandspurgrenzen für unterschiedliche Ringlaufflächenmaterialien für die Anwendung im Dieselmotor.

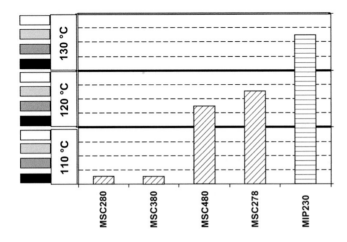

**Bild 7.13:**
Brandspursicherheit thermischer Spritzschichten (MSC280, MSC380, MSC480, MSC278) im Vergleich zu einer PVD-Beschichtung (MIP230)

Als Resümee aus allen Untersuchungen lässt sich abschließend eine Abschätzung treffen, welches Ringlaufflächenmaterial hinsichtlich Brandspursicherheit für welchen Motortyp bezüglich dessen spezifischer Leistung am besten geeignet ist. Diese Übersicht beispielsweise für den Dieselmotor zeigt **Bild 7.14**.

| | Ringlaufflächenmaterial | Anwendungsbereich Dieselmotor |
|---|---|---|
| + | **PVD-Schichten:**<br>MIP230 | Motoren mit sehr hoher spezifischer Leistung |
| | **Galvanische Chromschichten:**<br>MCR236, MCR256<br><br>**Thermische Spritzschichten:**<br>MSC480, MSC278 | Motoren mit mittlerer bis hoher spezifischer Leistung |
| – | **Thermische Spritzschichten:**<br>MSC280, MSC380 | Motoren mit niedriger bis mittlerer spezifischer Leistung |

Brandspursicherheit

**Bild 7.14:** Brandspursicherheit bei verschiedenen Ringlaufflächenmaterialien

# 7.2  Angewandte Messverfahren zur Bestimmung der Kolbentemperatur

Die motorische Verbrennung ist untrennbar mit einem erheblichen Druck- und Temperaturanstieg im Brennraum verbunden, wodurch der Kolben mechanisch und thermisch stark beansprucht wird.

Mechanische Beanspruchungen des Kolbens werden in erster Linie durch die auf den Kolbenboden, den beweglichen Teil des Brennraums, wirkende Gaskraft sowie die Massenkraft- und Seitenkraftbelastung hervorgerufen.

Die thermische Beanspruchung geht von der brennraumseitigen Beaufschlagung des Kolbenbodens mit den heißen Verbrennungsgasen aus. Hierdurch erfolgt ein Wärmefluss vom Brennraum über den Kolbenboden in den Kolbenwerkstoff. Ein großer Teil der in den Kolbenwerkstoff fließenden Wärmemenge wird über die Kolbenringe, insbesondere den 1. Kolbenring, an die Zylinderwand und von hier an das diese umgebende Kühlmittel abgeführt. Ein weiterer Teil der anfallenden Wärme wird bei Motoren mit Kolbenkühlung an das Motoröl abgeführt.

Aufgrund dieser Wärmeströme ergibt sich ein spezifisches Temperaturfeld, in **Bild 7.15** beispielhaft dargestellt für einen Pkw-Dieselmotor.

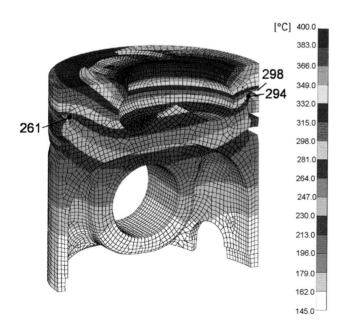

**Bild 7.15:**
Temperaturfeld am Beispiel eines Pkw-Ringträgerkolbens mit exzentrischer Brennraummulde für einen Dieselmotor

Die zulässigen Spannungen der üblicherweise als Kolbenwerkstoff eingesetzten Alumini-umlegierungen (AlSi) sind stark temperaturabhängig. Zunächst gilt es jedoch, über die vom Motorenhersteller angegebenen motorischen Daten das Spannungsfeld und das Temperatur-feld abzuschätzen und die Sicherheiten an den hoch beanspruchten Bereichen des Kolbens, bezogen auf das geforderte Lastkollektiv, zu berechnen.

Wenn diese Sicherheiten trotz weiterer Optimierungsschritte nicht ausreichen, können geeig-nete Maßnahmen als Folge von Kolbentemperaturmessungen vorgeschlagen werden, um durch Absenkung der Bauteiltemperaturen (z. B. durch Modifikationen der Motorkalibrierung) ausreichende Sicherheiten zu erhalten.

Für die FE-Berechnung des Temperaturfelds werden an verschiedenen Positionen des Kol-bens gemessene Temperaturen als Eingangsgrößen benötigt. Insbesondere bei der Entwick-lung von Kolben für hoch belastete Pkw-Dieselmotoren ist die Messung der Kolbentemperatur ein wichtiger und üblicher Bestandteil.

## 7.2.1  Verfahren zur Messung der Kolbentemperatur

Es werden thermomechanische (Schmelzstifte und Templugs) und thermoelektrische Mess-verfahren (NTC und Thermoelemente) unterschieden.

### 7.2.1.1  Thermomechanische Verfahren zur Messung der Kolbentemperatur

#### 7.2.1.1.1  Anwendung von Schmelzstiften

Schmelzstifte dienen der Bestimmung der Kolbentemperatur im stationären Motorbetrieb. Das Verfahren beruht darauf, dass mehrere – üblicherweise drei – kleine Metallstifte aus geeigneten Legierungen mit in einem Bereich von 10–15 °C abgestuften Schmelztemperatu-ren in die jeweiligen Messstellen am Kolben eingesetzt werden. Die Schmelztemperaturen der Stifte werden so gewählt, dass sie den erwarteten Temperaturbereich abdecken.

Nach dem Messlauf in einem stationären Betriebspunkt werden die Schmelzstifte auf Anschmelzung ausgewertet. Somit lässt sich die an der Messstelle herrschende Temperatur abschätzen, die in dem Intervall der Schmelztemperaturen zwischen angeschmolzenen und nicht angeschmolzenen Schmelzstiften liegen muss.

Vorteile sind:
- Geringer Aufwand bezüglich Messgeräten und Ausrüstung
- Kurze Vorbereitungs- und Messzeit

Nachteile sind:

■ Zu erwartende Temperatur muss vorher abgeschätzt werden
■ Geringe Messgenauigkeit aufgrund der Temperaturintervalle der Schmelzpunkte
■ Messung nur eines Betriebspunkts je Messlauf möglich

Das Schmelzstiftverfahren wurde durch das besser geeignete Verfahren mit Templugs abgelöst.

### 7.2.1.1.2 Anwendung von Templugs

Templugs sind kleine, gehärtete Stifte, die aus einer speziellen Metalllegierung bestehen, **Bild 7.16**. Nach einem Messlauf im gewünschten Betriebspunkt unter konstanten Bedingungen wird die mittlere Temperatur während des Messlaufs aufgrund des Härteabfalls der ausgebauten Templugs ermittelt.

Für den bei Kolben benötigten Temperaturbereich reicht ein einziger Legierungstyp aus. Templugs sind in verschiedenen Größen erhältlich.

Die Ermittlung der Temperaturen, denen die Templugs im Messkolben ausgesetzt waren, erfolgt – nach ihrem Ausbau aus dem Kolben – als Funktion des Härteabfalls und der Messlaufzeit.

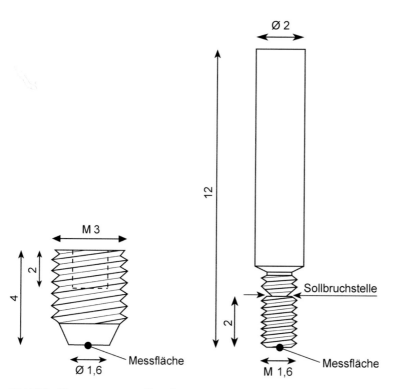

**Bild 7.16:** Abmessungen von Templugs,
links: Standard-Templug mit Innensechskant, rechts: Templug mit Sollbruchstelle

Vorteile sind:

- Geringer Aufwand bezüglich Messgeräten, Vorbereitung und Ausrüstung
- Relativ hohe Messgenauigkeit
- Aufgrund kleiner Abmessungen eine große Anzahl von Messstellen je Kolben realisierbar

Nachteile sind:

- Zeitverlust durch externe Auswertung
- Messung nur eines Betriebspunkts pro Messlauf möglich
- Dauer eines Messlaufs üblicherweise zehn Stunden

### 7.2.1.2  Thermoelektrische Verfahren zur Messung der Kolbentemperatur

#### 7.2.1.2.1  Anwendung von NTC-Sensoren

Als Messwertaufnehmer werden NTC-Sensoren (Thermistoren, NTC = Negative Temperature Coefficient) eingesetzt, die in Abhängigkeit von der Temperatur ihren elektrischen Widerstand verändern, **Bild 7.17**.

Die Übertragung des Messwerts erfolgt berührungslos auf Basis induktiver Kopplung zweier Spulenkreise im unteren Totpunktbereich des Kolbens. Verwendet werden Ringspulen am Kolben und Stiftspulen am Motorblock. **Bild 7.18** zeigt beispielhaft einen mit NTC-Sensoren bestückten Messkolben.

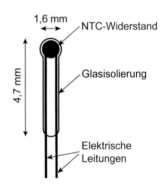

**Bild 7.17:**  Beispielhafte Abmessungen eines NTC-Sensors mit Glasisolierung

**Bild 7.18:**  Mit NTC-Sensoren bestückter Messkolben

Vorteile sind:

- Bewährtes Standard-Messverfahren
- Gute Eignung für hohe Drehzahlen

Nachteile sind:

- Physikalische und mechanische Stabilität des Sensors begrenzt
- Begrenzung des Messbereichs aufgrund der bei der Applikation verwendeten Klebstoffe auf max. 400 °C
- Durch das Messprinzip eines Schwingkreises mit Amplitudenmodulation empfindlich gegen Störsignale und Beeinflussung der induktiven Kopplung durch Metalle in der Nähe der Überträger
- Je nach räumlichen Verhältnissen (Kolbendurchmesser) maximal drei Sensoren verwendbar
- Unterbringung von nur einer Ringspule im Kolben bei Kolben mit sehr kleinem Durchmesser unter Umständen möglich
- Je nach der zu erwartenden Temperaturbelastung an der Messstelle sind unterschiedliche NTC-Typen notwendig

### 7.2.1.2.2 Anwendung von NiCr-Ni-Thermoelementen

Im Gegensatz zu NTC-Sensoren sind NiCr-Ni-Thermoelemente universell, d. h. im gesamten im Verbrennungsmotor vorkommenden Temperaturbereich einsetzbar. **Bild 7.19** zeigt ein Ausführungsbeispiel eines solchen Thermoelements.

Vorteile sind:

- Aufgrund kleiner Durchmesser der Thermoelemente sind die Sensorpositionen nahezu frei wählbar.
- Der Messbereich liegt üblicherweise zwischen −200 °C und 1.150 °C. Die Kalibrierung zur Messung der Kolbentemperatur erfolgt jedoch meist nur bis 650 °C.
- Ist sehr gut geeignet zur Messung von großen Temperaturamplituden bei transienten Prüflaufprogrammen.

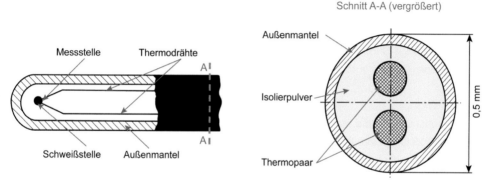

**Bild 7.19:** Schematischer Aufbau eines NiCr-Ni-Mantelthermoelements

### 7.2.1.3  Übertragung der Messwerte vom Thermoelement

#### 7.2.1.3.1  Übertragung der Messwerte vom Thermoelement mittels durch Schwinge gestützte Messleitung

Die Übertragung der Messwerte vom Thermoelement im Kolben erfolgt mit Messleitungen, gestützt durch eine Schwingenkonstruktion, nach außen, **Bild 7.20**. Die Schwinge ist einerseits am Kolbenbolzen oder an der Unterseite der Kolbennabe, andererseits am Kurbelgehäuse beweglich gelagert.

Bezogen auf die beschriebene Art der Übertragung der Messwerte sind Anzahl und Typ der NiCr-Ni-Thermoelemente frei wählbar.

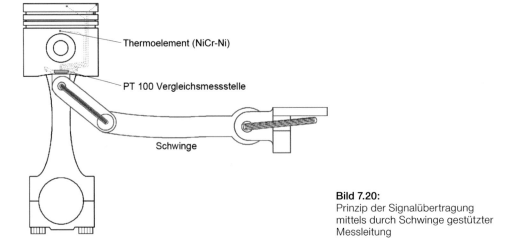

**Bild 7.20:**
Prinzip der Signalübertragung mittels durch Schwinge gestützter Messleitung

Vorteile sind:
- Die Anzahl der Messstellen ist nur durch die geometrischen Verhältnisse begrenzt.
- Es sind schnelle Temperaturänderungen erfassbar (auch Auflösung über Grad Kurbelwinkel möglich).
- Ist gut geeignet für stationäre und transiente Messungen.
- Eine notwendige Stromversorgung kann über schwingengestützte Leitungen erfolgen, der Einsatz einer Batterie entfällt.

Nachteile sind:
- Hoher konstruktiver und mechanischer Änderungsaufwand am Motor
- Einbaumöglichkeit einer Schwinge in einzelne Zylinder durch Motorkonstruktion begrenzt
- Einbau konstruktiv bedingt meist nur an einem Zylinder möglich
- Maximale Messdrehzahl durch die mechanische Auslegung des Schwingensystems begrenzt
- Messdauer zeitlich meist auf wenige Stunden begrenzt aufgrund extremer Beanspruchung der Messleitungen

### 7.2.1.3.2 Übertragung der Messwerte vom Thermoelement mittels Telemetrie

Die Übertragung der Messwerte vom Thermoelement im Kolben erfolgt über ein von MAHLE neu entwickeltes RTM-Messsystem (Real-Time Telemetry Temperature Measurement). Der integrierte Sensorsignalverstärker, **Bild 7.21**, erhält die erforderliche Energie durch induktive Kopplung.

Die Übertragung der Messwerte erfolgt je Umdrehung im Bereich des unteren Totpunktes. Die minimale Kopplungszeit je Umdrehung beträgt 0,8 ms.

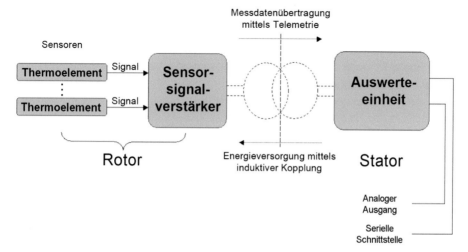

**Bild 7.21:** Schematische Darstellung von Messprinzip und Messwertübertragung mittels Telemetrie (RTM-System)

Vorteile sind:

- Technischer Aufwand bei gleicher Ergebnisqualität ist geringer als bei Übertragung der Messwerte mittels durch Schwinge gestützter Messleitungen.
- Es gibt keine Drehzahlbegrenzung für Serienanwendungen.
- Temperaturänderungen sind schnell erfassbar (Datenübertragung erfolgt bei jeder Kurbelwellenumdrehung).
- Änderungsaufwand am Motorblock ist nur gering.
- Es können bis zu sieben Temperaturen je Kolben erfasst werden, bei Verwendung mehrerer Sensorsignalverstärker in einem Kolben erhöht sich die Anzahl entsprechend.
- Die verwendeten Sensorsignalverstärker sind temperaturstabil bis zu 175 °C
- Im Vergleich zu Messungen mittels Schwinge und auch zu Messungen mit NTC-Sensoren sind deutlich höhere Standzeiten möglich.
- Die temperaturkompensierten Sensorsignale werden bereits digitalisiert und dadurch störunempfindlich in die Auswerteeinheit übertragen.
- Durch die Echtzeitvisualisierung ist das RTM-System insbesondere für die Optimierung von Verbrennungsparametern sehr geeignet.

Nachteile sind:

■ Relativ großer Aufwand bezüglich Messtechnikapplikation am Kolben

■ Hoher finanzieller Aufwand für elektronische Bauteile (Sensorsignalverstärker)

### 7.2.1.4  Bewertung der bei MAHLE verwendeten Verfahren zur Messung der Kolbentemperaturen

Die Auswahl des geeigneten Verfahrens ist abhängig von dem jeweiligen Anforderungsprofil. Benötigt man nur die Information für einen definierten Betriebspunkt (z. B. Nennleistungspunkt), so können Templugs verwendet werden. Sollten jedoch eine Vielzahl von Messungen im Kennfeld oder eine Echtzeitvisualisierung erforderlich sein, so empfiehlt sich die Verwendung von Mantelthermoelementen in Verbindung mit Telemetrie, d. h. das beschriebene RTM-System. Die **Tabelle 7.1** bietet entsprechende Auswahlmöglichkeiten unter Berücksichtigung der jeweils bevorzugten Parameter.

**Tabelle 7.1:**  Bei MAHLE verwendete Verfahren zur Messung der Kolbentemperaturen

| Messverfahren | | Templug | NTC | NiCr-Ni | NiCr-Ni |
|---|---|---|---|---|---|
| Übertragungsverfahren | | | induktive Kopplung | Schwinge | Telemetrie |
| Verfahrensvergleich | | Resthärtemessung | | | |
| Verfahrenseinteilung | | thermo-mechanisch | thermo-elektrisch | | |
| | | stationär | instationär | | |
| Betriebspunkte je Messlauf | | 1 | keine Einschränkung | | |
| Typische Anzahl der Messstellen je Kolben | Pkw | 8 | 2 – 3 | 10 – 20 | 7 |
| | Nkw | 15 | 4 | | |
| Robustheit | des Sensors | hoch | niedrig | hoch | hoch |
| | der Messwert-übertragung | – | mittel | niedrig | hoch |
| Eignung für hohe Drehzahlen | | hoch | hoch | niedrig | mittel |
| Genauigkeit | | mittel | hoch | hoch | hoch |
| Anforderung an die Werkstattausstattung | | niedrig | mittel | hoch | hoch |
| Projektdurchlaufzeit | | 50 % | 70 % | 100 – 200 % | 100 % |

## 7.2.2  Kolbentemperaturen an Otto- und Dieselmotoren

Bei Messungen der Kolbentemperatur werden ganz bestimmte Positionen bevorzugt mit Sensoren ausgerüstet, die im **Bild 7.22** beispielhaft an einem Pkw-Dieselkolben dargestellt sind.

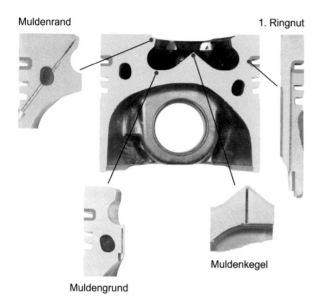

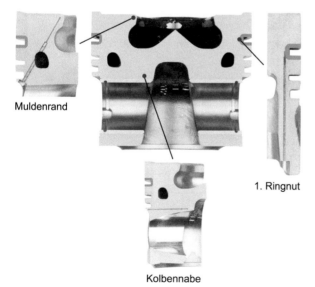

**Bild 7.22:**
Beispiele für die Ausrüstung eines
Pkw-Dieselkolbens mit Sensoren
zur Kolbentemperaturmessung

Kriterien für die Wahl dieser Messstellen sind:

■ Muldenrand und Muldengrund sind thermisch und mechanisch hoch beansprucht, bei entsprechender Überlastung können hier Risse auftreten.

■ Die Temperatur in der 1. Kolbenringnut ist wesentlich für die Funktion der Kolbenringe (Sicherheit gegen Brandspuren der Ringlauffläche). Außerdem wird hierdurch die Rückstandsbildung in der 1. Kolbenringnut und somit die Anfälligkeit gegen Festgehen der Ringe beeinflusst.

■ Die Kolbennabe überträgt die komplette Gaskraft auf den Kolbenbolzen und ist mechanisch hoch beansprucht. Dies kann zum Auftreten von Nabenrissen führen.

### 7.2.2.1  Typische Temperaturmaxima an Kolben

Eine Angabe von maximal zulässigen Temperaturen an verschiedenen Positionen des Kolbens als unabänderliches Limit ist nicht möglich, da die zu erwartenden oder vom Motorenhersteller spezifizierten Lastkollektive sehr unterschiedlich sind. So wird der Volllastanteil im Bereich der Nenndrehzahl während der Motorlebensdauer bei einem Hochleistungssportwagen wesentlich geringer sein als bei einem Kleintransporter mit Einstiegsmotorisierung.

Es ist ferner zu berücksichtigen, dass aufgrund konstruktiver Randbedingungen – Lage der Brennmulde und der Ventilnischen, Pleuelausführung usw. – und des maximalen Gasdrucks unterschiedliche Spannungen auftreten. Somit variieren auch die Sicherheiten bei gleicher Temperatur. Die maximal zulässigen Temperaturen sind also zwangsläufig abhängig vom jeweiligen Anwendungsfall.

Die in **Tabelle 7.2** angegeben Werte sind keine Empfehlung für Grenzwerte, sondern lediglich Anhaltswerte für bei derzeitigen, hoch belasteten Motoren gemessene Maximalwerte.

**Tabelle 7.2:**  Anhaltswerte für übliche Maximaltemperaturen am Kolben bei unterschiedlichen Anwendungen

| Anwendung | Nkw | | Pkw | | |
|---|---|---|---|---|---|
| | | | Dieselmotor | | Ottomotor |
| Werkstoff | Al | Stahl | Al | Stahl | Al |
| Muldenrand | 340 °C | 470 °C | 380 °C | 500 °C | 290 °C[1] |
| 1. Kolbenringnut | 260 °C | 260 °C | 300 °C | 280 °C | 270 °C |
| Kolbennabe | 190 °C | 180 °C | 235 °C | 310 °C | 240 °C |

[1] am Kolbenboden

## 7.2.2.2 Einfluss verschiedener Betriebsgrößen auf die Kolbentemperatur

Bei der Temperaturmessung mit Templugs wird aufgrund der prinzipbedingten Begrenzung auf einen Betriebspunkt üblicherweise der Nennleistungspunkt bei Standard-Betriebsbedingungen gewählt. Hierbei sind in nahezu allen Fällen auch die höchsten Temperaturen zu erwarten.

Bei den Verfahren, die Messungen mehrerer Betriebspunkte erlauben, wird als Datenbasis zunächst die Volllastkurve bei Standard-Betriebsbedingungen gemessen. Das Ergebnis liefert die auftretenden Maximaltemperaturen an den verschiedenen Messstellen, die dann auch als Eingangsgrößen in die Simulationsrechnung eingehen. Weiterhin können damit die Temperaturdifferenzen zwischen den einzelnen Zylindern sowie die Drehzahl mit dem auftretenden Temperaturmaximum bestimmt werden.

Je nach Bedarf wird ferner im Rahmen eines Messprogramms der Einfluss verschiedener interessierender motorischer Betriebsbedingungen auf die Kolbentemperaturen bei Konstanthaltung der übrigen Parameter ermittelt.

**Tabelle 7.3** zeigt den mittleren Einfluss der wichtigsten Betriebsgrößen auf die Temperatur in der 1. Kolbenringnut eines Dieselkolbens.

**Tabelle 7.3:** Einfluss verschiedener Betriebsparameter auf die Temperatur in der 1. Kolbenringnut eines Dieselkolbens

| Betriebsparameter | Änderung der Motorbedingungen | Änderung der Temperatur in der 1. Kolbenringnut |
|---|---|---|
| Kühlmitteltemperatur | 10 °C | 4 – 6 °C |
| Wasserkühlung | 50 % Frostschutz | 5 °C |
| Schmieröltemperatur (ohne Kolbenkühlung) | 10 °C | 1 – 2 °C |
| Ladelufttemperatur | 10 °C | 1,5 – 3 °C |
| Kolbenkühlung durch Öl | Spritzdüse im Pleuelfuß | −8 bis −15 °C einseitig |
| | Standdüse | −10 bis −30 °C |
| | Salzkern-Kühlkanal | −25 bis −50 °C |
| | Gekühlter Ringträger | −50 °C (Zusätzliche Temperaturabsenkung bezogen auf Salzkern-Kühlkanal) |
| Kühlöltemperatur | 10 °C | 4 – 7 °C |
| Mitteldruck $p_{me}$ ($n$ = konstant) | 1 bar | 4 – 8 °C |
| Drehzahl $n$ ($p_{me}$ = konstant) | 100 1/min | 2 – 4 °C |
| Zündzeitpunkt, Förderbeginn | 1° KW | 1,5 – 3 °C |
| Luftverhältnis $\lambda$ | Variationsbereich $\lambda = 0,8 – 1,0$ | < 10 °C |

Von weiterem Interesse, z. B. bei Ottomotoren, ist der Einfluss des Klopfregelverhaltens und bei Dieselmotoren jener der Voreinspritzung auf die Kolbentemperaturen. Häufig wird ein solches typisches Messprogramm ergänzt durch eine Messung unter „Worst case"-Bedingungen. Hierbei werden Kühlmittel-, Motorenöl- sowie Ansaug- oder Ladelufttemperaturen auf Maximalwerte eingestellt, wie sie z. B. bei einer Heißland-Erprobung vorkommen.

In **Bild 7.23** ist beispielhaft das Ergebnis der Variation des Luftverhältnisses λ bei einem Pkw-Ottomotor dargestellt. Es zeigt sich, dass das Maximum der Kolbentemperaturen etwa bei gleichem Luftverhältnis λ wie das Leistungsmaximum auftritt.

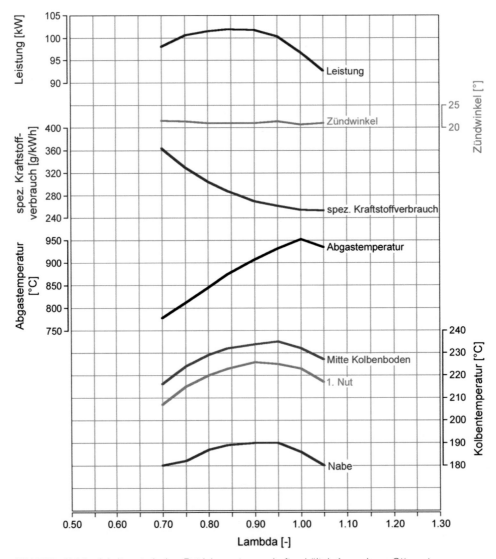

**Bild 7.23:** Abhängigkeit motorischer Betriebswerte vom Luftverhältnis λ an einem Ottomotor

Der geringste spezifische Kraftstoffverbrauch wird bei etwa $\lambda = 1$ erzielt. Hierbei treten jedoch die höchsten Abgastemperaturen auf. Aufgrund der maximal zulässigen Abgastemperaturen vor Abgasnachbehandlungssystemen (z. B. Katalysator) oder bei aufgeladenen Motoren am Eintritt in den Turbolader ist dieser „magere" Bereich möglicherweise begrenzt.

Die niedrigsten Kolbentemperaturen und gleichzeitig die niedrigsten Abgastemperaturen treten im „fetten" Bereich auf, z. B. bei $\lambda = 0{,}8$ oder niedriger. Hier steigt der spezifische Kraftstoffverbrauch jedoch drastisch an.

Es gilt, für die Motorabstimmung den bestmöglichen Kompromiss unter Beachtung der verschiedenen Randbedingungen zu finden. Auch bei der Variation anderer Parameter, z. B. Zündwinkel bzw. Spritzbeginn, treten aufgrund der unterschiedlichen Anforderungen an die Betriebswerte solche Zielkonflikte auf.

### 7.2.2.3 Einfluss der Kühlölmenge auf die Kolbentemperatur

Bei mit Kolbenkühlung ausgerüsteten Motoren ist häufig die optimale Menge des Kühlöls Gegenstand der Diskussion. Der Motorenhersteller tendiert stets zu geringeren Werten mit dem Ziel, die erforderliche Ölpumpenleistung und die Ölverschäumung zu reduzieren. Aus Sicht des Kolbenherstellers hingegen ist zur optimalen Kolbenkühlung eine eher größere Kühlölmenge erwünscht. Diese muss auch bei Motoren mit hoher Laufleistung und einem entsprechend dem fortgeschrittenen Lagerverschleiß niedrigeren Öldruck gegeben sein. Wie beispielhaft in **Bild 7.24** gezeigt, sollte die spezifische Kühlölmenge nicht unter 3 kg/kWh absinken.

Durch entsprechende Kolbentemperaturmessungen mit variablen Kühlölmengen lässt sich hier ein Optimum finden.

Als spezifische Kühlölmenge wird der auf die effektive Leistung bezogene Kühlölmassenstrom bezeichnet. Die Empfehlung gemäß **Tabelle 7.4** für spezifische Kühlölmengen bezieht sich auf den Betriebsöldruck bei Nenndrehzahl und bei der hierfür spezifizierten Motorenöltemperatur.

Zusätzlich müssen die Kühlöldüsen bestimmte Anforderungen hinsichtlich Strahlausbildung und der Funktion der Druckhalteventile erfüllen. Daher ist es wichtig, vor einer Messung der Kolbentemperaturen die Kühlöldüsen inklusive der Druckhalteventile auf einem dafür geeigneten Prüfstand zu vermessen.

Die Öffnungs- und Schließdrücke der Kühlöldüsen werden entweder über zentrale (im Ölhauptkanal) oder düseninterne Druckhalteventile gesteuert und müssen auf die motorischen Randbedingungen abgestimmt sein. Mit derartigen Ventilen wird bei niedrigen Drehzahlen (z. B. Leerlauf) ein für die Gleitlager ausreichender Mindestöldruck sichergestellt.

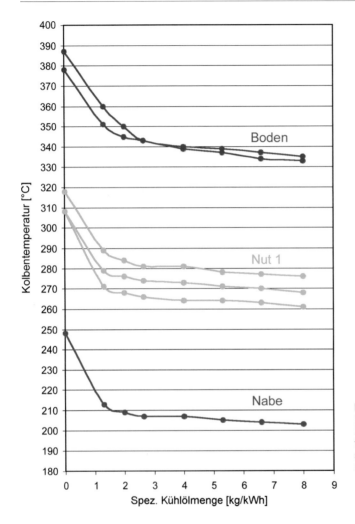

**Bild 7.24:**
Einfluss der spezifischen
Kühlölmenge auf die Kolbentemperaturen (sechs Mess-
stellen) in einem Pkw-Kolben
mit Kühlkanal

**Tabelle 7.4:**  Empfohlene spezifische Kühlölmengen

|  | Anspritzkühlung (Pkw) | Kühlkanalkolben (Aluminium Pkw und Nkw) | Kühlkanalkolben (Stahl Pkw und Nkw) |
|---|---|---|---|
| Empfohlene spezifische Kühlölmenge | 3 kg/kWh | 5 kg/kWh | 5 – 7 kg/kWh |

Umfangreiche Kolbentemperaturmessungen werden auch bei der Optimierung von Systemen
mit bedarfsgerechter Kolbenkühlung erforderlich. Die Kühlöldüsen werden dann nur noch in
jenen Motorkennfeldbereichen mit Kühlöl versorgt, in denen nachweislich eine Kolbentempe-
raturabsenkung notwendig ist. Vorteilhaft hierbei ist eine Verminderung der Ölpumpenleistung
und somit eine Reduzierung des Kraftstoffverbrauchs.

### 7.2.2.4  Kolbentemperaturmessung im transienten Laufprogramm

**Bild 7.25** zeigt einen Nkw-Dieselkolben im Schnitt. Kolben dieser Bauart wurden in einem Motor verwendet, mit welchem ein sogenannter Thermoschock-Lauf durchgeführt wurde.

Hierbei wird der Motor zunächst unter Überlastbedingungen – erhöhte Einspritzmenge, höherer Zünddruck, erhöhte Kühlmitteltemperatur – betrieben. Beim Thermoschock-Lauf erfolgt dann ein plötzlicher Wechsel von Volllast auf Nulllast in Verbindung mit der Umschaltung von einem Heiß-Kühlmittelkreislauf zu einem Kalt-Kühlmittelkreislauf.

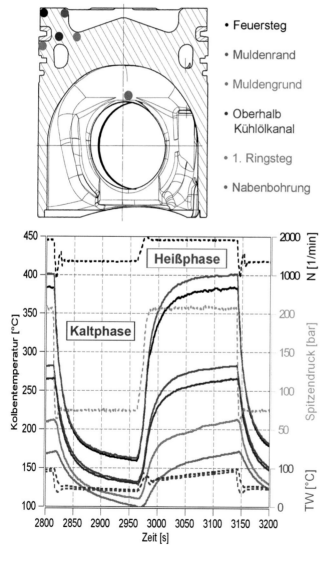

- Feuersteg
- Muldenrand
- Muldengrund
- Oberhalb Kühlölkanal
- 1. Ringsteg
- Nabenbohrung

**Bild 7.25:**
Darstellung eines Nkw-Dieselkolbens aus Aluminium im Schnitt mit sechs Temperaturmessstellen und zugehörigem Ergebnis einer Messung während eines transienten Thermoschock-Zyklus. Die Kolbentemperaturen wurden mit dem RTM-System gemessen.

Das Diagramm zeigt an vorgenanntem Kolben beispielhaft den zeitlichen Verlauf der Temperaturen an den vorgegebenen Messstellen während des Thermoschock-Zyklus. Eines der
hier ablesbaren Ergebnisse ist, dass der Muldenrand mit einer Temperaturamplitude von
etwa 240 °C die höchste Temperaturwechselbeanspruchung aufweist. In Verbindung mit den
auftretenden Temperaturgradienten können Spannungen am Kolben errechnet und für die
Bestimmung der Lebensdauer herangezogen werden.

## 7.3  Reibleistungsmessungen am befeuerten Vollmotor

Nachhaltig steigende Rohölpreise und das erklärte Ziel einer Reduzierung der Umweltbelas-
tung durch Minimierung der Emission schädlicher Abgaskomponenten sowie Kohlenstoffdi-
oxid führen zu der Forderung, den Kraftstoffverbrauch der Verbrennungsmotoren drastisch
zu reduzieren.

Neben Downsizing mit Aufladung, der Entwicklung neuer Brennverfahren und der Entdrosse-
lung des Ansaugsystems ist die Reduzierung der mechanischen Verluste ein wichtiger Ansatz
zur Verringerung des Kraftstoffverbrauchs. Dabei ist es wichtig, die Zuordnung der mechanischen Verluste zu verschiedenen Bauteilen zu kennen. Verlustteilungen aus der Literatur sind
seit Langem bekannt, sie beziehen sich aber meist auf den geschleppten Motor.

**Bild 7.26** zeigt beispielhaft die Aufteilung der mechanischen Verluste von Ottomotoren, bereits
im Jahre 1984 durch Schleppversuche ermittelt.

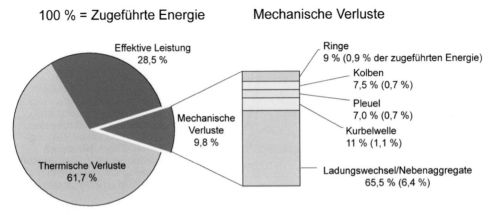

**Bild 7.26:**  Verlustteilung (Mittelwerte von drei verschiedenen 2,0-Liter-Ottomotoren bei 5.000 1/min,
Schleppbetrieb)

Die hier genannten, im Schleppversuch ermittelten Anteile an mechanischen Verlusten, rechts im **Bild 7.26**, sind klein im Verhältnis zu den thermischen Verlusten in einem befeuerten Motor, links im Bild. Es ist jedoch davon auszugehen, dass sich die tatsächliche Aufteilung der mechanischen Verluste im befeuerten Motor deutlich ändert. Dabei wird speziell der Kolbengruppe ein mit steigender Motorlast größerer Anteil an den mechanischen Verlusten angelastet. Daher ist es durchaus sinnvoll, die Reibleistung dieser Baugruppe, die sogenannte Power Cell Unit (PCU), unter Last zu ermitteln und zu optimieren. Zur PCU zählen folgende Bauteile:

- Kolben
- Kolbenringe
- Kolbenbolzen
- Kolbenbolzensicherungsringe
- Pleuel mit Lagerschalen
- Zylinderlaufbuchse

Voraussetzungen für eine sinnvolle Optimierung sind sehr genaue und reproduzierbare Messungen der Reibverluste bei realem Motorbetrieb unter Anwendung eines geeigneten Mess- und Auswerteverfahren.

## 7.3.1  Messverfahren zur Bestimmung der Reibverluste

Nachfolgend werden einige Messverfahren beschrieben, die der Bestimmung des Reibmitteldrucks dienen, sich in ihrer Exaktheit und dem messtechnischen Aufwand jedoch deutlich unterscheiden. **Bild 7.27** zeigt eine Reihe von Verfahren zur Ermittlung der Reibung in einzelnen Reibpaarungen bzw. von Vollmotoren. Diese reichen von außermotorischen Verfahren (z. B. Tribometerversuche) für einzelne Motorbauteile über Verfahren am geschleppten Motor

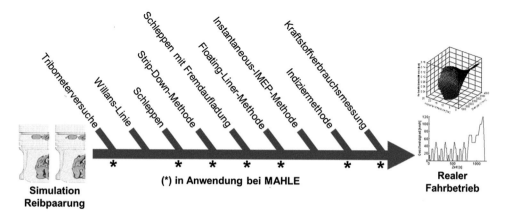

**Bild 7.27**: Messverfahren zur Reibungsbestimmung in einzelnen Reibpaarungen und von Vollmotoren

bis hin zu mehreren Verfahren mit unterschiedlichen Messprinzipen am befeuerten Motor. Je nach zu untersuchendem Parameter muss das am besten geeignete Messverfahren ausgewählt werden.

### 7.3.1.1 Willans-Linie

Dieses Verfahren beruht auf einer Messung des Kraftstoffverbrauchs pro Arbeitsspiel bei einer konstanten Drehzahl des Motors und variierendem effektivem Mitteldruck.

Zur Bestimmung des Reibmitteldrucks legt man an den linearen Teil der entstehenden Verbrauchskurve eine Tangente an und extrapoliert diese, bis sie die Achse des effektiven Mitteldrucks (x-Achse) schneidet. Der Schnittpunkt gibt den Wert des Reibmitteldrucks des Motors an (negativer effektiver Mitteldruck), **Bild 7.28**.

Dies ist ein sehr einfach anwendbares grafisches Verfahren zur Abschätzung des Reibmitteldrucks eines Gesamtmotors. Aufgrund der Extrapolation ist aber nur eine grobe Trendaussage zum Vergleich verschiedener Motortypen möglich.

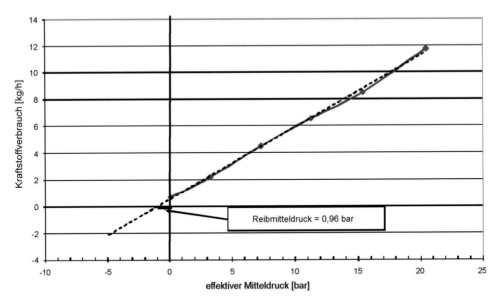

**Bild 7.28:** Willans-Linie – 4-Zylinder-Dieselmotor bei 1.500 1/min

### 7.3.1.2 Schleppen und Strip-Down-Methode

Beim Schleppen wird der Verbrennungsmotor von einem Elektromotor angetrieben, wobei die Zündung bzw. die Kraftstoffzufuhr abgeschaltet ist, sodass keine Verbrennung stattfindet.

Die Temperaturen von Kühlwasser und Öl werden durch externe Konditioniereinheiten auf Betriebstemperatur gehalten. Aus der vom Elektromotor aufgenommenen Schleppleistung lässt sich der Reibmitteldruck des Motors einschließlich der Ladungswechselverluste bestimmen.

Eine Sonderform des Schleppens ist die sogenannte Strip-Down-Methode. Dabei wird der Motor geschleppt und schrittweise demontiert. Auf diese Weise lassen sich die Reibverluste der einzelnen Motorbauteile ermitteln.

Generelle Nachteile des Schleppens gegenüber Messungen am befeuerten Motor sind:
- Die Belastung der betroffenen Bauteile ist wegen der fehlenden Gaskraftbeaufschlagung nur gering.
- Die Betriebs- und Bauteiltemperaturen sind geringer und damit die Betriebsspielverhältnisse stark verändert.
- Die Gaswechselverluste werden der Reibung zugeordnet.
- Die Hochdruckschleife des 4-Takt-Motors liefert keine Arbeit. Bedingt durch Leckage und Wandwärmeübergänge ergibt sich ein negativer indizierter Mitteldruck, der als Reibung interpretiert wird.

### 7.3.1.3  Zylinderabschaltung

Zur Bestimmung des Reibmitteldrucks wird die vom Motor abgegebene Leistung gemessen und dann am Mehrzylindermotor ein Zylinder durch Unterbrechung der Kraftstoffzufuhr abgeschaltet. Die jetzt vom Motor abgegebene Leistung wird ebenfalls gemessen. Aus dem Vergleich der beiden abgegebenen Leistungen lässt sich der Reibmitteldruck des Motors bestimmen.

Bei der Zylinderabschaltung wirken sich ebenfalls die unter Schleppen beschriebenen Nachteile aus.

### 7.3.1.4  Auslaufversuch

Zur Berechnung des Reibmitteldrucks wird bei diesem Messverfahren der Drehzahlabfall (Änderung der Drehzahl als Funktion der Zeit) gemessen, der sich bei einem ungebremst auslaufenden Motor aufgrund der inneren Reibung ergibt. Bei bekanntem Massenträgheitsmoment des Motors kann mithilfe des Drehzahlabfalls das Verlustmoment des Motors berechnet und daraus dann der Reibmitteldruck bestimmt werden.

### 7.3.1.5  Floating-Liner-Verfahren

Beim Floating-Liner-Verfahren erfolgt eine direkte Messung der von der Kolbengruppe verursachten Reibkräfte. Der konstruktive und messtechnische Aufwand ist dabei sehr hoch, wes-

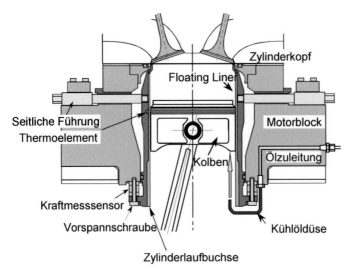

**Bild 7.29:**
Floating-Liner-System [10]

halb dieses Verfahren nur an Einzylinder-Aggregaten Anwendung findet. Die Zylinderlaufbuchse ist schwimmend und reibungsarm gelagert und stützt sich am unteren Ende auf Kraftmess-sensoren ab. Damit ist es möglich, den Reibkraftverlauf in Hubrichtung über ein Arbeitsspiel darzustellen. **Bild 7.29** beschreibt den prinzipiellen Aufbau eines Floating-Liner-Systems.

Die über dem Kurbelwinkel aufgelösten Ergebnisse sind für die Simulationsrechnung und die Interpretation von Wirkmechanismen sehr hilfreich. Aus dem gemessenen Reibkraftverlauf kann dann der Reibmitteldruck bestimmt werden.

Nachteilig wirkt sich bei diesem Messverfahren aus, dass die maximal erreichbaren Drehzah-len und Lasten konstruktionsbedingt sehr begrenzt sind. Zusätzlich weichen aufgrund der schwimmend gelagerten Zylinderlaufbuchse die auftretenden Zylinderverzüge von denen des realen Vollmotors ab.

### 7.3.1.6 Indiziermethode

Beim Indizieren wird mit Hilfe von Druckquarzen der indizierte Mitteldruck $p_{mi}$ im Brennraum bestimmt. Die Messung des effektiven Drehmoments am Schwungrad führt zum effektiven Mitteldruck $p_{me}$. Der Reibmitteldruck $p_{mr}$ ergibt sich nun aus der Differenz dieser beiden Werte:

$$p_{mr} = p_{mi} - p_{me}$$

Das Prinzip, auf dem die Bestimmung des Reibmitteldrucks hierbei beruht, ist scheinbar rela-tiv einfach. Die größte Herausforderung liegt jedoch in der erforderlichen, sehr hohen Mess-

und Reproduktionsgenauigkeit von $p_{mi}$ und $p_{me}$, da diese beiden ähnlich großen Größen voneinander subtrahiert werden.

Dieses Messprinzip erlaubt im Vergleich zu den anderen vorgestellten Messverfahren Reibmitteldruckmessungen bei realem Motorbetrieb. Eine Einschränkung des Drehzahl-, Last- oder Temperaturbereichs erfolgt dabei nicht. Betriebstemperaturen und damit die lokalen Betriebsspiele und Betriebsverzüge entsprechen den realen Gegebenheiten.

## 7.3.2  Friction Mapping mittels Indiziermethode

### 7.3.2.1  Anforderungsprofil

Der Reibleistungsprüfstand ist ein Entwicklungswerkzeug, mit welchem im gesamten Motorenkennfeld Parameteruntersuchungen an folgenden Motorbauteilen/Reibpaarungen möglich sind:

- Kurbeltrieb mit Lagerung
  - Kolben und Zylinderlaufbahn
  - Ringe und Zylinderlaufbahn
  - Ringe und Kolbennuten
  - Kolbenbolzenlagerung im Kolben und Pleuel
  - Großes Pleuelauge und Kurbelwelle
  - Kurbelwellenhauptlager
- Ventiltrieb
  - Nockenwelle und Lager
  - Nocken und Ventilhebel
- Nebenaggregate
  - Wasserpumpe
  - Ölpumpe
  - Generator
  - Unterdruckpumpe
- Steuerketten (-riemen) und Antriebsketten (-riemen)
  - Verbindung Kurbelwelle/Nockenwelle
  - Verbindung zu Nebenaggregaten
- Einfluss von Betriebsmedien und -temperaturen

Im Kapitel 7.3.3 werden beispielhaft die Ergebnisse der Messungen an der Power Cell Unit gemäß der hier beschriebenen Messmethode diskutiert. Das Hauptaugenmerk liegt dabei auf dem Kurbeltrieb mit seiner Lagerung und hier besonders auf der Kolbenreibung, der Kolbenringreibung und der Kolbenbolzenreibung.

Bei der Kolbenreibung sind Parameter wie das Einbauspiel, die Kolbenbolzendesachsierung, die Kolbenform sowie die Schaftrauheit und die Schaftbeschichtung von besonderem Interesse.

Beim Ringpaket interessieren vor allem die Parameter Ringhöhe und Tangentialkraft sowie Laufflächenbeschichtung und -geometrie.

Für die Reibung in der Kolbenbolzenlagerung sind Parameter wie die Beschichtung und das Einbauspiel maßgeblich.

Die Parameteruntersuchungen sollen an sämtlichen Motorbauarten und -konzepten durchgeführt werden können.

Die Motoren sollen sowohl geschleppt als auch befeuert unter folgenden Bedingungen vermessen werden können:

■ Befeuerter Betrieb ist bis zu einer maximalen Nennleistung von 200 kW möglich.
■ Geschleppter Betrieb soll auch mit Fremdaufladung möglich sein (max. Brennraumdrücke stufenlos einstellbar bis über 200 bar).
■ Grundvoraussetzungen zur Erzielung reproduzierbarer Ergebnisse sind genaue Konditionierung und Einstellbarkeit der Motorbetriebsmedien.

Es sind ferner die Betriebswerte des Motors einschließlich der Zylinderdruckkurven umfassend zu protokollieren, um ausreichend Eingabedaten zur Simulationsrechnung zur Verfügung stellen zu können.


### 7.3.2.2  Reibleistungsprüfstand für Pkw-Motoren

**Bild 7.30** zeigt den schematischen Aufbau des Reibleistungsprüfstands. Danach wird der Motor ohne eigene Nebenaggregate betrieben. Eine detaillierte Beschreibung des Prüfstands findet sich in [11].

Die Öl- und die Wasserpumpe sind durch externe Konditionieranlagen ersetzt. Für die Druckerzeugung im Kraftstoffrail wird eine externe Hochdruckpumpe verwendet.

Durch den Einsatz externer Systeme wird die Einstellung reproduzierbarer Betriebsbedingungen gewährleistet. Die Verlustleistungen der Nebenaggregate würden bei der verwendeten Indiziermethode außerdem in die Reibmitteldruckbestimmung des Gesamtmotors eingehen. Eventuelle Schwankungen innerhalb dieser Nebenaggregate würden somit einen erheblichen Fehler bei der Bestimmung des Reibmitteldrucks verursachen. Durch die Verwendung von externen Konditionieranlagen und Antrieben kann dieser Fehler minimiert werden.

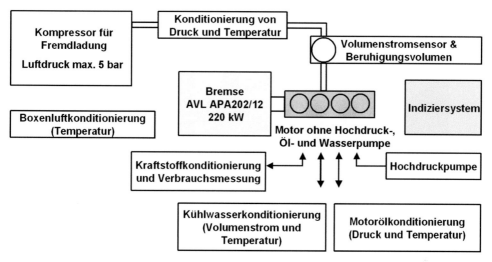

**Bild 7.30:** Schematischer Aufbau des Reibleistungsprüfstands

Zur hochgenauen Bestimmung von $p_{mi}$ kommt ein Indiziersystem mit wassergekühlten Drucksensoren zum Einsatz. Von großer Bedeutung ist eine exakte zeitliche Zuordnung des Zylinderdrucks zum Kurbelwinkel. Der zu verwendende Kurbelwinkelsensor hat daher eine möglichst hohe Winkelgenauigkeit aufzuweisen. Die Bestimmung des oberen Totpunktes erfolgt dynamisch mit Hilfe eines kapazitiven Sensors im Zylinderkopf.

Zur Ermittlung von $p_{me}$, welches aus dem Drehmoment berechnet wird, dient eine hochgenaue Bremse. Exakte Einhaltung und Reproduzierbarkeit der Randbedingungen sind unabdingbar für die genaue Bestimmung der Reibverluste. Neben den Motorbetriebsmedien Kühlwasser, Öl und Kraftstoff muss auch die Boxenlufttemperatur präzise und reproduzierbar geregelt werden. Für die Konditionierung von Motoröl und Kühlwasser steht jeweils eine externe Konditioniereinheit zu Verfügung. Sie ersetzen die motorseitigen Pumpen und Regelungen, **Bild 7.31**. Auch der Kraftstoff wird extern konditioniert.

Im geschleppten Betrieb kann der Motor mittels eines externen Fremdladesystems mit definiertem Zylinderdruck (Last) betrieben werden. Damit kann der Druck der Ansaugluft im Saugrohr entsprechend erhöht werden. Durch die daraus resultierende höhere Ladungsdichte im Brennraum nach „Einlass schließt" können durch die Verdichtung im sogenannten „fremdgeladen geschleppten" Betrieb Zylinderspitzendrücke von über 200 bar erreicht werden.

**Bild 7.32** zeigt den Aufbau des Prüfstands mit Versuchsmotor und Bremse.

In **Tabelle 7.5** sind die Eckdaten des verwendeten Reibleistungsprüfstands zusammengestellt.

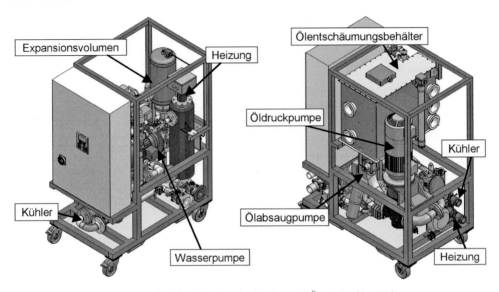

**Bild 7.31:** Konditionieranlagen für Kühlmittelkreislauf (links) und Ölkreislauf (rechts)

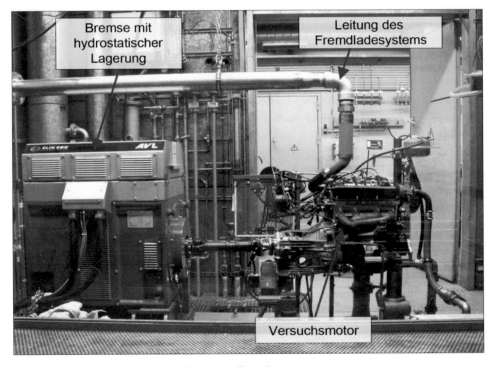

**Bild 7.32:** Versuchsmotor mit angeschlossenem Fremdladesystem

**Tabelle 7.5:** Technische Daten des Reibleistungsprüfstands

| Bremse | |
|---|---|
| Drehzahl | max. 12.000 1/min |
| Drehmoment | max. 525 Nm ± 0,3 Nm |
| **Kühlwasserkonditionieranlage** | |
| Einstelltemperatur | 40 ... 120 °C ± 1 K |
| Durchflussmenge | 50 ... 200 l/min ± 5 l/min |
| **Motorölkonditionieranlage** | |
| Einstelltemperatur | 40 ... 120 °C ± 1 K |
| Öldruck | 1 ... 10 bar ± 0,05 bar |
| Erlaubt Betrieb des Motors mit Trockensumpfschmierung | |
| **Fremdladesystem** | |
| Luftdurchflussmenge | max. 25 m³/min |
| Luftdruck | max. 5 bar |
| Lufttemperatur | 25 °C ± 1 K |
| **Kraftstoffkonditionierung und -verbrauchsmessung** | |
| Temperaturstabilität | ± 0,1 K |
| Durchflussmenge | max. 125 kg/h ± 0,15 kg/h |
| **Boxenlufttemperaturregelung** | |
| Lufttemperatur | 25 °C ± 2 K |

### 7.3.2.3 Mess- und Auswerteverfahren

Zur Ermittlung des Einflusses konstruktiver Parameter der PCU auf den Reibmitteldruck werden verschiedene Varianten untersucht. Das Messprogramm beinhaltet für jede Variante Messungen des Reibmitteldrucks während der Einlaufphase, bei Volllastkurven und Kennfeldmessungen. Die Kennfeldmessungen erfolgen sowohl im befeuerten als auch im fremdgeladen geschleppten Betrieb.

Die Kennfelder, bei denen der Einfluss der Parameter Last, Drehzahl und Motortemperatur auf den Reibmitteldruck eines Verbrennungsmotors festgestellt werden soll, werden mit Hilfe der statistischen Versuchsplanung „Design of Experiments" (DoE) erstellt. Kernpunkt dabei ist die Definition eines mehrdimensionalen Versuchsraums und die optimale Verteilung von Messpunkten in diesem Raum.

Die Vorteile von DoE sind, dass Ergebnisse in Abhängigkeit von allen ausgewählten Parametern dargestellt werden können und die erforderliche Versuchszeit deutlich reduziert werden kann.

Antwortgröße: **Reibmitteldruck $p_{mr}$**

Variationsparameter:

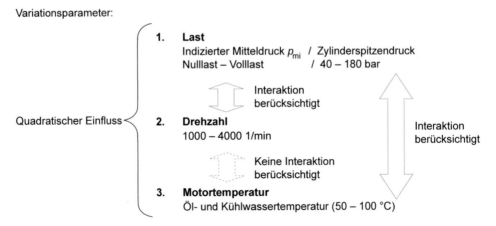

**Bild 7.33:** Variationsparameter und Antwortgröße zur Erstellung eines DoE-Versuchsplans

**Bild 7.33** zeigt die für die DoE-Analyse gewählten Variationsparameter und die gewünschte Antwortgröße, außerdem die festgelegten Randbedingungen und die berücksichtigten Abhängigkeiten zwischen den einzelnen Parametern.

**Bild 7.34** zeigt zwei so ermittelte Reibmitteldruckkennfelder bei unterschiedlichen Motortemperaturen 50 °C und 100 °C, die mit Hilfe einer mathematischen Näherungsgleichung aus dem DoE-Programm erstellt wurden. Dabei wird der Reibmitteldruck in Abhängigkeit von Motordrehzahl und Last (indizierter Mitteldruck) dargestellt. Motortemperatur bedeutet in diesem Fall eine Kühlwassertemperatur und Öltemperatur gleichen Betrags.

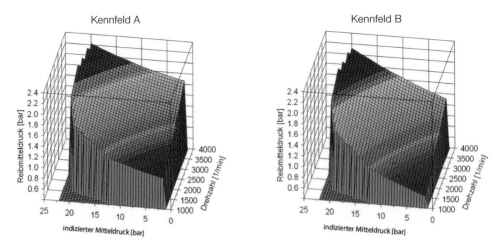

**Bild 7.34:** Reibmitteldruckkennfelder bei unterschiedlichen Motortemperaturen; Kennfeld A: Wasser- und Öltemperatur 50 °C, Kennfeld B: Wasser- und Öltemperatur 100 °C

Der Vergleich der beiden Kennfelder zeigt, dass die Motorreibung von der Motortemperatur abhängt – je höher die Betriebsmitteltemperaturen, desto niedriger der Reibmitteldruck. Ebenso kann festgestellt werden, dass der Reibmitteldruck sich mit steigender Drehzahl erhöht und dass eine deutliche Abhängigkeit des Reibmitteldrucks von der Last vorhanden ist.

Beim direkten visuellen Vergleich der Kennfelder ist eine detaillierte Interpretation aufgrund der geringen Unterschiede nur schwer möglich. Wird aber die Differenz der beiden betrachtet, können auch geringe Unterschiede deutlich dargestellt werden. Dabei entspricht eine positive Differenz dem Einsparpotenzial aufgrund der höheren Temperatur, **Bild 7.35**.

Der Vergleich der unterschiedlichen Motortemperaturen mit Hilfe des Reibmitteldruck-Differenzkennfeldes, **Bild 7.35**, zeigt keine nennenswerte Drehzahlabhängigkeit, jedoch eine starke Lastabhängigkeit.

**Differenzkennfeld A (50 °C) - B (100 °C)**

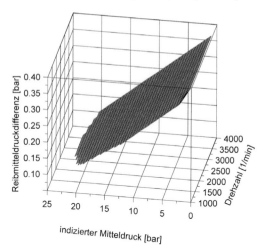

**Bild 7.35:**
Reibmitteldruck-Differenzkennfeld errechnet aus den Reibmitteldruck-Kennfeldern der Kennfelder A und B. Die ermittelten Differenzbeträge sind auf eine Motortemperaturdifferenz von 50 °C zurückzuführen.

Die Interpretation derartiger Reibmitteldruck-Differenzkennfelder erlaubt grundsätzlich Aussagen über den Einfluss der durchgeführten Parameteränderungen auf die Charakteristik des Reibmitteldruckverhaltens im Kennfeld.

Weitere Informationen zum angewendeten Mess- und Auswerteverfahren einschließlich Fehlerbetrachtung sind in [11] zu finden.

## 7.3.3 Ausgewählte Ergebnisse von Untersuchungen am Pkw-Dieselmotor

Die nachfolgenden Ergebnisse wurden an einem turboaufgeladenen 4-Zylinder-2,0-l-Pkw-Dieselmotor mit Graugussblock gewonnen. Die vorgestellten Ergebnisse werden durch [11, 13] vertieft und ergänzt.

Die ermittelten Reibmitteldruckwerte sind für eine Betriebstemperatur des Motors von 100 °C dargestellt. Es wird jeweils das Reibmitteldruck-Differenzkennfeld des fremdgeladen geschleppten mit dem des befeuerten Betriebs verglichen.

### 7.3.3.1 Kolbeneinbauspiel
Werden unter gleichen äußeren Randbedingungen zwei extrem unterschiedliche Einbauspiele gefahren, so ergeben sich die nachfolgend gezeigten Reibmitteldruck-Differenzkennfelder, **Bild 7.36**.

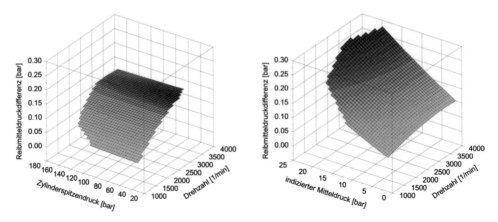

**Bild 7.36:** Reibmitteldruck-Differenzkennfelder, unterschiedliches Kolbeneinbauspiel (17 μm im Vergleich zu 101 μm), fremdgeladen geschleppt (links) und befeuert (rechts), Motortemperatur 100 °C

Die Variante mit großem Einbauspiel zeigt erwartungsgemäß in beiden Motorbetriebsarten einen niedrigeren Reibmitteldruck. Dies drückt sich in positiven Reibmitteldruckdifferenzen aus.

Im Differenzkennfeld für den fremdgeladenen geschleppten Betrieb ist eine deutliche Drehzahlabhängigkeit zu erkennen, jedoch nur eine äußerst geringe Lastabhängigkeit.

Im Vergleich dazu ist im befeuerten Betrieb zusätzlich eine sehr deutliche Lastabhängigkeit vorhanden. Mit steigender Last, d. h. steigendem indizierten Mitteldruck, ergeben sich zunehmend größere Vorteile der Variante mit großem Einbauspiel.

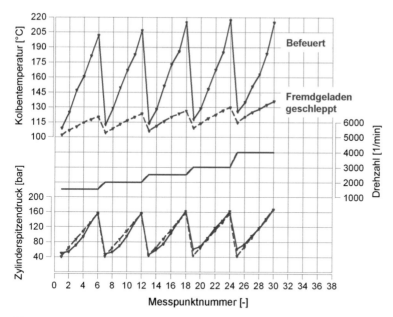

**Bild 7.37:** Gemessene Kolbentemperaturen (Kolbennabe) bei fremdgeladen geschlepptem und befeuertem Motorbetrieb mit jeweils gleichen Zylinderspitzendrücken

Diese unterschiedliche Charakteristik, speziell mit steigender Last, lässt sich darauf zurückführen, dass der fremdgeladen geschleppte Betrieb durch das geringe Ansteigen der Kolbentemperatur mit dem Spitzendruck, **Bild 7.37**, einen von der Bauteiltemperatur bereinigten Einfluss der Gaskraft auf die Reibung wiedergibt. Im befeuerten Betrieb hingegen wird diesem gaskraftbedingten Anteil noch zusätzlich ein thermischer Effekt überlagert. In **Bild 7.37** kommt dies durch das wesentlich stärkere Ansteigen der Kolbentemperatur mit steigender Last zum Ausdruck. Deshalb weisen die Kolben bei gleichem Zylinderspitzendruck in beiden Motorbetriebsarten unterschiedliche Betriebsspiele auf. So ist beim Kolben mit kleinem Einbauspiel – im Gegensatz zum Kolben mit großem Einbauspiel – mit steigender Last im befeuerten Betrieb das Betriebsspiel früher aufgebraucht. Dies führt zu dem sehr starken Ansteigen der Reibmitteldruckdifferenz im befeuerten Betrieb, **Bild 7.36 rechts**. Im fremdgeladen geschleppten Betrieb tritt dieser Anstieg aufgrund der niedrigeren Bauteiltemperaturerhöhungen nicht auf, **Bild 7.36 links**.

Ein fremdgeladen geschlepptes Reibmitteldruck-Differenzkennfeld ist aus eben genannten Gründen nur bedingt zu einer Motoroptimierung des realen Fahrbetriebs geeignet. Es trägt aber – da man es mit dem des befeuerten Betriebs vergleichen kann – wesentlich zum Verständnis von Reibmechanismen bei, vor allem zum Erkennen von thermischen Einflüssen. Die Differenzkennfelder des befeuerten Betriebs können zur Potenzialbestimmung einer Parameteränderung im realen Fahrbetrieb bedingungslos genommen werden.

### 7.3.3.2 Oberflächenrauheit des Kolbenschafts

Für die Untersuchungen zum Einfluss der Oberflächenrauheit wurden Kolben ohne Schaftbeschichtung verwendet. Dadurch war die genaue Einstellung definierter Oberflächenkennwerte möglich. Für den Kolben mit glatter Schaftoberfläche wurde ein Mittenrauwert von $Ra = 0,2$ µm gewählt, beim Kolben mit rauer Schaftoberfläche betrug dieser $Ra = 2,1$ µm. Um mögliche Einlaufeffekte auszuschließen, handelt es sich bei den angegebenen Werten um nach dem Lauf gemessene Werte.

Es ist jeweils ein Anstieg der Reibmitteldruckdifferenz, d. h. eine Reibmitteldruckverbesserung, mit steigender Last der Variante mit der glatten Schaftoberfläche zu verzeichnen, **Bild 7.38**. Die Ursache dafür ist, dass sich am Kolben mit der glatten Schaftoberfläche ein hydrodynamischer Schmierfilm besser aufbauen kann. Dieser positive Effekt ist im befeuerten Betrieb aufgrund der engeren Betriebsspiele, bedingt durch die andere thermische Belastung, ausgeprägter vorhanden.

Rauheitsvermessungen der Schaftoberflächen vor und nach dem Versuch zeigen deutliche Einlaufeffekte des rau ausgeführten Kolbens. Die Rauheitsspitzen werden stark abgetragen, dadurch bietet sich dem Kolben die Möglichkeit, seinen Verschleiß den Verzügen der einzelnen Zylinder anzupassen. Bei einem glatten Kolben ist dieser Effekt weitaus weniger bis nicht zu erkennen.

Bei heutigen Serienkolben mit relativ engem Einbauspiel können die beiden beschriebenen Effekte durch den Einsatz von GRAFAL® kombiniert werden. Die Beschichtung eines verhältnismäßig rauen Kolbenschafts mit GRAFAL® erlaubt durch den Verschleiß der verbleibenden Rauheit eine Anpassung der Kolbenform an die Zylinderverzüge. Gleichzeitig glättet sich der tragende Bereich am Schaft schon nach kurzer Einlaufzeit und führt so zu einer niedrigen

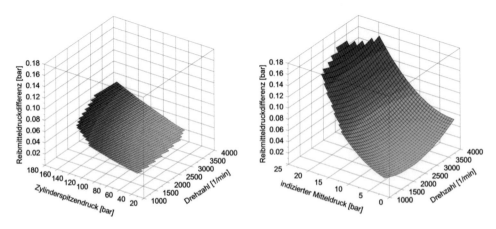

**Bild 7.38:** Reibmitteldruck-Differenzkennfelder, unterschiedliche Oberflächenrauheit des Kolbenschafts ($Ra = 2,1$ µm im Vergleich zu $Ra = 0,2$ µm), fremdgeladen geschleppt (links) und befeuert (rechts), Motortemperatur 100 °C

Reibleistung. Bei Motoren mit größerer Spielauslegung ist ein glättender Schichtverschleiß während des Einlaufs eher unerwünscht, daher wird eine verschleißresistentere Beschichtung wie EvoGlide auf eine geringere Grundrauheit aufgebracht. Dies ist insbesondere bei Motoren mit geringen Zylinderverzügen die reibleistungsgünstigere Variante.

### 7.3.3.3  Kolbenbolzendesachsierung

Über eine Kolbenbolzendesachsierung kann die Sekundärbewegung des Kolbens und damit der Schmierfilmaufbau am Kolbenschaft beeinflusst werden. Aus diesem Grund wurde eine Parameterstudie mit einer schrittweisen Veränderung der Desachsierung zwischen Werten von 0,5 mm zur Gegendruckseite (GDS) bis 0,5 mm zur Druckseite (DS) durchgeführt.

Nachfolgend werden die Ergebnisse des Vergleichs der Desachsierungen 0,5 mm zur Gegendruckseite und 0,5 mm zur Druckseite beschrieben, dabei weisen die Differenzkennfelder des befeuerten und fremdgeladen geschleppten Betriebs, **Bild 7.39**, stark unterschiedliche Verläufe auf. Das lässt darauf schließen, dass es sich bei der Kolbenbolzendesachsierung um einen stark von der Bauteiltemperatur abhängigen Parameter handelt.

Im fremdgeladen geschleppten Betrieb, **Bild 7.39 links**, ist bei niedrigen Drehzahlen eine starke Abhängigkeit der Reibmitteldruckdifferenz vom Zylinderspitzendruck vorhanden. Mit steigender Drehzahl wird die Lastabhängigkeit geringer. Der scheinbar größte Vorteil der Desachsierung in Richtung Druckseite liegt bei niedriger Drehzahl und hoher Last.

Im real befeuerten Betrieb hingegen, **Bild 7.39 rechts**, ist bei niedriger Last eine deutliche Drehzahlabhängigkeit zu erkennen. Mit steigender Last nimmt die Drehzahlabhängigkeit deutlich ab. Das größte Reibmitteldruckpotenzial der druckseitigen Desachsierung ist bei niedriger Last und hoher Drehzahl zu finden.

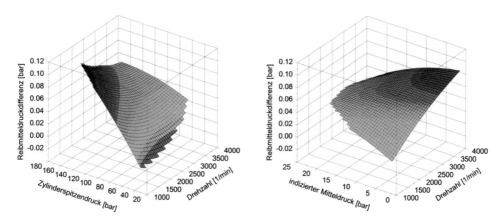

**Bild 7.39:** Reibmitteldruck-Differenzkennfelder, unterschiedliche Kolbenbolzendesachsierung (0,5 mm zur Gegendruckseite im Vergleich zu 0,5 mm zur Druckseite), fremdgeladen geschleppt (links) und befeuert (rechts), Motortemperatur 100 °C

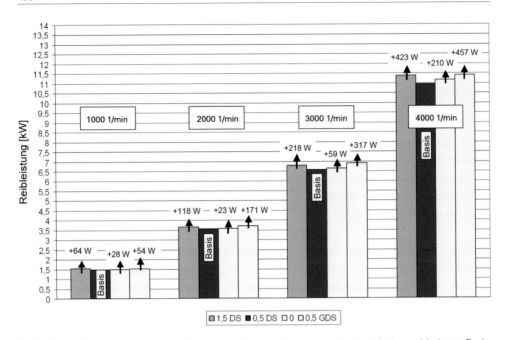

**Bild 7.40:**  Reibleistung bei vier verschiedenen Kolbenbolzendesachsierungen bei verschiedenen Drehzahlen und $p_{mi}$ = 10 bar, Motortemperatur 100 °C

**Bild 7.40** zeigt die Reibleistung der vier gefahrenen Desachsierungsvarianten bei unterschiedlichen Drehzahlen im Vergleich. Die Variante mit einer Desachsierung von 0,5 mm zur Druckseite weist dabei unabhängig von der Drehzahl immer die geringste Reibleistung auf. Sowohl
eine Änderung der Desachsierung in Richtung Druckseite als auch in Richtung Gegendruckseite bewirkt eine Erhöhung der Reibleistung.

### 7.3.3.4  Höhe des Kolbenrings in Nut 1

Um den Einfluss der Ringhöhe des Kompressionsrings in Nut 1 auf den Reibmitteldruck zu
ermitteln, wurden Versuche mit Kolbenringen in den Höhen 1,75 mm und 3,0 mm durchgeführt.

Aufgrund konstruktiver Randbedingungen hatte der 3,0 mm hohe Ring zusätzlich eine um
11 N erhöhte Tangentialkraft pro Ring (Gesamtmotor 44 N). Das bedeutet, dass sich im Reibmitteldruck-Differenzkennfeld diese beiden Parameteränderungen überlagern.

Die Reibmitteldruck-Differenzkennfelder, **Bild 7.41**, zeigen sowohl für den fremdgeladen
geschleppten als auch für den befeuerten Motorbetrieb über der Drehzahl und über der Last
einen Vorteil für den 1,75 mm hohen Kompressionsring.

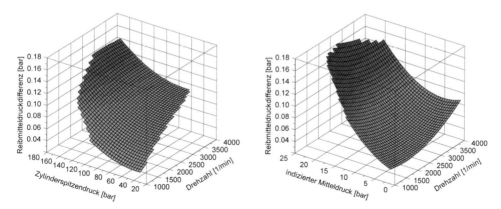

**Bild 7.41:** Reibmitteldruck-Differenzkennfelder, unterschiedliche Kompressionsringhöhen (3,0 mm im Vergleich zu 1,75 mm), fremdgeladen geschleppt (links) und befeuert (rechts), Motortemperatur 100 °C

Das ansteigende Einsparpotenzial mit steigender Drehzahl, auch schon bei geringen Lasten bzw. Spitzendrücken, ist auf die Tangentialkraftänderung zurückzuführen und konnte auch schon bei reinen Schleppversuchen festgestellt werden.

Der lastabhängige Anteil der Reibmitteldruckdifferenz kommt aus der erhöhten Flächenpressung in der Kontaktfläche zwischen Ring und Zylinderwand. Diese Erhöhung beim 3,0 mm hohen Kompressionsring resultiert aus der im Vergleich zum 1,75 mm hohen Kompressionsring größeren Ringinnenfläche bei gleicher Gasdruckbeaufschlagung hinter dem Ring und der damit steigenden Anpresskraft.

Aufgrund dieser angestiegenen Flächenpressung erhöht sich unter Gaskraftbelastung der Mischreibungsanteil des 3,0 mm hohen Kompressionsrings. Dies resultiert in einer Verschlechterung des Reibmitteldrucks mit steigender Last.

Auffällig ist bei dieser Variante, dass sich die Reibmitteldruck-Differenzkennfelder des fremdgeladen geschleppten Betriebs und des befeuerten Betriebs hinsichtlich Wert und Verlauf sehr ähnlich sind. Dies deutet – im Gegensatz zu Änderungen am Kolben – auf einen untergeordneten Einfluss der Bauteiltemperaturen hin.

In **Bild 7.42** wird bei befeuertem Betrieb und bei einer Drehzahl von 2.500 1/min die Reibleistungsdifferenz in einen Anteil der Kompressionsringhöhe und einen Anteil der Tangentialkraft separiert. Messungen mit unterschiedlichen Tangentialkräften wurden im Vorfeld durchgeführt.

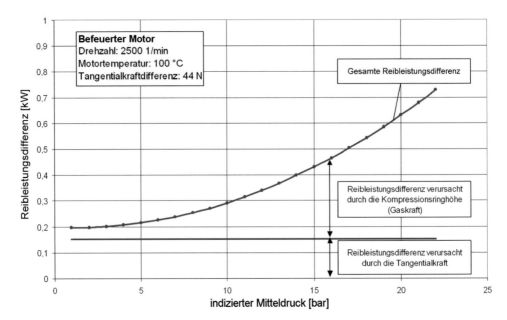

**Bild 7.42:** Aufteilung der gemessenen Reibleistungsdifferenz in ringhöhen- und tangentialkraftbedingte Komponenten beim Kompressionsring, befeuerter Motorbetrieb, Motortemperatur 100 °C

### 7.3.3.5 Tangentialkraft des Ölabstreifrings

In Vorversuchen wurde sichergestellt, dass bei der gewählten Absenkung der Tangentialkraft um 18 N pro Ring (72 N Gesamtmotor) mit identischem Ringtyp die motorischen Randbedingungen wie z. B. der Ölverbrauch oder das Blow-by nicht nennenswert beeinflusst werden.

Im fremdgeladen geschleppten und befeuerten Betrieb ist jeweils ein Anstieg der Reibmitteldruckdifferenz mit steigender Drehzahl zu beobachten, **Bild 7.43**. Nur im befeuerten Betrieb ist ein betraglich geringes Ansteigen der Differenz mit steigender Last zu verzeichnen.

Diese Charakteristik lässt den Schluss zu, dass die mechanische Last, also der Zylinderspitzendruck, das Einsparpotenzial an Reibmitteldruck durch eine Tangentialkraftabsenkung am Ölabstreifring nur wenig beeinflusst. Thermische Einflüsse, wie z. B. die Verringerung des Betriebsspiels mit steigender Last, zeigen ebenfalls einen nur untergeordneten Einfluss. Ergebnisse weiterer Variationen der Tangentialkraft des Ölabstreifringes mit Blick auf den Zielkonflikt zwischen Reibleistung und Ölverbrauch werden in Kapitel 7.9.5 vorgestellt.

Der Vergleich des befeuerten Reibleistungs-Differenzkennfelds mit den Ergebnissen einer Näherungsformel, welche aus Schleppmessungen gewonnen wurde, bestätigt betraglich sowie charakteristisch dieses Verhalten, **Bild 7.44**.

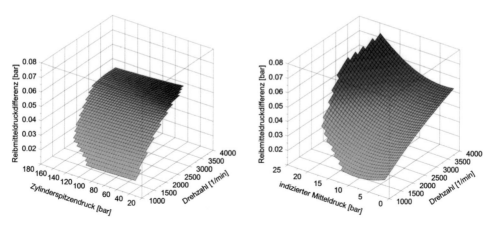

**Bild 7.43:** Reibmitteldruck-Differenzkennfelder, Tangentialkraftverringerung des Ölabstreifrings um 18 N, fremdgeladen geschleppt (links) und befeuert (rechts), Motortemperatur 100 °C

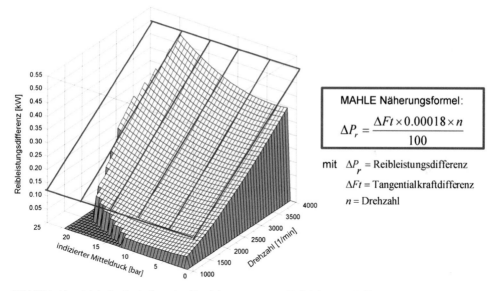

MAHLE Näherungsformel:

$$\Delta P_r = \frac{\Delta Ft \times 0.00018 \times n}{100}$$

mit $\Delta P_r$ = Reibleistungsdifferenz

$\Delta Ft$ = Tangentialkraftdifferenz

$n$ = Drehzahl

**Bild 7.44:** Vergleich des im befeuerten Betrieb gemessenen Reibleistungs-Differenzkennfelds (schwarz) mit dem Ergebnis der MAHLE Näherungsformel (rot). Die untersuchte Tangentialkraftdifferenz der vier Ölabstreifringe beträgt im Gesamtmotor 72 N, Motortemperatur 100 °C

### 7.3.3.6 Beschichtung des Kolbenbolzens

In **Bild 7.45** ist auffallend, dass sich das Verhalten der Reibmitteldruckdifferenzen im fremd-geladen geschleppten im Vergleich zum befeuerten Betrieb bezüglich einer Lasterhöhung stark unterscheidet. Während im befeuerten Betrieb das größte Potenzial bei niedrigen Lasten liegt, ist es im fremdgeladen geschleppten Betrieb bei hohen Spitzendrücken, d. h. bei hohen Lasten zu finden.

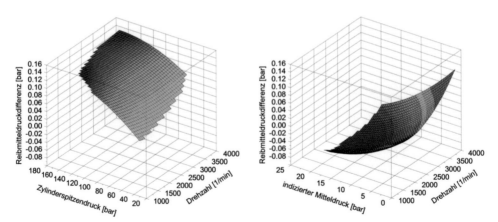

**Bild 7.45:**   Reibmitteldruck-Differenzkennfelder, unterschiedliche Kolbenbolzenoberfläche (Stahl im Vergleich zu DLC-Beschichtung), fremdgeladen geschleppt (links) und befeuert (rechts), Motortemperatur 100 °C (DLC = Diamond-Like Carbon)

Diese Charakteristik deutet auf eine starke Abhängigkeit des variierten Parameters von der thermischen Belastung des Motors hin. Wie aus den Kolbentemperaturmessungen bekannt ist, **Bild 7.37**, erhöhen sich im fremdgeladen geschleppten Betrieb die Bauteiltemperaturen, speziell die Kolbentemperatur, mit steigendem Spitzendruck nur sehr wenig. Das bedeutet, dass sich das Betriebsspiel in der Kolbenbolzenlagerung – trotz der unterschiedlichen, materialbedingten Wärmeausdehnungskoeffizienten von Kolben und Bolzen – nicht nennenswert ändert. Im befeuerten Betrieb hingegen vergrößert sich das Betriebsspiel in der Nabe mit steigender Last. Diese unterschiedlichen Betriebsspieländerungen scheinen zu verschiedenen Mischreibungsanteilen zu führen, wobei im fremdgeladen geschleppten Betrieb bei hohen Lasten der bessere Trockenreibungskoeffizient von DLC verstärkt zum Tragen kommen kann.

### 7.3.3.7  Motorölviskosität

Um den Einfluss der Ölviskosität auf die Reibverluste zu ermitteln, wurden Versuche mit handelsüblichen Ölen der Viskositätsklassen 10W60 und 5W30 durchgeführt.

Bei der Interpretation der Untersuchungsergebnisse mit unterschiedlichen Ölen ist sehr darauf zu achten, dass der Ölsortenwechsel nicht nur im Bereich der Kolbengruppe wirkt, sondern an allen relevanten Reibstellen im Motor, wie z. B. auch in den Hauptlagern und im Ventiltrieb. Die durch den Ölsortenwechsel veränderten Reibmitteldrücke sind demzufolge nicht nur einer Reibpaarung zuzuordnen.

Das niederviskose Öl hat einen grundsätzlichen Vorteil hinsichtlich Reibleistung. Dies ist daran zu erkennen, dass die Reibmitteldruck-Differenzkennfelder, **Bild 7.46**, sowohl im fremdgeladen

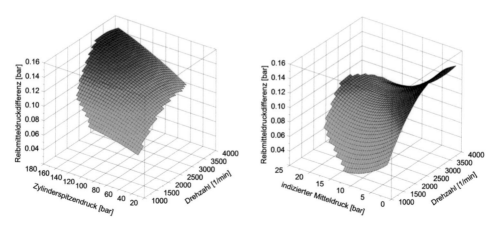

**Bild 7.46:**  Reibmitteldruck-Differenzkennfelder, unterschiedliche Motorölviskositäten (SAE 10W60 im Vergleich zu SAE 5W30), fremdgeladen geschleppt (links) und befeuert (rechts), Motortemperatur 100 °C

geschleppten als auch im befeuerten Betrieb durchweg einen betraglich etwa ähnlichen Reib-vorteil aufweisen, der sich allerdings in der Charakteristik im Kennfeld stark unterscheidet. Im fremdgeladen geschleppten Betrieb liegt der größte Vorteil des niederviskosen Öls bei hoher Drehzahl und hohem Spitzendruck, im befeuerten Betrieb dagegen bei sehr niedrigen Lasten. Bei diesen Differenzkennfeldern dürfte sich der Einfluss der unterschiedlichen Bauteiltempe-raturen widerspiegeln. Im befeuerten Betrieb werden mit steigender Last die Betriebsspiele zwischen Kolben und Zylinder durch die steigenden Bauteiltemperaturen immer kleiner und die tragende Ölfilmdicke immer dünner. Der Vorteil des niederviskosen, dünneren Öls verliert daher mit zunehmender Last an Bedeutung, **Bild 7.46**.

Auch diese Ergebnisse zeigen, dass nur Untersuchungen bei real im Motor auftretenden Betriebstemperaturen zu der Information führen, wie sie für eine für den Fahrbetrieb relevante Reibleistungsoptimierung notwendig ist.

### 7.3.3.8  Form des Kolbenschafts

Im vorliegenden Fall wurde der Einfluss der Kolbenschaftkontur auf den Reibmitteldruck untersucht. Über die Kolbenformauslegung kann der Aufbau und die Ausbreitung eines hyd-rodynamischen Schmierfilms beeinflusst werden. Eine systematische Variation der Kolben-form führt zu vier prinzipiellen Kolbenschaftkonturen, **Bild 7.47**.

Es kann zwischen den Kolbenformen „aufgerichtet", „Einzug oben", „Einzug unten" und „ballig" unterschieden werden. Bei der Kolbenform „Einzug oben" ist das obere Ende des Kolbenschafts im Vergleich zur aufgerichteten Kolbenform deutlich weiter in Richtung Kol-benmittelachse gezogen. Gleiches gilt bei der Kolbenform „Einzug unten" für das untere Ende

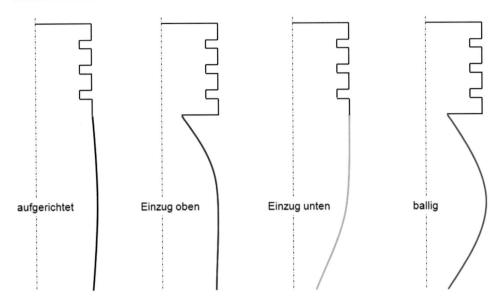

**Bild 7.47:** Schematische Darstellung der untersuchten Kolbenschaftkonturen

des Kolbenschafts. Die Kolbenform „ballig" kann als Kombination der beiden Kolbenformen „Einzug oben" und „Einzug unten" verstanden werden.

Die Variante „Einzug oben" weist bei beiden Motorbetriebsarten nahezu im gesamten Kennfeld die größten Reibmitteldruckvorteile auf. Bei aufgerichtetem Kolbenschaft hingegen zeigen sich Nachteile im Reibverhalten. **Bild 7.48** zeigt den direkten Vergleich der beiden Kolbenformen „aufgerichtet" und „Einzug oben" bezüglich ihres Reibeinsparpotenzials. Die Variante „Einzug oben" ist um etwa 40 μm eingezogen.

Bei befeuertem Motorbetrieb sind lediglich bei hoher Drehzahl und niedriger Last geringe Nachteile für den eingezogenen Kolbenschaft zu erkennen. Im Bereich hoher Last und niedriger Drehzahl sind die maximalen Einsparungen möglich.

Der obere Kolbenschaftbereich ist aufgrund seiner Nähe zum Kolbenboden, der direkt der Verbrennung ausgesetzt ist, der thermisch am höchsten belastete Bereich des Kolbenschafts. Durch die Zurücknahme des oberen Schaftbereichs („Einzug oben") kann die Überdeckung speziell bei hoher Last offensichtlich reduziert werden. Die Ausbildung eines hydrodynamischen Schmierfilms ist dadurch besser möglich, dies hat eine geringere Reibung zur Folge.

Die Ergebnisse aus dem fremdgeladen geschleppten Motorbetrieb bestätigen, dass die Reibmitteldruckvorteile der Variante „Einzug oben" zu einem großen Teil auf die Wärmedehnung des Kolbens zurückzuführen sind, **Bild 7.48 links**. Der fremdgeladen geschleppte Betrieb

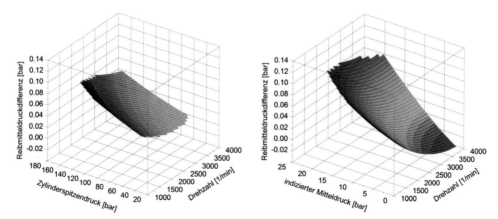

**Bild 7.48**: Reibmitteldruck-Differenzkennfelder, unterschiedliche Kolbenform („aufgerichtet" im Vergleich zu „Einzug oben"), fremdgeladen geschleppt (links) und befeuert (rechts), Motortemperatur 100 °C

repräsentiert die Einsparungen, die alleine dem Einfluss der Kolbenform auf den Schmierfilmaufbau zugeschrieben werden können, isoliert vom thermischen Einfluss.

Die übrigen in **Bild 7.47** gezeigten Kolbenformvarianten sind ausführlich in [11] beschrieben.

### 7.3.3.9 Beschichtung des Kolbenschafts

Die Hauptaufgabe einer Beschichtung des Kolbenschafts besteht darin, ein örtliches Verschweißen zwischen Kolben und Zylinder, das sogenannte Fressen des Kolbens, zu verhindern. Bei extremen Motorbetriebszuständen ist die Gefahr eines Kolbenfressers aufgrund der zu erwartenden Überdeckung (Betriebsspiel kleiner Null) besonders hoch.

**Bild 7.49** zeigt den Vergleich zwischen einem unbeschichteten Kolbenschaft (Aluminium) und einem mit GRAFAL® beschichteten Kolbenschaft bei befeuertem Motorbetrieb. Das Einbau-

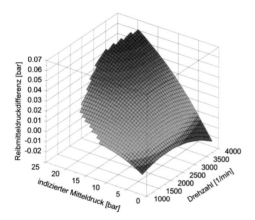

**Bild 7.49**:
Reibmitteldruck-Differenzkennfeld, unterschiedliche Schaftbeschichtung (unbeschichtet im Vergleich zu Beschichtung mit GRAFAL®), befeuert, Motortemperatur 100 °C

spiel der Kolben lag unbeschichtet auf Aluminium und beschichtet auf GRAFAL® (gemessen nach dem Lauf) bei ca. 100 µm.

Es ist eine deutliche Lastabhängigkeit zu erkennen, die Abhängigkeit von der Drehzahl ist hingegen gering. Den größten Reibungsvorteil weist der beschichtete Kolben bei hoher Last und hoher Drehzahl auf. Bei hoher Last ist der Wärmeeintrag in den Kolben am größten, sodass hier auch die größte Wärmedehnung der Bauteile auftritt. Läuft der Kolben in Überdeckung, so erhöht sich vermutlich der Mischreibungsanteil am Kolbenschaft. In diesem Fall wirkt sich der geringere Reibwert der Beschichtung gegenüber Aluminium positiv aus. Die entsprechenden Untersuchungen im fremdgeladen geschleppten Betrieb, d. h. ohne Wärmeeintrag, zeigen bei gleicher Rauheit nach dem Lauf, wie erwartet, keinen Vorteil für den beschichteten Kolben.

Die Reibungsunterschiede mit und ohne Beschichtung basieren auf den unterschiedlichen Serienzuständen mit entweder rau bearbeitetem Aluminium oder relativ glatter GRAFAL®-Beschichtung, die sich auch im eingelaufenen Zustand in der Oberflächenrauheit noch deutlich unterscheiden. Wird der Parameter Schaftrauheit isoliert untersucht, so zeigt sich, dass eine glatte Oberfläche des Kolbenschafts zu deutlichen Reibungsvorteilen bei hohen Lasten führt (siehe Kapitel 7.3.3.2). Ein direkter Vergleich von beschichtetem und unbeschichtetem Kolbenschaft bei vergleichbar glatter Oberfläche weist nur ein geringes Verbesserungspotenzial durch eine Schaftbeschichtung auf. Der in **Bild 7.49** gezeigte nennenswerte Vorteil einer Beschichtung ist hauptsächlich auf die Änderung der Oberflächenrauheit zurückzuführen. Dieses Ergebnis lässt den Schluss zu, dass die Reibung am Kolbenschaft in erster Linie durch die Vergrößerung des hydrodynamischen Anteils verbessert werden kann, weniger durch den Schichtwerkstoff und dessen Reibwert. Insbesondere bei niedrigen Kolbengeschwindigkeiten in den Bereichen um die Totpunkte kann mit einer Beschichtung des Kolbenschaftes aber die Verschleißbeständigkeit deutlich verbessert werden.

Das Potenzial einer Schaftbeschichtung zur Reduzierung der Kolbenreibung ist mit Blick auf die anderen untersuchten Parameter relativ gering. Dennoch ist eine Beschichtung des Kolbenschafts unerlässlich, um die Betriebssicherheit bei extremen Bedingungen zu gewährleisten [14].

### 7.3.3.10  Steifigkeit des Kolbenschafts
Die Variation der Schaftsteifigkeit erfolgt im hier gezeigten Fall über die Nachbearbeitung eines Basiskolbens. Die blau gekennzeichneten Bereiche in **Bild 7.50** wurden zur Reduzierung der Schaftsteifigkeit des Basiskolbens ausgefräst. Zusätzlich wurde der Kanal zur Kühlölzuführung geschlitzt (rot). Die Dauerfestigkeit wurde hierbei nicht berücksichtigt.

Die durch diese Maßnahmen erzielbare Reduzierung der Schaftsteifigkeit kann durch die Messung der radialen Deformation an mehreren über dem Schaftumfang und der Schafthöhe verteilten Punkten bestimmt werden. In **Bild 7.51** ist die radiale Deformation des Kolbenschafts

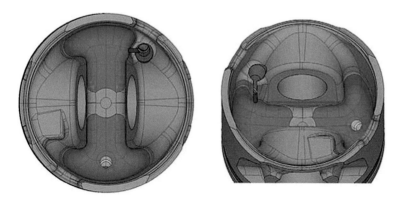

**Bild 7.50**: Reduzierung der Schaftsteifigkeit durch Ausfräsen des Basiskolbens (blau) und durch Schlitzen des Kühlölzuführkanals (rot)

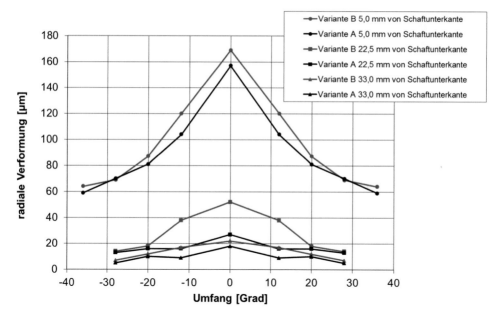

**Bild 7.51**: Messungen der radialen Deformation auf der Druckseite; Prüflast 2.000 N;
Variante A = Basiskolben (schwarz), Variante B = Kolben mit reduzierter Schaftsteifigkeit (rot)

unter einer Prüflast von 2.000 N über dem Schaftumfang dargestellt. Die radialen Deformationen des nachbearbeiteten Kolbens liegen überwiegend über denen des Basiskolbens. Insbesondere auf der Druckseite wurde so die Schaftsteifigkeit deutlich reduziert.

Die Variante mit reduzierter Schaftsteifigkeit zeigt bei befeuertem Betrieb im gesamten Motorbetriebskennfeld Reibmitteldruckvorteile gegenüber der Basis-Variante, **Bild 7.52 rechts**. Es ist eine sehr deutliche Lastabhängigkeit zu erkennen, die Drehzahlabhängigkeit ist vergleichsweise gering. Die maximalen Reduzierungen sind bei hoher Last und hoher Drehzahl zu erzielen.

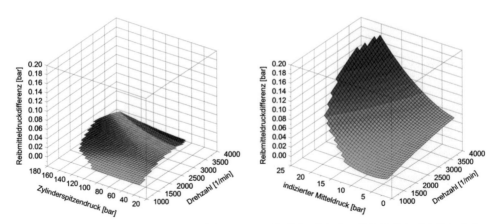

**Bild 7.52**: Reibmitteldruck-Differenzkennfelder, unterschiedliche Schaftsteifigkeit (Schaftsteifigkeit des Serienzustands im Vergleich zu reduzierter Schaftsteifigkeit), fremdgeladen geschleppt (links) und befeuert (rechts), Motortemperatur 100 °C

Bei hoher Last ist die Wärmedehnung des Kolbens besonders groß, daher ist davon auszugehen, dass der Kolben in Überdeckung läuft. Der erhöhte Mischreibungsanteil an der Kolbenschaftreibung führt zu erhöhten Reibverlusten. Ein weicher Kolbenschaft kann jedoch der Wärmedehnung entgegenwirken und so die Kontaktdrücke reduzieren. Die Aufrechterhaltung einer weitestgehend hydrodynamischen Schmierung ist dadurch besser möglich. Die Reibverluste aufgrund der Kolbenschaftreibung reduzieren sich entsprechend. Die Reduzierung der Schaftsteifigkeit erlaubt somit eine lokale Vergrößerung des Betriebsspiels am Kolbenschaft. Besonders am oberen Schaftende, wo der Wärmeeintrag durch die Verbrennung am größten ist, wirkt sich eine Steifigkeitsreduzierung positiv auf die Reibverluste aus.

Im fremdgeladen geschleppten Motorbetrieb, **Bild 7.52 links**, ist kein nennenswerter Einfluss der Schaftsteifigkeit auf den Reibmitteldruck zu erkennen. Bedingt durch den fehlenden Wärmeeintrag kommt es nur zu einer sehr geringen Erwärmung des Kolbens und damit zu einer geringen Wärmedehnung. Das Betriebsspiel unterscheidet sich signifikant von dem des befeuerten Betriebs. Die zuvor beschriebenen Mechanismen des befeuerten Betriebs kommen im fremdgeladen geschleppten Betrieb daher nicht zum Tragen.

### 7.3.3.11 Fläche des Kolbenschafts

Um den Einfluss der Schaftfläche auf den Reibmitteldruck zu bestimmen, wurde die tragende Schaftfläche deutlich reduziert. Bei nahezu gleichem Flächeninhalt wurde zusätzlich die Lage der Fläche variiert. Es wird zwischen einer horizontalen und einer vertikalen Ausrichtung der tragenden Schaftfläche unterschieden, **Bild 7.53**.

Gemäß dem Newton'schen Reibungsgesetz hat die Flächenausrichtung keinen Einfluss auf die Reibverluste. Es ist jedoch davon auszugehen, dass durch die Lage der tragenden Fläche

**Bild 7.53:** Horizontale Ausrichtung (links, grün) und vertikale Ausrichtung (rechts, blau) der reduzierten tragenden Schaftflächen (Höhe des tragenden Profils 100 – 200 µm)

der Schmierfilmaufbau am Kolbenschaft beeinflusst wird. Dadurch ist eine Änderung im Schergefälle und damit eine Beeinflussung der Reibkraft möglich. Es ist darüber hinaus von Auswirkungen auf Verdrängungs- und Öltransportmechanismen auszugehen.

Im fremdgeladen geschleppten Motorbetrieb ergeben sich für die horizontal ausgerichtete, reduzierte Schaftfläche keine signifikanten Unterschiede gegenüber der Basis, **Bild 7.54**.

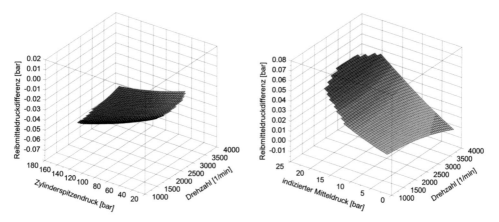

**Bild 7.54:** Reibmitteldruck-Differenzkennfelder, unterschiedliche Schaftfläche (Basisschaftfläche im Vergleich zu reduzierter Schaftfläche, horizontal ausgerichtet), fremdgeladen geschleppt (links) und befeuert (rechts), Motortemperatur 100 °C

Im befeuerten Betrieb sind geringe Reibungsvorteile für die reduzierte horizontal ausgerichtete Schaftfläche zu erkennen. Mit steigender Last nehmen die Reibungsvorteile zu, das Maximum liegt bei hoher Last. Ein signifikanter Drehzahleinfluss ist nicht zu erkennen.

Im fremdgeladen geschleppten Betrieb ist ebenfalls keine signifikante Reibmitteldruckdifferenz für die reduzierte Schaftfläche zu erkennen. Im befeuerten Betrieb ergeben sich auch für die reduzierte vertikal ausgerichtete Schaftfläche geringe Reibungsvorteile, die mit steigender Last größer werden und ihr Maximum bei hoher Last und hoher Drehzahl erreichen, **Bild 7.55**. Die Varianten mit reduzierten Schaftflächen zeigen also unabhängig von der Ausrichtung ein sehr ähnliches Reibverhalten. Es kann davon ausgegangen werden, dass eine Reduzierung der tragenden Schaftfläche prinzipiell zu einer Reduzierung der Reibung führt. Allerdings ist bei einer Optimierung der Schaftfläche darauf zu achten, dass es durch die Reduzierung der Schaftfläche nicht zu einer übermäßig starken Erhöhung der Flächenpressung am Schaft kommt, da ansonsten der Mischreibungsanteil am Kolbenschaft unverhältnismäßig stark ansteigt und so zu einem Reibungsnachteil führen kann. Mit zunehmend kleinerem Tragbild kommt der Kolbenformoptimierung daher eine größere Bedeutung zu.

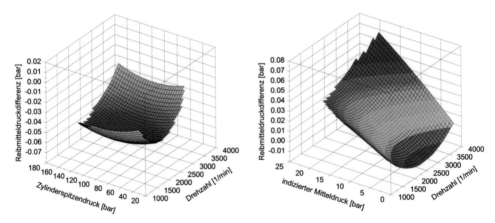

**Bild 7.55**: Reibmitteldruck-Differenzkennfelder, unterschiedliche Schaftfläche (Basisschaftfläche im Vergleich zu reduzierter Schaftfläche, vertikal ausgerichtet), fremdgeladen geschleppt (links) und befeuert (rechts), Motortemperatur 100 °C

## 7.3.4 Simulation von Kraftstoffverbrauch und $CO_2$-Emissionswerten im Zyklus

Die Bewertung der Reibleistungspotenziale hinsichtlich der damit erreichbaren Kraftstoff- bzw. $CO_2$-Einsparungen wird erst mit Hilfe von Fahrzyklus-Berechnungsprogrammen möglich. Eine detaillierte Beschreibung zur Ermittlung der $CO_2$-Emissionen im Fahrzyklus und zur Validierung des Modells findet sich in [12].

Als Fahrzyklus findet hier beispielhaft der Neue Europäische Fahrzyklus (NEFZ) Verwendung. Es kommt eine kinematische Berechnungsmethode zum Einsatz, bei der dem Modell ein Fahrzeuggeschwindigkeitsprofil und abhängig vom untersuchten Fahrzyklus die Gangstufe vorgegeben wird. Damit werden Winkelgeschwindigkeiten, Wirkungsgrade und Drehmomente der verschiedenen Fahrzeugkomponenten rückwärts entlang des Antriebsstrangs berechnet, bis die entsprechenden Motorbetriebspunkte bestimmt sind. Dazu sind neben den aus den Motorenversuchen bekannten Reibmitteldruck-Kennfeldern geometrische Fahrzeugdaten und experimentell ermittelte Fahrwiderstände notwendig. Auf diese Weise kann für jeden untersuchten Parameter der Kraftstoffverbrauch im betrachteten Zyklus berechnet werden. Aus dem über den Zyklus akkumulierten Kraftstoffverbrauch können die entstehenden $CO_2$-Emissionen abgeleitet werden. Die Differenz zweier Varianten ergibt die entsprechenden $CO_2$-Einsparungen im untersuchten Fahrzyklus. Das Vorgehen ist in **Bild 7.56** schematisch dargestellt.

Mit dem vorhandenen Fahrzeugmodell können außerdem weitere Fahrzyklen, wie z. B. der ARTEMIS-Zyklus, oder kundenspezifische Laufprogramme untersucht werden. Darüber hinaus ist es möglich, den Einfluss eines Start-&-Stopp-Systems auf den Kraftstoffverbrauch und die $CO_2$-Emission in einem Fahrzyklus darzustellen.

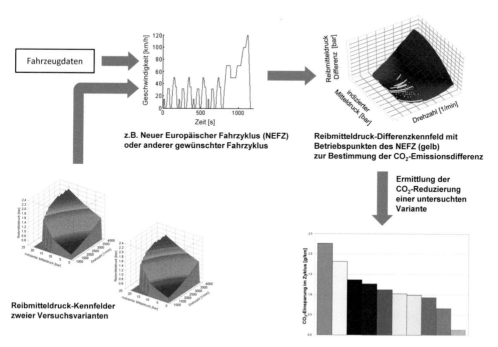

**Bild 7.56**:  Ermittlung der zyklusrelevanten $CO_2$-Einsparungen anhand von Reibmitteldruck-Kennfeldern

## 7.3.5 Gegenüberstellung der Ergebnisse

Die Maximalwerte der gemessenen Reibmitteldruckdifferenzen stellen das Potenzial der untersuchten Parameteränderung dar. Die Zusammenstellung dieser maximal im Kennfeld erreichbaren Potenziale ist für einige der untersuchten Parameter in **Bild 7.57, oben** dargestellt. Es
ist zu erkennen, dass am Kolben die Parameter Einbauspiel, Schaftrauheit, Kolbenform und
Kolbenbolzendesachsierung unterschiedliches Verbesserungspotenzial aufweisen. Am Ringpaket sind die Tangentialkraft des Ölabstreifrings und speziell am Topring die Ringhöhe als
maßgebliche Einflussgrößen zu nennen.

Die Umrechnung der Reibmitteldruckdifferenzen in Reibleistungsdifferenzen führt zu dem
in **Bild 7.57, Mitte** gezeigten Ranking. Da möglicherweise Wechselwirkungen zwischen verschiedenen Parametern vorhanden sind, gilt die Superposition für die einzelnen Maßnahmen
nur bedingt. Um eine Abschätzung des gesamten Reibleistungspotenzials an der Kolbengruppe zu treffen, muss dies entsprechend berücksichtigt werden. Bei dem hier verwendeten Vierzylinder-Dieselmotor führen die gefundenen Zusammenhänge bei einer Drehzahl von
4.000 1/min und einer Leistungsabgabe von etwa 100 kW zu einem realisierbaren Verbesserungspotenzial an der Kolbengruppe von etwa 3,5 kW.

**Bild 7.57, unten** zeigt das Ranking für die im NEFZ errechneten $CO_2$-Einsparungen für die
ausgewählten Varianten. Ein Vergleich der dargestellten Rankings zeigt, dass sich hinsichtlich
Wertigkeit der einzelnen Parameter Verschiebungen ergeben. Das Einbauspiel stellt bei allen
drei Darstellungsarten den Parameter mit dem größten Einfluss dar. Besonders auffällig sind
die Parameter Schaftrauheit, Schaftsteifigkeit und Bolzenbeschichtung, die insbesondere im
Lastkollektiv des NEFZ ausgeprägte Reibungsvorteile aufweisen.

Eine Superposition der $CO_2$-Einsparungen im NEFZ ist zumindest bedingt möglich, da für
jeden untersuchten Parameter dieselben Betriebspunkte zugrunde liegen. Allerdings ist
dabei auf eventuelle Wechselwirkungen zwischen den einzelnen konstruktiven Parametern zu achten. Es ist empfehlenswert, die entsprechend ausgearbeiteten Maßnahmenpa-
kete abschließend als Konzeptvariante am Motor zu erproben. Die gewonnenen Ergebnisse
zeigen, dass je nach Kundenanforderung eine bedarfsgerechte Reibungsoptimierung vorgenommen werden kann.

Um eine optimale Kombination von Maßnahmen für verschiedene Motorkonzepte bzw. Lastkollektive zu ermöglichen, wird das Motorbetriebskennfeld in vier Quadranten aufgeteilt, die
für jeweils verschiedene Motorkonzepte typische Betriebsbedingungen aufweisen. In diesen
kann jeweils ein eigenes Ranking von Maßnahmen erstellt werden, **Bild 7.58.**

Bei niedrigen Lasten ist neben den konstruktiven Parametern auch die Ölviskosität ein dominie-
render Einflussfaktor. Im Bereich hoher Lasten verliert die Ölviskosität an Bedeutung, während

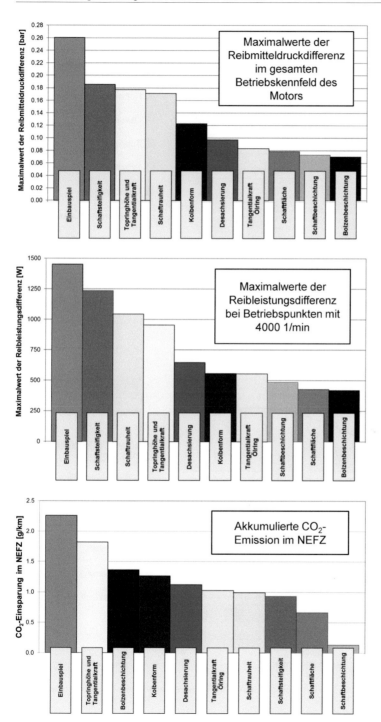

**Bild 7.57:** Einsparpotenziale verschiedener konstruktiver Parameter an der Kolbengruppe eines 2,0-l-Dieselmotors. Oben: Maximalwerte aus Reibmitteldruck-Differenzkennfeldern, Mitte: Maximalwerte aus Reibleistungsdifferenz-Kennfeldern bei 4.000 1/min, unten: akkumulierte $CO_2$-Einsparung im NEFZ

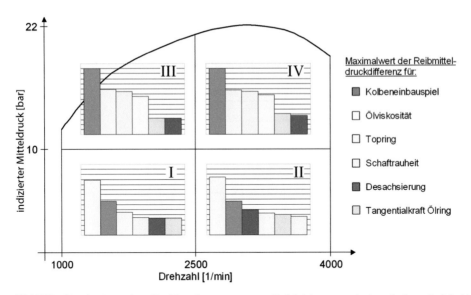

**Bild 7.58:** Quadrantenweises Ranking der gewonnenen Reibleistungsergebnisse (befeuert), dabei ist
Diagramm I:     zyklusrelevant,
Diagramm II:    repräsentativ für Ottomotoren,
Diagramm III:   repräsentativ für Nkw-Dieselmotoren,
Diagramm IV:   repräsentativ für Pkw-Dieselmotoren.

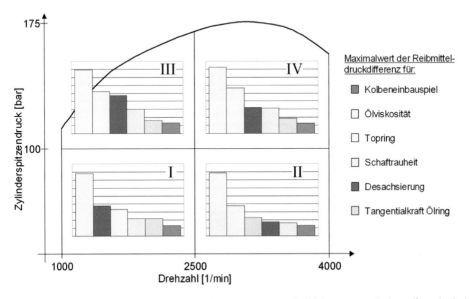

**Bild 7.59:** Quadrantenweises Ranking der gewonnenen Reibleistungsergebnisse (fremdgeladen
geschleppt), dabei ist
Diagramm I:     zyklusrelevant,
Diagramm II:    repräsentativ für Ottomotoren,
Diagramm III:   repräsentativ für Nkw-Dieselmotoren,
Diagramm IV:   repräsentativ für Pkw-Dieselmotoren.

das Kolbeneinbauspiel in diesem Bereich als die wichtigste konstruktive Optimierungsmaß-nahme anzusehen ist. Maßnahmen am Topring und an der Schaftoberfläche gewinnen bei höheren Lasten ebenfalls an Bedeutung. Die beschriebenen Verhältnisse gelten ausschließlich für den befeuerten Betrieb, im fremdgeladen geschleppten Betrieb ist die Wertigkeit der Parameter gänzlich anders einzustufen. Diese Änderung in der Wertigkeit ist maßgeblich auf die unterschiedliche Temperaturverteilung am Kurbeltrieb und die damit verbundenen veränderten Betriebsspiele und Verzüge zurückzuführen, **Bild 7.59**.

Der vorgestellte Prüfstand und die systematische Untersuchung vieler einzelner konstruktiver Parameter erlauben die Erarbeitung umfangreicher Maßnahmenkataloge zur Reibungsminimierung. Diese ermöglichen in Verbindung mit einer auf verschiedene Betriebsbereiche bezogenen Auswertung eine zielgerichtete Optimierung der Reibverluste.

# 7.4 Verschleißuntersuchungen an der Kolbengruppe

Dieser Beitrag beschäftigt sich mit dem Verschleiß im Bereich der Kolbengruppe. Die betroffenen Bauteile sind:

- Kolben
- Kolbenringe
- Kolbenbolzen
- Sicherungsringe
- Zylinderlaufflächen

## 7.4.1 Kolbenschaft

### 7.4.1.1 Schafteinfall und Schichtverschleiß

Um einen eventuell im Betrieb aufgetretenen Schafteinfall und Verschleiß einer Beschichtung auf dem Kolbenschaft (z. B. GRAFAL®) feststellen zu können, wird die Form der Kolbenmantellinie aufgezeichnet.

**Bild 7.60** zeigt einen gelaufenen Pkw-Dieselkolben, dessen Schaftfläche mit einer GRAFAL®-Schicht versehen ist.

**Bild 7.60:**
Kolben mit GRAFAL®-Beschichtung mit Aussparungen zur Vermessung des Schaftprofils

**Bild 7.61** zeigt das Ergebnis der Vermessung der Mantellinien eines Kolbens im Neuzustand, wobei der 2. Ringsteg so weit zurückgenommen ist, dass er in dieser Darstellung nicht mehr erscheint. Der geringere Durchmesser des 1. Ringstegs in Bolzenrichtung entsteht durch die vorgegebene Ovalität der Kolbenform.

Auf den Messhöhen der Durchmesser $D_N$ und $D_1$ zeigt die Messlinie für den ungelaufenen Kolben die Aussparungen der GRAFAL®-Schicht am Schaft. An diesen Stellen ist der Kolbengrundwerkstoff für die Vermessung zugänglich. Diese Fenster sind auch im **Bild 7.60** an dem gelaufenen Kolben erkennbar. Die Dicke der GRAFAL®-Schicht beträgt im Neuzustand radial etwa 20 μm.

**Bild 7.62** zeigt das Ergebnis der Vermessung der Mantellinien des gelaufenen Kolbens.

Diesem Beispiel zufolge beträgt der Schafteinfall auf der Messhöhe mit Durchmesser $D_1$ diametral etwa 10 μm. Verschleiß scheidet an dieser Stelle aus, da der Messpunkt im GRAFAL®-Fenster liegt und somit keinem Verschleiß unterliegen kann. Gleichzeitig wurde die GRAFAL®-Schicht an dieser Stelle diametral um 20 μm, radial also um 10 μm, d. h. etwa zur Hälfte abgetragen.

### 7.4.1.2  Ovalität

Eine weitere Darstellungsweise zur Beurteilung einer möglichen Verformung des Kolbenschafts und von Schichtverschleiß ist die Aufzeichnung der Ovalität in vorgegebenen Höhen am Schaft gemäß **Bild 7.63** und **Bild 7.64**. Hierdurch lassen sich Abweichungen der realen Kolbenform von der Sollform in Umfangsrichtung beurteilen (Ovalität und Formversatz).

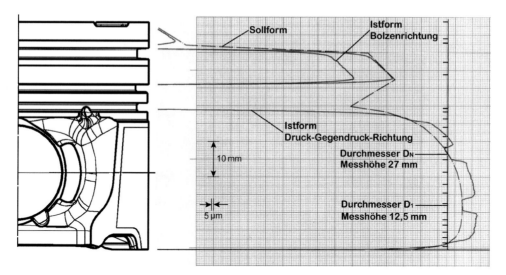

**Bild 7.61:** Ergebnis der Vermessung eines Kolbens im Neuzustand. Die Messwerte gelten diametral.
$D_N$:   Nenndurchmesser des Kolbens
$D_1$:   Größter Durchmesser des Kolbens
Grün: Sollform der Mantellinie in Druck-Gegendruck-Richtung
Rot:   Verlauf der Messlinie in Druck-Gegendruck-Richtung
Blau: Verlauf der Messlinie in Bolzenrichtung

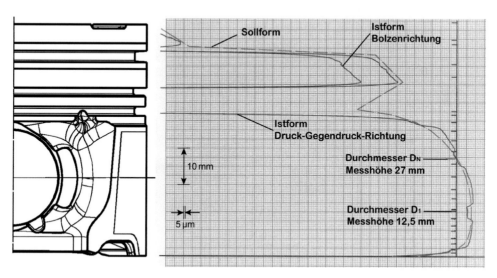

**Bild 7.62:** Ergebnis der Vermessung eines Kolbens im gelaufenen Zustand. Die Messwerte gelten diametral.
$D_N$:   Nenndurchmesser des Kolbens
$D_1$:   Größter Durchmesser des Kolbens
Grün: Sollform der Mantellinie in Druck-Gegendruck-Richtung
Rot:   Verlauf der Messlinie in Druck-Gegendruck-Richtung
Blau: Verlauf der Messlinie in Bolzenrichtung

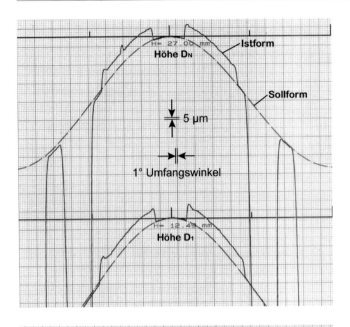

**Bild 7.63:**
Ovalitätsschriebe in
Umfangsrichtung des
Kolbens im Neuzustand

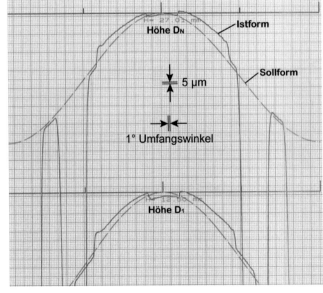

**Bild 7.64:**
Ovalitätsschriebe in
Umfangsrichtung zur
Ermittlung von Verformung
und Schichtverschleiß des
gelaufenen Kolbens

Die Werte der Durchmesser $D_N$ bzw. $D_1$ dienen als Bezugsmaß für derartige Ovalitätsschriebe, die als Abwicklung dargestellt werden.

Wie in der Darstellung der Mantellinien lässt sich auch hier der Schafteinfall auf der Messhöhe des Durchmessers D1 mit 10 μm diametral ablesen und die Dicke der GRAFAL®-Schicht mit radial etwa 10 μm.

## 7.4.2 Kolbenring- und Zylinderlauffläche

### 7.4.2.1 Kolbenringlauffläche

Zur Erfüllung seiner Aufgabe übt der Kolbenring eine definierte, senkrecht auf die Zylinderlauffläche wirkende Radialkraft aus. Zu deren Definition wird die Tangentialkraft gemessen, die erforderlich ist, um ein den Kolbenring umspannendes Band so weit zusammenzuziehen, bis das vorgesehene Stoßspiel erreicht ist. Die Tangentialkraft der Kolbenringe steht in unmittelbarem Zusammenhang mit Reibung und Verschleiß.

Zusätzlich wirkt der Gasdruck auf die Rückseite der Kompressionsringe und drückt diese gegen die Zylinderlauffläche. Aufgrund der hohen Gaskraftbelastung unter Last ist der 1. Kolbenring am stärksten betroffen. Diese Radialkrafterhöhung führt besonders im Bereich des Zündtotpunktes (ZOT) zu einer starken Belastung der Laufflächen der Kompressionsringe. Erschwerend kommt hinzu, dass der Kolben im Umkehrpunkt kurzzeitig steht, wodurch der hydrodynamische Druck im Schmierkeil zwischen den Reibpartnern abfällt und es zu metallischem Kontakt kommt.

**Bild 7.65** zeigt das Profil des Kolbenrings im neuen und gelaufenen Zustand, wobei der Verschleiß im Bereich der größten Balligkeit deutlich erkennbar ist. Dieser Verschleiß ist auch durch die Vermessung der radialen Wandstärke des Kolbenrings nachweisbar und liegt üblicherweise – je nach Laufzeit – im Bereich von wenigen Mikrometern. Die in **Bild 7.66** skiz-

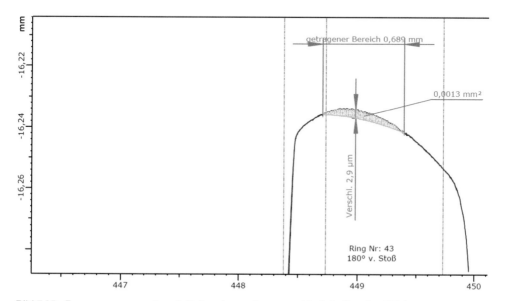

**Bild 7.65:** Formvermessung eines 1. Kolbenrings mit asymmetrisch-balliger Lauffläche

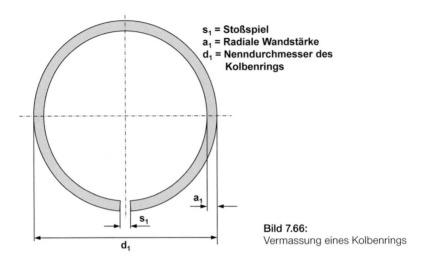

s$_1$ = Stoßspiel
a$_1$ = Radiale Wandstärke
d$_1$ = Nenndurchmesser des
       Kolbenrings

**Bild 7.66:**
Vermassung eines Kolbenrings

zierte Vermassung der Hauptabmessungen zeigt den direkten Zusammenhang zwischen der Abnahme der radialen Wandstärke und der Zunahme des Stoßspiels.

Verringert sich die radiale Wandstärke (a$_1$) des Kolbenrings, so hat dies eine Öffnung des Ringstoßes (s$_1$) zur Folge. Da sich der Ring hierdurch entspannt, verringert sich auch die Tangentialkraft. Somit können sich durch den beschriebenen Verschleiß die motorischen Betriebswerte wie Blow-by und Ölverbrauch ändern.

Bei Kompressionsringen, die nicht durch ausgeprägte Balligkeit, Minutenschräge oder ähnliche Maßnahmen eine definierte Anlage der Lauffläche am Zylinder aufweisen, kann es zu einem sogenannten „Doppeltrag" kommen. Dabei entstehen durch Vertwistung des Rings einerseits und ebener Auflage unter Zünddruck andererseits zwei unterschiedliche Laufspiegel, die sich auf verschiedenen Höhen der Ringlauffläche bilden. Im Interesse einer guten Dicht- und Ölabstreifwirkung wird jedoch in der Regel ein definierter Laufspiegel angestrebt.

### 7.4.2.2  Schlauchfedern
Schlauchfedern werden zur Unterstützung von sogenannten zweiteiligen Ölabstreifringen verwendet. Nach langen Laufzeiten ist es möglich, dass sich die Enden des Ölabstreifrings in den Schlauchfederring eingraben, **Bild 7.67**.

### 7.4.2.3  Abnormale Verschleißformen
**Bild 7.68** zeigt beispielhaft einen Kolbenring mit extremem Verschleiß der Lauffläche, wobei die radiale Wandstärke diametral gegenüber vom Ringstoß partiell stark abgenommen hat. Auch die in **Bild 7.69** dargestellten Ölabstreifringe zeigen an den Laufflächen extremen Verschleiß. Der oben angeordnete Ring weist bereits keinerlei Abstreifkanten mehr auf.

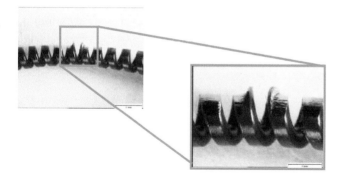

**Bild 7.67**:
Sogenannte Eingrabung in den Schlauchfederring – verursacht durch die Ringenden eines Ölabstreifrings

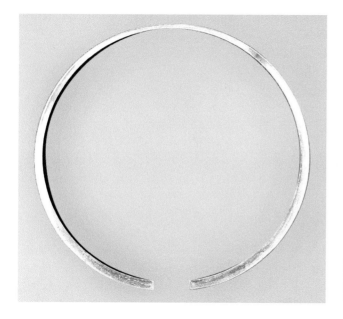

**Bild 7.68**:
Beispiel eines extrem einseitigen Verschleißes an einem 1. Kolbenring

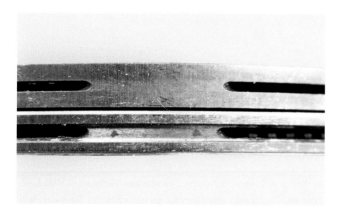

**Bild 7.69**:
Beispiel extremen Verschleißes an zwei Ölabstreifringen

Abnormale Verschleißraten, wie sie hier gezeigt sind, lassen sich meist auf abrasive Partikel in der Ansaugluft zurückführen, z. B. wegen fehlenden Luftfiltereinsatzes. Die zugehörigen Lauf-flächen der Zylinderlaufbuchsen zeigen in solchen Fällen ein mattgraues Aussehen, meist mit vielen feinen Riefen in Hubrichtung.

### 7.4.2.4 Zylinderlauffläche und Zylinderpolierer

Der größte durch den Kolbenring verursachte Verschleiß an der Zylinderlauffläche tritt im Lauf-bereich um den oberen Totpunkt (OT) auf. Diese Verschleißform, die sich bei der Zylinderver-messung als lokal begrenzter Bereich mit überdurchschnittlich starker Durchmesserzunahme im Umkehrpunkt des 1. Kolbenrings darstellt, wird als Zwickelverschleiß bezeichnet. **Bild 7.70** zeigt die in Bolzenrichtung gegenüberliegenden Formschriebe des Zylinders mit deutlicher Darstellung eines Zwickelverschleißes.

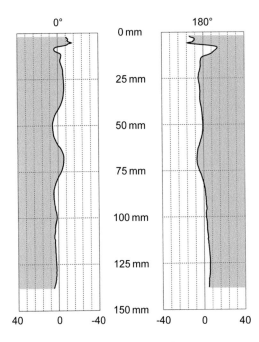

**Bild 7.70:**
Messschriebe von vertikalen Mantel-linien eines Zylinders in Bolzenrich-tung. Die Form der Zylinderlauffläche ist durch die Vergrößerung stark überhöht dargestellt.

Eine weitere Art des Verschleißes ergibt sich durch das Auftreten von Polierstellen auf der Zylinderoberfläche. Diese entstehen, wenn sich am Feuersteg des Kolbens unter ungünstigen Betriebsbedingungen harte und abrasiv wirkende Ölkohle aufbaut. **Bild 7.71** zeigt den Feuer-steg eines Kolbens mit harter Ölkohle in einem örtlich begrenzten Bereich.

Der Einfluss dieses lokalen Ölkohleaufbaus auf die zugehörige Zylinderlauffläche ist in **Bild 7.72** gezeigt. Die Zylinderlauffläche ist hier bereits durch die Ölkohle geschädigt. Im Bereich des

**Bild 7.71:** Ölkohleaufbau am Feuersteg eines Nutzfahrzeugkolbens

oberen Totpunktes (OT) des Feuerstegs ist die Honung teilweise abgetragen. Unmittelbar darunter, noch im Laufbereich der Kolbenringe, ist eine weitere sogenannte Polierstelle erkennbar.

An diesen Stellen ist die Funktion der Honung, das Schmieröl zu halten und insbesondere in OT-Stellung die Schmierung zwischen Kolbenring und Zylinderlauffläche sicherzustellen, nicht mehr gewährleistet. Die Folgen sind lokale Störungen des Tribosystems Kolbenring/Zylinderlauffläche. Dadurch besteht die Gefahr der Bildung von sogenannten Brandspuren auf den Kolbenringlaufflächen und somit in der Folge auch die eines Kolbenringfressers.

Durch geeignete konstruktive Maßnahmen lässt sich der Aufbau von Ölkohle am Feuersteg und damit auch das Auftreten solcher Zylinderpolierer gezielt verhindern.

**Bild 7.72:** Durch den Ölkohleaufbau am Feuersteg polierter Zylinderbereich

## 7.4.3  Kolbenringflanken und Kolbenringnut

Ähnlich wie beim Laufflächenverschleiß entsteht durch die Relativbewegung zwischen Kolbenring und Kolben ein Werkstoffabtrag sowohl an den Flanken des Kolbenrings als auch an jenen der 1. Kolbenringnut.

### 7.4.3.1  Flanken des 1. Kolbenrings

Verschleiß erfolgt besonders an der Unterflanke des Kolbenrings. **Bild 7.73** zeigt den Formschrieb der Ober- und der Unterflanke eines 1. Kolbenrings im Neuzustand.

**Bild 7.74** zeigt den Formschrieb des oben gezeigten 1. Kolbenrings nach seinem Einsatz im Motor. An der zur Lauffläche der Zylinderlaufbuchse weisenden Seite der Unterflanke des Kolbenrings (im Bild rechts) ist eine deutliche Verschleißzone entstanden. Die Tiefe dieser Eingrabung liegt üblicherweise im Bereich weniger Mikrometer.

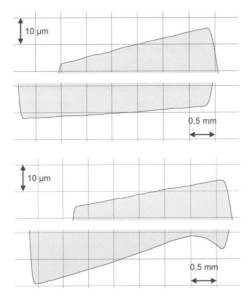

**Bild 7.73**:
Formschrieb der Ober- und Unterflanke eines 1. Kolbenrings im Neuzustand (ungespannter Zustand). Der vertikale Abstand der beiden Schriebe ist willkürlich und repräsentiert nicht die tatsächliche Ringhöhe.

**Bild 7.74**:
Verschleiß an der Unterflanke des gelaufenen 1. Kolbenrings (ungespannter Zustand). Der vertikale Abstand der beiden Schriebe ist willkürlich und repräsentiert nicht die tatsächliche Ringhöhe.

### 7.4.3.2  Flanken der 1. Kolbenringnut

Die Unterflanke der 1. Kolbenringnut wird besonders hoch belastet. Hier werden beispielhaft die Ergebnisse einer Untersuchung an einem Kolben mit Trapezring vorgestellt.

**Bild 7.75** zeigt das Ergebnis einer Vermessung der Flanken der Trapeznut im Neuzustand. Zur Erfassung der Messschriebe werden die Nutflanken um den Sollwinkel geneigt, sodass bei korrekter Schräge die Formschriebe der Nutflanken keine Abweichung von der Horizontalen auf dem Messblatt aufweisen.

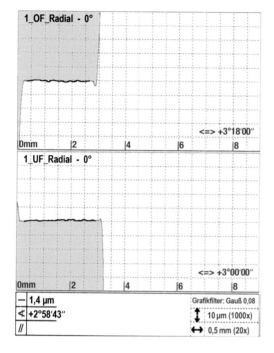

**Bild 7.75:**
Messschriebe der Flanken einer Trapeznut im Neuzustand. Die bei der Abtastung voreingestellten Sollwinkel sind auf dem Messblatt vermerkt.

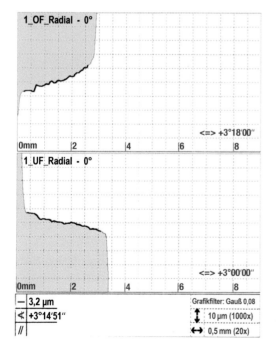

**Bild 7.76:**
Messschriebe der Flanken einer Trapeznut im gelaufenen Zustand. Die bei der Abtastung voreingestellten Sollwinkel sind auf dem Messblatt vermerkt.

**Bild 7.76** zeigt den Verlauf der Nutflanken im gelaufenen Zustand. Die Abweichungen durch Verschleiß liegen auch hier wieder im Bereich weniger Mikrometer.

## 7.4.4 Kolbenbolzen und Kolbennabe

### 7.4.4.1 Kolbenbolzen

Der Kolbenbolzen überträgt die durch den Brennraumdruck aufgebrachte Kraft vom Kolben auf das Pleuel und ermöglicht dabei die durch die Pleuelbewegung erforderliche Relativbewegung zwischen Kolben und kleinem Pleuelauge. Entsprechend den wirkenden Kräften wird der Kolbenbolzen innerhalb des elastischen Bereichs durch Biegung und Ovalisierung verformt. Aufgrund der Relativbewegungen tritt an den betroffenen Kontaktflächen ein – wenn auch üblicherweise geringer – Verschleiß auf.

Ein entsprechendes Vermessungsergebnis für den Kolbenbolzen zeigt **Bild 7.77**. Die Zuordnung der Gradeinteilung ist hierbei willkürlich gewählt. Einen Bezug zur Einbaulage des Bolzens in der Nabe gibt es nicht, da sich der Bolzen bei Betrieb üblicherweise dreht.

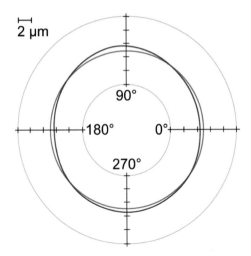

**Bild 7.77:**
Messergebnisse der Rundheit eines
Kolbenbolzens im gelaufenen Zustand

Im Neuzustand sind Kolbenbolzen nahezu perfekt rund und zylindrisch gefertigt. Wie aus dem Messschrieb ersichtlich, zeigt der Kolbenbolzen im gelaufenen Zustand eine bleibende Ovalisierung. Eine bleibende Biegung hingegen wird aus den Mantellinienvermessungen in **Bild 7.78** und **Bild 7.79** ersichtlich. Außerdem ist im Bereich der Mantellinie bei 180° ein deutlich anderes Verschleißbild als bei den anderen vermessenen Mantellinien zu erkennen. Damit ist zweifelsfrei sicher, dass sich der Bolzen einige Zeit vor Ausbau nicht mehr gedreht hat. Das Verschleißbild müsste andernfalls an jeder Stelle des Umfangs die gleiche Struktur aufweisen.

**In Bild 7.80** sind die einzelnen Kontaktbereiche am Bolzen zu erkennen. In der Mitte befindet sich der Eingriffsbereich des kleinen Pleuelauges. Rechts und links ist je ein schmaler Bereich

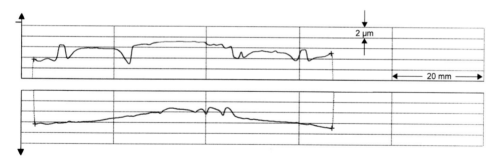

**Bild 7.78:** Messergebnisse der Mantellinienvermessung eines Kolbenbolzens im gelaufenen Zustand in Richtung 0° – 180°
oben:   Mantellinie bei 180°
unten:  Mantellinie bei 0°

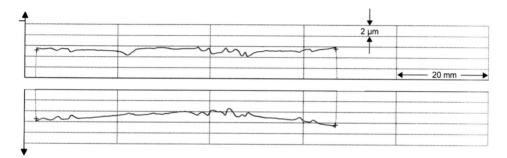

**Bild 7.79:** Messergebnisse der Mantellinienvermessung eines Kolbenbolzens im gelaufenen Zustand in Richtung 90° – 270°
oben:   Mantellinie bei 270°
unten:  Mantellinie bei 90°

**Bild 7.80:**
Foto eines gelaufenen
Kolbenbolzens

ohne Kontakt erkennbar. Die umlaufenden bräunlichen Streifen entstehen durch Öllackbildung. Die beiden Bolzenenden befinden sich in der Kolbennabe.

**7.4.4.2 Kolbennabe**

Durch die unter Zünddruck auftretende dynamische Verformung des Kolbens und die Durch-
biegung des Bolzens werden die Form und Fluchtung der Nabenbohrung verändert. Aus
diesem Grund werden Nabenbohrungen häufig als sogenannte Formbohrungen ausgeführt.
Dabei weicht man bewusst von einer exakt zylindrischen Form ab und erweitert die Durchmesser zu den Bohrungsenden hin (Bombierung). Dies kann sowohl innen als auch außen
an den Nabenbohrungen erfolgen, um so einem überhöhten lokalen Verschleiß vorzubeugen.
**Bild 7.81** zeigt die Bemaßung der Stützstellen einer solchen Formbohrung.

Die in **Bild 7.81** angegebenen Werte B und C definieren die für die Herstellung und Vermessung der Bombierung wichtigen Eckpunkte.

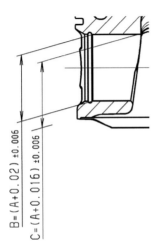

**Bild 7.81:**
Bemaßung von Stützstellen einer Formbohrung mit
Bombierung

A: Nenndurchmesser der bombierten Nabenbohrung
B: Definition des für die Bearbeitung wichtigen Stützmaßes der
   Nabenbohrung im angegebenen Bereich
C: Definition des für die Bearbeitung wichtigen Stützmaßes der
   Nabenbohrung am inneren Auslauf der Nabenbohrung

**Bild 7.82** zeigt die Vermessung der Form der Nabenbohrung eines ungelaufenen Kolbens. Die
inneren und äußeren Bereiche der Bohrungen sind definiert bombiert.

Die Vermessung einer Nabenbohrung eines gelaufenen Kolbens in **Bild 7.83** zeigt, dass sich
die Bohrungsform auch nach langer Laufzeit nicht nennenswert verändert hat.

## 7.4.5 Sicherungsringe und Sicherungsringnut

Aufgabe der Sicherungsringe ist es, die Beweglichkeit des Kolbenbolzens im Kolben in axialer Richtung zu begrenzen. Theoretisch gesehen wirken am symmetrisch ausgeführten
Kurbeltrieb keine axialen Kräfte auf den Kolbenbolzen ein. Es kann jedoch durch jegliche

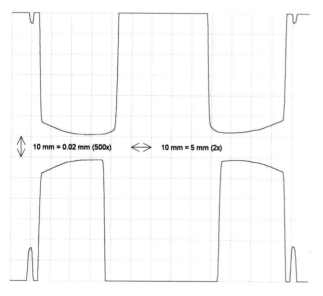

**Bild 7.82:**
Vermessung der Formbohrung
einer Kolbennabe im Neuzustand

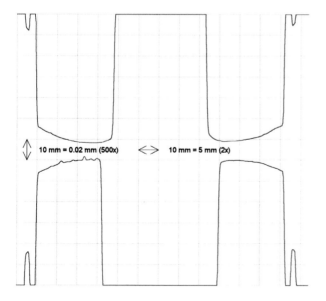

**Bild 7.83:**
Vermessung der Formbohrung
einer Kolbennabe im gelaufenen
Zustand

Art von Unsymmetrien, wie z. B. eine Kolbenaugenschräglage, eine Pleuelaugenschräglage oder durch Pleuelschaftversatz, eine axiale Kraftkomponente auftreten. Das damit verbundene Bewegungsverhalten des Pleuels in Motorlängsrichtung kann zu einem sogenannten Bolzenschub führen. In einzelnen Fällen können dadurch im Bereich der Sicherungsringnut Verschleiß und auch Schäden vorkommen.

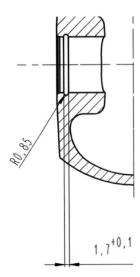

**Bild 7.84:**
Bemaßung einer Sicherungsringnut

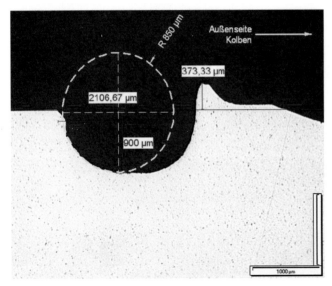

**Bild 7.85:**
Querschnitt durch eine
Sicherungsringnut

**Bild 7.84** zeigt in einem Ausschnitt aus einer Kolbenzeichnung die Bemaßung einer Sicherungsringnut.

Der dazugehörige Sicherungsring besteht im einfachsten Fall aus einem ringförmig geboge-
nen Federstahldraht mit rundem Querschnitt, der im Durchmesser etwas geringer ist als die
Nutbreite.

**Bild 7.85** zeigt einen Querschnitt durch die Sicherungsringnut nach **Bild 7.84**, die durch am
Kolbenbolzen wirkende Axialkräfte stark aufgeweitet wurde. Der unterbrochen gezeichnete

Kreis zeigt den ursprünglichen Fertigungsradius und seine Lage. Richtung Kolbenaußenseite wurde die Sicherungsringnut durch den kraftbeaufschlagten Sicherungsring plastisch bis zu einer Breite von mehr als 2 mm deformiert. Die Verformung ist auch an dem Materialaufwurf zu erkennen, der sich oberhalb der rechten Flanke gebildet hat.

# 7.5  Kolbenbelastung durch klopfende Verbrennung

Vor dem Hintergrund verschärfter Abgasgesetzgebungen bei gleichzeitiger Forderung nach verbessertem Kraftstoffverbrauch laufen moderne Benzinmotoren immer mehr an den Grenzen thermischer und mechanischer Belastbarkeit. Downsizing, höhere Verdichtung und optimierte Verbrennung führen zu höheren Belastungen. Besonders betroffen sind brennraumseitige Bauteile. Bei der Entwicklung von Downsizing-Motoren ist die Verwendung von Aufladetechniken wie Turboaufladung unerlässlich. Die bessere Zylinderfüllung mit optimierter Verbrennung führt zu höheren Verbrennungsdrücken.

Zusätzlich ist auch bei aufgeladenen Motoren ein Trend zur Erhöhung von Verdichtungsverhältnis und Ladedruck zu erkennen. Diese Wirkungsgradoptimierungen werden bei Benzinmotoren durch das Auftreten klopfender Verbrennung begrenzt. Bei der klopfenden Verbrennung kommt es nach Einsetzen der regulären Verbrennung aufgrund von Druckanstieg und hohen lokalen Temperaturen zur Selbstzündung des noch nicht verbrannten Restgemischs. Dieses verbrennt lokal explosionsartig, d. h. mit sehr hoher Geschwindigkeit. Durch den dadurch lokal verursachten schnellen Druckanstieg kommt es zu Druckwellen, die sich mit Schallgeschwindigkeit im Brennraum ausbreiten können. Die der regulären Verbrennung überlagerte Gaskraftbeanspruchung kann zu mechanischen Beschädigungen der den Brennraum begrenzenden Bauteile führen.

Eine hohe Verdichtung erlaubt im Teillastbereich optimierte Verbrauchswerte, erfordert jedoch im Volllastbereich zusätzliche Maßnahmen, wie z. B. eine dynamische Rücknahme des Zündwinkels durch eine Klopfregelung. Bei deren Abstimmung können moderne Messtechniken helfen, wie z. B. das MAHLE KI-Meter [15, 16].

Die spezifischen Leistungen, auch ein Maß für die Motorbelastung, sind in den letzten Jahren deutlich gestiegen. **Bild 7.86** zeigt die Trends bei der Entwicklung von Benzinmotoren in den letzten 35 Jahren. Die deutlichen Erhöhungen des Verbrennungsdrucks und der spezifischen Leistung sind überwiegend auf die zunehmende Aufladung von Benzinmotoren im Zusammenhang mit Downsizing zurückzuführen.

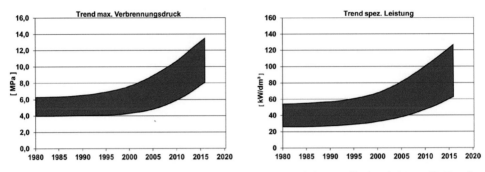

**Bild 7.86:** Entwicklung des maximalen Verbrennungsdrucks und der spezifischen Leistung für Benzinmotoren (1980 – 2015)

## 7.5.1 Klopfschäden und Schadensbeurteilung

**Bild 7.87** zeigt einen Klopfschaden am Feuersteg und in der 1. Kolbenringnut. Die erosionsartigen Schäden am Feuersteg zeigen, dass hier über einen längeren Zeitraum klopfende Verbrennung stattgefunden hat.

Die Formvermessung als Abwicklung der 1. Kolbenringnut zeigt einen deutlichen örtlichen Verschleiß an der Ober- und Unterflanke. Hier handelt es sich um das sogenannte „Ausschmieden" der Kolbenringnut. Der 1. Kolbenring wird bei klopfender Verbrennung durch die hohen Druckamplituden so angeregt, dass es zur plastischen Verformung des Kolbenwerkstoffs an der Ober- und Unterflanke kommt.

Bei der höchsten Aufweitung der Nut zeigt sich häufig ein nach außen verformter Bereich, der an der Zylinderwand anlaufen kann. Dieses Ausschmieden der Nut durch klopfende Verbrennung kennt man auch ohne den klopftypischen erosionsartigen Schaden am Feuersteg. Es kann durch vereinzelt höhere Klopfamplituden in relativ kurzen Laufzeiten entstehen. Diese Schäden sind mechanischer Natur. Die Bauteiltemperaturen liegen Messungen zufolge in einem unkritischen Bereich. Dass es sich hier um mechanische Schäden handelt, zeigt ein Versuch, bei dem die Schadensfläche eingegrenzt wurde. An einem Kolben wurde im unteren Bereich des Feuerstegs eine Entlastungsnut mit 1 mm Tiefe angebracht.

**Bild 7.88** zeigt die Kolben nach einem 105-h-Klopfdauerlauf bei Volllast. Beide Kolben wurden bei kontinuierlichem Klopfen mit maximalen Klopfamplituden von etwa 25 bar betrieben.

Am linken Kolben zieht sich der Klopfschaden bis an die Unterkante des Feuerstegs. Am rechten Kolben zeigt sich die Beschädigung des Feuerstegs nur bis zur Entlastungsnut. Unterhalb der Entlastungsnut sind keine Klopfschäden vorhanden. Die Druckwelle wird in der Entlastungsnut entspannt, sodass unterhalb der Entlastungsnut kein Schaden entstehen kann.

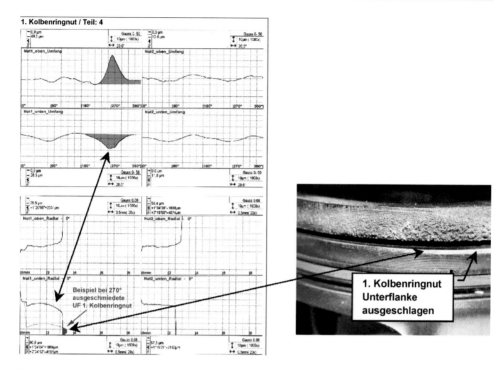

**Bild 7.87:** Verformung und Verschleiß der 1. Kolbenringnut durch klopfende Verbrennung

| | Feuersteg ohne Entlastungsnut | Feuersteg mit Entlastungsnut |
|---|---|---|
| Klopfschäden | Großflächige feine Klopfschäden bis an die Nutoberflanke der 1. Kolbenringnut (keine Nutbeschichtung) | Klopfschäden am Feuersteg nur oberhalb der Entlastungsnut (keine Nutbeschichtung) |

**Bild 7.88:** Klopfschäden am Feuersteg mit und ohne Entlastungsnut

Diese Maßnahme zur Schadenseingrenzung ist an modernen Ottokolben mit niedrigen Feu-
ersteghöhen konstruktiv begrenzt. Weiter verliert die Entlastungsnut im normalen Fahrbetrieb
die Wirksamkeit, wenn sie durch Ölkohle verschlossen wird.

Die bisher gezeigten Schäden sind relativ leicht als Klopfschäden zu identifizieren. Problema-
tischer zu beurteilen sind Schäden, die durch einzelne sehr hohe Klopfamplituden hervorgerufen werden und keine klopftypischen erosionsartigen Schäden hinterlassen.

**Bild 7.89** zeigt vier Kolben aus einem Motor mit Ringstegbrüchen. Bei allen vier Kolben liegt
der Bruchbereich gegenüber der Zündkerze in Richtung des Auslassventils. Entsprechende
Messungen zeigen, dass sich die sehr hohen Klopfamplituden von mehr als 100 bar dem nor-

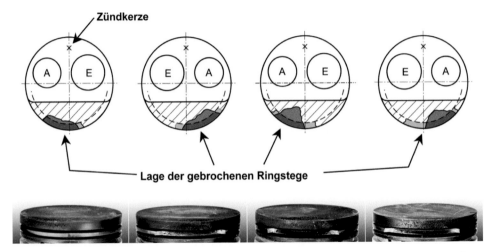

**Bild 7.89:** Ringstegbrüche durch klopfende Verbrennung

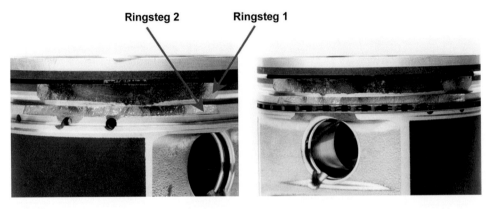

**Bild 7.90:** Ringstegbruch an Ringsteg 1 und Ringsteg 2 – verursacht durch stark klopfende Verbrennung

malen Verbrennungsdruck überlagern. Zum Teil reicht eine einzelne dieser hohen Klopfamplituden bereits aus, um einen solchen Schaden zu erzeugen.

**Bild 7.90** zeigt zwei Kolben mit Brüchen am 1. und 2. Ringsteg nach nur kurzer Laufzeit des Motors. Hier war die Abstützbelastung des 2. Ringstegs so hoch, dass er der Beanspruchung nicht standhalten konnte. An einem Kolben ist zusätzlich die Abstützung des 3. Kolbenrings ausgebrochen. Verursacht wurde dies durch einzelne, extrem hohe Klopfamplituden. Sonstige typische Klopfschäden am Kolben sind deshalb nicht erkennbar.

## 7.5.2 Klopfmesstechnik und das MAHLE KI-Meter

Zielsetzung war es, eine Messmethode zur quantitativen Beurteilung der Klopfstärke zu entwickeln. Klopfen tritt sehr stochastisch auf. Daher kann nur eine Messmethode zur Anwendung kommen, die viele Arbeitsspiele erfasst, statistisch bewertet und in Echtzeit zur Verfügung stellen kann. Als Maß für die Schadensbildung wird die maximale, positiv überlagerte Klopfamplitude bestimmt, **Bild 7.93**. Das von MAHLE entwickelte KI-Meter, KI steht für Klopfintensität, erfüllt dieses Anforderungsprofil.

Zur Ermittlung der genauen Höhe der Klopfamplituden sind exakte Indiziersignale notwendig. Voraussetzung für eine exakte Indizierung ist die richtige Anordnung der Druckgeber im Brennraum, **Bild 7.91**. Wichtig ist insbesondere ein brennraumbündiger Einbau, um Verbindungskanäle zu vermeiden. Sie würden durch Pfeifenschwingungen das Messsignal verfälschen, sodass besonders hohe Klopfamplituden nicht in ihrer richtigen Höhe abgebildet werden.

Das KI-Meter, **Bild 7.92**, ist in der Lage, die gemessenen Signale für jedes Arbeitsspiel von bis zu acht Zylindern im Echtzeitmodus anzugeben. Das Messsystem ermöglicht die separate Erfassung des zylinderselektiven Zündwinkels für jedes Arbeitsspiel ohne Eingriff in das Seriensteuergerät. An zwei weiteren Kanälen pro Zylinder können weitere Signale erfasst werden (z. B. Beschleunigungssignale), die arbeitsspielgenau mit aufgezeichnet werden können.

Eine automatische Auswertung ermöglicht es, mit diesen Informationen für jedes Arbeitsspiel festzustellen, ob eine gemessene Klopfamplitude von der Klopfregelung erkannt wurde und es zu einer Rücknahme des Zündwinkels gekommen ist, **Bild 7.93**. So ist es nach einer Messung möglich, von der Klopfregelung (KR) erkannte und nicht erkannte Klopfamplituden tabellarisch zu erfassen.

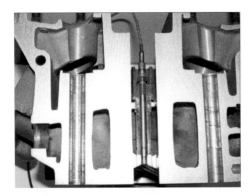

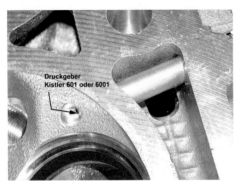 

**Bild 7.91:** Druckgeber im Zylinderkopf – Einbaubeispiele (Druckgeber Kistler 6001 oder 601, brennraumbündig eingebaut)

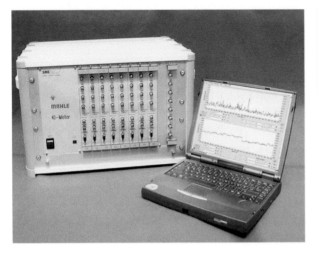

| Klassen [bar] | Zyl. 1 Max. | | Zyl. 2 Max. | |
|---|---|---|---|---|
| | erkannt | nicht erkannt | erkannt | nicht erkannt |
| 0 - 1 | 0 | 135 | 0 | 522 |
| 1 - 2 | 0 | 1210 | 1 | 1245 |
| 2 - 3 | 2 | 547 | 4 | 208 |
| 3 - 4 | 0 | 87 | 1 | 12 |
| 4 - 5 | 2 | 8 | 1 | 1 |
| 5 - 6 | 1 | 0 | 0 | 0 |
| 6 - 7 | 1 | 0 | 0 | 0 |
| 7 - 8 | 1 | 0 | 0 | 0 |
| 8 - 9 | 1 | 0 | 0 | 0 |
| 9 - 10 | 0 | 0 | 0 | 0 |
| 10 - 12 | 0 | 0 | 0 | 0 |
| 12 - 14 | 0 | 0 | 0 | 0 |
| 14 - 16 | 0 | 0 | 0 | 0 |
| 16 - 18 | 0 | 0 | 0 | 0 |
| 18 - 20 | 0 | 0 | 0 | |
| 20 - 24 | 0 | 0 | 0 | |
| 24 - 28 | 0 | 0 | 0 | |
| 28 - 32 | 0 | 0 | 0 | |
| 32 - 36 | 0 | 0 | 0 | |
| 36 - 40 | 0 | 0 | 0 | |
| 40 - 44 | 0 | 0 | 0 | |

**Bild 7.92:** Das MAHLE KI-Meter [16] und die statistische Auswertung der durch die Klopfregelung erkannten und nicht erkannten klopfenden Arbeitsspiele

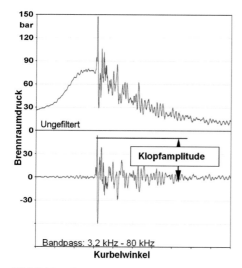
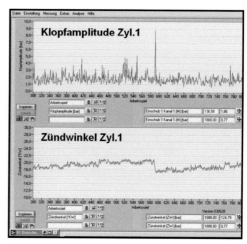

**Bild 7.93:** Bewertete positiv überlagerte Klopfamplitude und Regelvorgang der Klopfregelung im Online-Modus

Zur Beurteilung der quantitativen Klopfstärke sollte ein Wert kreiert werden, der die Anzahl und die Höhe der Klopfamplituden bewertet widerspiegelt. Hierzu wurde ein Klopfintensitäts-faktor (KI) definiert.

Die Berechnung des Klopfintensitätsfaktors KI erfolgt mit der in **Tabelle 7.6** angegebenen Summenformel für eine vorbestimmte Anzahl von zu messenden Viertaktzyklen. Das Beispiel zeigt die mit ansteigender Frühzündung gemessenen Klopfamplituden und den errechneten KI-Faktor.

Mit den zuvor beschriebenen Funktionen des KI-Meters ist es z. B. möglich, eine Funktions-prüfung der Klopfregelung durchzuführen, die Fehler in der Regelstrategie detektierbar macht oder eine Erkennungsempfindlichkeit für jeden Zylinder darstellt.

Mit Hilfe eines automatisierten Auswertesystems kann während eines Dauerlaufs das Klopf-verhalten jedes einzelnen Arbeitsspiels überwacht und in Echtzeit grafisch dargestellt werden. So sind z. B. sehr selten auftretende einzelne starke Klopfereignisse (Megaklopfer) detektier-bar. Darüber hinaus erlaubt das vorgestellte System systematische Untersuchungen zum Thema Klopfen, wie z. B. den Einfluss der klopfenden Verbrennung auf die Kolbentemperatur oder den Einfluss des Luft-Kraftstoff-Gemischs auf die Klopfgrenze.

**Tabelle 7.6:** Berechnung des MAHLE Klopfintensitätsfaktors KI

Fensterposition:  0 Grad                  Drehzahl:  5.000 1/min Volllast
Fensterbreite:     150 Grad                Lastspiele:  200

| Klasse | Bewertungs-faktor | Druckbereich [bar] | Zündwinkel-Variation [°KW] | | | | | |
|---|---|---|---|---|---|---|---|---|
| | | | 22° | 23° | 25° | 27° | 30° | 35° |
| | | | Anzahl der Viertaktzyklen | | | | | |
| 0 | 0 | 0 − 2 | 199 | 199 | 190 | 145 | 82 | 9 |
| 1 | 0,5 | 2 − 4 | 1 | 1 | 10 | 48 | 69 | 15 |
| 2 | 1 | 4 − 8 | 0 | 0 | 0 | 7 | 41 | 70 |
| 3 | 2 | 8 − 12 | 0 | 0 | 0 | 0 | 6 | 49 |
| 4 | 3 | 12 − 16 | 0 | 0 | 0 | 0 | 2 | 25 |
| 5 | 4 | 16 − 20 | 0 | 0 | 0 | 0 | 0 | 9 |
| 6 | 5 | 20 − 24 | 0 | 0 | 0 | 0 | 0 | 8 |
| 7 | 6 | 24 − 28 | 0 | 0 | 0 | 0 | 0 | 5 |
| 8 | 7 | 28 − 32 | 0 | 0 | 0 | 0 | 0 | 4 |
| 9 | 8 | 32 − 36 | 0 | 0 | 0 | 0 | 0 | 4 |
| 10 | 9 | 36 − 40 | 0 | 0 | 0 | 0 | 0 | 0 |
| 11 | 10 | 40 − 44 | 0 | 0 | 0 | 0 | 0 | 0 |
| 12 | 11 | 44 − 48 | 0 | 0 | 0 | 0 | 0 | 2 |
| 13 | 12 | 48 − 52 | 0 | 0 | 0 | 0 | 0 | 0 |
| 14 | 13 | 52 − 56 | 0 | 0 | 0 | 0 | 0 | 0 |
| 15 | 14 | 56 − 60 | 0 | 0 | 0 | 0 | 0 | 0 |
| 16 | 15 | 60 − 64 | 0 | 0 | 0 | 0 | 0 | 0 |
| Überlauf | | > 64 | 0 | 0 | 0 | 0 | 0 | 0 |
| Klopfintensitätsfaktor KI | | | 0,05 | 0,05 | 0,5 | 3,1 | 9,35 | 43,85 |

$$KI = N \cdot \frac{\sum\limits_{k=0}^{m} (n_k \cdot f_k)}{c}$$

KI:  Klopfintensitätsfaktor

k:  Nummer der Klasse

m:  Maximale Anzahl der Klassen

$n_k$:  Anzahl der Zyklen mit Druckamplituden einer Klasse

$f_k$:  Bewertungsfaktor einer Klasse

c:  Anzahl der gemessenen Viertaktzyklen

N:  Normierungskonstante

### 7.5.3 Beispielhafte Messergebnisse

**Bild 7.94** zeigt beispielhaft das Ergebnis einer Auswertung mit der beschriebenen Messmethode in Verbindung mit einer Kolbentemperaturmessung.

Wie daraus ersichtlich, steigen die KI-Faktoren von Zylinder 2 und 3 über dem Zündwinkel deutlich früher und schneller an als von Zylinder 1 und 4. Bei diesem Betriebspunkt hat der untersuchte Motor eine ungleichmäßige Gemischverteilung zwischen den inneren Zylindern

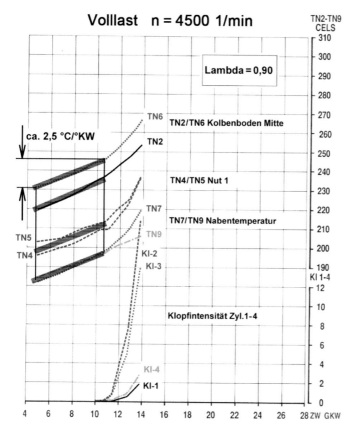

**Bild 7.94:** Kolbentemperaturen und Klopfintensität in Abhängigkeit vom Zündwinkel (alle vier Zylinder im Vergleich) an einem 2,0-Liter-Saugmotor mit vier Ventilen

**Betriebsbedingungen:**
Volllast, n = 4.500 1/min
$T_{Öl}$ = 100 °C
$T_{Wa}$ = 90 °C
Kraftstoff: Referenz-Kraftstoff SUPER ROZ 96

**Bezeichnung der Temperaturen:**

| | |
|---|---|
| TN2 Kolbenmuldenmitte Kolben 1 | TN6 Kolbenbodenmitte Kolben 3 |
| TN4 1. Kolbenringnut GDS Kolben 2 | TN7 Nabe Lüfterseite Kolben 3 |
| TN5 1. Kolbenringnut DS Kolben 2 | TN9 Nabe Schwungradseite Kolben 4 |

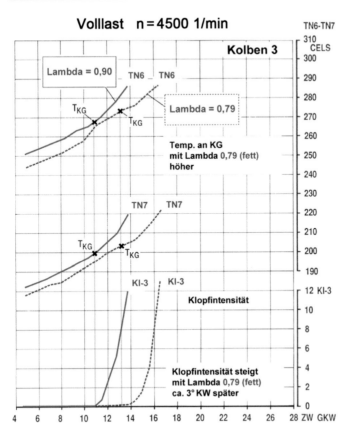

**Bild 7.95:** Kolbentemperaturen und Klopfintensität in Abhängigkeit vom Zündwinkel mit
λ = 0,90 (mager) und λ = 0,79 (fett)

**Betriebsbedingungen:**
Volllast, n = 4.500 1/min
$T_{Öl}$ = 100 °C
$T_{Wa}$ = 90 °C
Kraftstoff: Referenz-Kraftstoff SUPER ROZ 96

**Bezeichnung der Temperaturen:**
TN6  Temperatur Kolbenbodenmitte Kolben 3
TN7  Temperatur Nabe Lüfterseite Kolben 1
$T_{KG}$  Temperatur bei Klopfgrenze

(Nr. 2/3) und äußeren Zylindern (Nr. 1/4). Zylinder 2 und 3 laufen mit relativ magerem Gemisch,
bei hohen Lasten tritt deshalb verstärkt Klopfen auf.

Darüber hinaus ist dem **Bild 7.94** zu entnehmen, dass der Anstieg der Kolbentemperaturen
bis zur Klopfgrenze mit etwa 2,5 °C/°KW linear ansteigt. Erst bei starkem Klopfen ist ein über-
proportionaler Anstieg der Kolbentemperatur zu erkennen.

In einer weiteren Versuchsreihe wurde der Einfluss des Luft-Kraftstoff-Gemischs (Lambda) auf die Kolbentemperatur und die Klopfgrenze ermittelt.

**Bild 7.95** zeigt mit dem fetteren Gemisch eine Klopfgrenzenverschiebung um etwa 3 °KW in Richtung früher Zündwinkel. Die Kolbentemperatur ist entsprechend dem fetteren Gemisch niedriger, jedoch ist die Temperatur bei Klopfgrenze (jetzt 3 °KW früher) höher als mit dem mageren Gemisch.

Beide Bilder zeigen, dass der Zündwinkel (ZW) auch ohne Klopfen grundsätzlich einen erheblichen Einfluss auf die Bauteiltemperaturen hat. Ein zusätzlicher Temperaturanstieg durch eine auftretende klopfende Verbrennung ist hingegen erst bei sehr hohen Klopfintensitäten zu erkennen.

## 7.5.4  Erkennungsgüte von Klopfregelungen

Klopfschäden, wie das axiale Ausschmieden der 1. Kolbenringnut, **Bild 7.87**, sind u. a. auf eine mangelhafte Funktion der Klopfregelung (KR) bei der Klopferkennung zurückzuführen. Es konnte nachgewiesen werden, dass schon relativ wenige erhöhte Klopfamplituden einen solchen Schaden verursachen können.

Ein derartiges Klopfverhalten ist in **Bild 7.96** dargestellt. Dies sind die maximalen Klopfamplituden und der zylinderselektive Rückzugswinkel der Klopfregelung für Zylinder 1 für jedes Arbeitsspiel. Mit der verwendeten Kraftstoffsorte ROZ 95 stellte sich eine sogenannte mittlere Regeltiefe von etwa 3 °KW ein.

In Zylinder 1 wurden Klopfamplituden bis 25 bar gemessen. Mit dieser Klopfregeleinstellung und der Kraftstoffqualität ROZ 95 wurden im Volllastdauerlauf die vorher genannten Klopfschäden erzeugt. Dagegen konnten mit der Kraftstoffqualität ROZ 99, **Bild 7.97**, vergleichbare Volllastdauerläufe ohne jegliche Klopfschäden durchgeführt werden. Die maximalen Klopfamplituden gingen dabei auf etwa 5 bis 6 bar zurück, und die mittlere Regeltiefe ist deutlich geringer.

Höhe und Anzahl der maximal zulässigen Klopfamplituden können nicht pauschalisiert angegeben werden, sondern sind für jeden Anwendungsfall durch Dauerlauftests abzusichern. Klopfamplituden von mehr als 8 bis 10 bar haben bereits in den verschiedensten Fällen zu Problemen geführt und sollten vermieden werden.

Dass es sich am eben genannten Beispiel um ein zylinderspezifisches Problem handelt, zeigt **Bild 7.98**. Hier sind die gemessenen maximalen Klopfamplituden für alle Zylinder des Motors in einer Tabelle zusammengestellt.

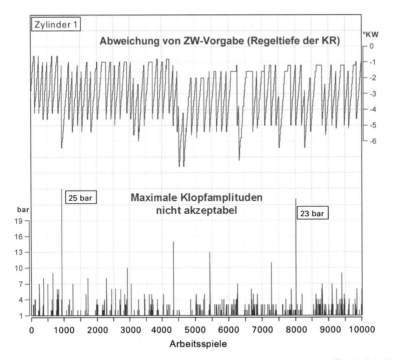

**Bild 7.96:** Maximal auftretende Klopfamplituden und zugehörige Zündwinkeländerung für 10.000 Arbeitsspiele, Volllast, 5.600 1/min mit ROZ 95, Motor 1,8 l aufgeladen

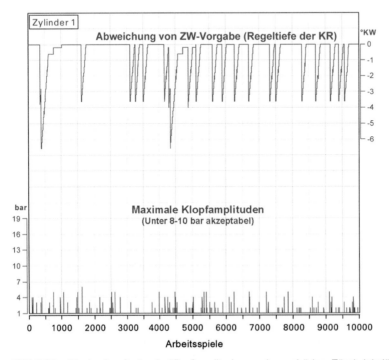

**Bild 7.97:** Maximal auftretende Klopfamplituden und zugehörige Zündwinkeländerung für 10.000 Arbeitsspiele, Volllast, 5.600 1/min mit ROZ 99, Motor 1,8 l aufgeladen

## Kraftstoff: ROZ 95

| Klassen (bar) | Zyl. 1 | | Zyl. 2 | | Zyl. 3 | | Zyl. 4 | |
|---|---|---|---|---|---|---|---|---|
| | erk. | nicht erk. | erk. | nicht erk. | erk. | nicht erk. | erk. | nicht erk. |
| 0 - 1 | 15 | 9638 | 4 | 9807 | 2 | 9853 | 9 | 9703 |
| 1 - 2 | 4 | 136 | 12 | 98 | 10 | 66 | 9 | 144 |
| 2 - 3 | 5 | 108 | 16 | 30 | 15 | 18 | 7 | 62 |
| 3 - 4 | 7 | 40 | 8 | 1 | 9 | 5 | 10 | 24 |
| 4 - 5 | 4 | 10 | 7 | 1 | 10 | | 8 | 5 |
| 5 - 6 | 7 | 5 | 8 | | 4 | | 1 | 5 |
| 6 - 7 | 7 | | 2 | | 3 | | 6 | 2 |
| 7 - 8 | 2 | 1 | 3 | | 1 | | 1 | |
| 8 - 9 | 1 | 2 | | | 2 | | 1 | |
| 9 - 10 | 1 | | | | | | | |
| 10 - 11 | 1 | | | | | | 1 | |
| 11 - 12 | | | | | | | | |
| 12 - 13 | 1 | | | | | | | |
| 13 - 14 | | | | | | | | |
| 14 - 15 | 1 | | | | | | | |
| 15 - 16 | | | | | | | | |
| 16 - 17 | | | | | | | | |
| 17 - 18 | | | | | | | | |
| 18 - 19 | | | | | | | | |
| 19 - 20 | | | | | | | | |
| 20 - 21 | | | | | | | | |
| 21 - 22 | | | | | | | | |
| 22 - 23 | 1 | | | | | | | |
| 23 - 24 | | | | | | | | |
| 24 - 25 | 1 | | | | | | | |
| ⋮ | | | | | | | | |
| 33 - 34 | | | | | | | | |
| 34 - 35 | | | 1 | | | | | |
| 35 - 36 | 1 | | | | | | | |

Problem Zyl. 1

Megaklopfer

## Kraftstoff: ROZ 99

| Klassen (bar) | Zyl. 1 | | Zyl. 2 | | Zyl. 3 | | Zyl. 4 | |
|---|---|---|---|---|---|---|---|---|
| | erk. | nicht erk. | erk. | nicht erk. | erk. | nicht erk. | erk. | nicht erk. |
| 0 - 1 | 14 | 9862 | 0 | 9956 | 4 | 9975 | 6 | 9938 |
| 1 - 2 | 2 | 60 | | 40 | 2 | 16 | 1 | 53 |
| 2 - 3 | 2 | 24 | | | 1 | | | |
| 3 - 4 | 2 | 17 | 1 | 1 | | | | |
| 4 - 5 | 1 | 13 | | | | | | |
| 5 - 6 | 1 | | | | | | | |
| 6 - 7 | | | | | | | | |
| 7 - 8 | | | | | | | | |
| 8 - 9 | | | | | | | | |
| 9 - 10 | | | | | | | | |
| 10 - 11 | | | | | | | | |
| 11 - 12 | | | | | | | | |
| 12 - 13 | | | | | | | | |
| 13 - 14 | | | | | | | | |
| 14 - 15 | | | | | | | | |
| 15 - 16 | | | | | | | | |
| 16 - 17 | | | | | | | | |
| 17 - 18 | | | | | | | | |
| 18 - 19 | | | | | | | | |
| 19 - 20 | | | | | | | | |
| 20 - 21 | | | | | | | | |
| 21 - 22 | | | | | | | | |
| 22 - 23 | | | | | | | | |
| 23 - 24 | | | | | | | | |
| 24 - 25 | | | | | | | | |

Problem Zyl. 1 weiter vorhanden

**Bild 7.98:** Statistische Auswertung der gemessenen Klopfamplituden im Vergleich ROZ 95 zu ROZ 99, 10.000 Arbeitsspiele, Volllast 5.600 1/min, Motor 1,8 l aufgeladen

Es werden von der Klopfregelung erkannte und nicht erkannte Klopfamplituden unterschieden. Im linken Teil des Bildes (Ergebnisse mit Kraftstoffqualität ROZ 95) zeigt sich, dass das vorher gezeigte Problem nur Zylinder 1 betrifft. An diesem Zylinder ist die Erkennungsqualität der Klopfregelung nicht zufriedenstellend. Klopfamplituden von 8 bis 9 bar werden nicht erkannt. Auch mit der Kraftstoffqualität ROZ 99 zeigt sich die schlechtere Erkennungsqualität von Zylinder 1.

Mangelnde Erkennungsqualität kann viele Ursachen haben. Oft können die Ursachen nicht mehr durch konstruktive Änderungen beseitigt werden, da der Entwicklungsstand des Motors zu weit fortgeschritten ist. Hier kann durch Softwareapplikation Abhilfe geschaffen werden.

Eine Methode ist die Zurücknahme der Zündwinkelwerte im Kennfeld, sodass man sich von der Klopfgrenze entfernt und damit die Regeltiefe der Klopfregelung verringert. Dies ist meistens nur für alle Zylinder gemeinsam möglich. Die Folge ist jedoch eine Verschlechterung des Wirkungsgrads des Motors auch in den Betriebsbereichen, in denen die Klopfgrenze nicht erreicht wird.

## 7.5.5  Megaklopfer und Vorentflammung

Als Megaklopfer bezeichnet man extrem hohe Klopfamplituden, die bis zu 100 bar und höher sein können und nur sehr selten auftreten. Wie in Kapitel 7.5.1 gezeigt, kann eine einzige Klopfamplitude dieser Höhe den Feuersteg oder Ringsteg zerstören.

**Bild 7.99** zeigt einen typischen Megaklopfer, der an einem Achtzylinder-Saugmotor in einem Volllast-Teillastbetrieb aufgezeichnet wurde. Dargestellt sind für 10.000 Arbeitsspiele die maximale Klopfamplitude und der Zündwinkelverlauf von Zylinder 1, ferner die Motorlast bei konstanter Drehzahl $n$ = 6.000 1/min. Die Klopfregelung arbeitet bei diesen Betriebsbedingungen fehlerfrei. Bei Arbeitsspiel Nr. 4747 kam es zu einer extrem klopfenden Verbrennung mit einer maximalen Klopfamplitude von 60 bar.

Dieses Arbeitsspiel wurde online aufgezeichnet und ist in **Bild 7.100** abgebildet. Man sieht am Anfang den Druckverlauf einer normalen Verbrennung, die dann ohne ersichtlichen Grund zu einem extremen Klopfereignis führt.

Die Tabelle mit den Daten von allen acht Zylindern zeigt sonst keine Auffälligkeiten. Die Megaklopfer treten bei diesem Motor nicht nur in Zylinder 1 auf. Es konnte kein bevorzugter Zylinder entdeckt werden. Auch das Laufprogramm – hier Wechsellast – war nicht ausschlaggebend. Festgestellt wurde jedoch, dass die Megaklopfer nur bei hohen Drehzahlen und im Volllastbereich auftraten.

Mögliche Fehlfunktionen der Zündung kann man durch Überwachung des Zündsignals ausschließen.

Megaklopfer sind nicht nur von Saugmotoren, sondern auch von aufgeladenen Motoren mit indirekter und direkter Einspritzung bekannt. Hauptauslöser solcher Megaklopfer ist in den meisten Fällen vermutlich eine inhomogene Gemischaufbereitung im Brennraum. Hier können sich Hotspots bilden, in denen das Luft-Kraftstoff-Gemisch zu einer stark klopfenden Verbrennung führt [17].

Das Phänomen Megaklopfer darf nicht mit jenem der Vorentflammung verwechselt werden. Vorentflammung tritt mitunter bei der Entwicklung hoch belasteter Turbomotoren auf. Hierbei zündet das Luft-Kraftstoff-Gemisch vor der eigentlichen Fremdzündung durch die Zündkerze [18]. Die Vorentflammung in der Kompressionsphase verursacht eine extreme Erhöhung des Verbrennungsdrucks. Diesem stark erhöhten Druckverlauf können sich zusätzlich Klopfamplituden überlagern. Es konnten bereits Zylinderdrücke von über 300 bar gemessen werden.

Diese vorgenannten Phänomene Megaklopfer und Vorentflammung können nicht im Zusammenhang mit der Funktion der Klopfregelung gesehen werden.

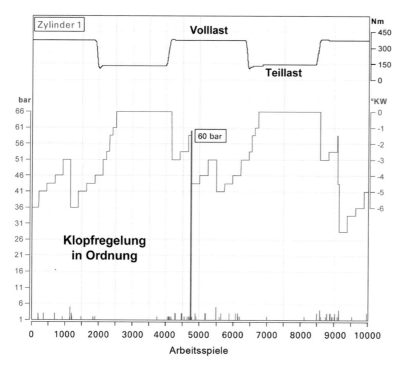

**Bild 7.99:**  Megaklopfer Zylinder 1, Volllast-Teillastbetrieb bei *n* = 6.000 1/min, Kraftstoff ROZ 95, Acht-zylinder-Saugmotor

## Megaklopfer in Zyl. 1

### Motor: Achtzylinder-Saugmotor     Kraftstoff: ROZ 95

| Klassen (bar) | Zyl. 1 erk. | Zyl. 1 nicht erk. | Zyl. 2 erk. | Zyl. 2 nicht erk. | Zyl. 3 erk. | Zyl. 3 nicht erk. | Zyl. 4 erk. | Zyl. 4 nicht erk. | Zyl. 5 erk. | Zyl. 5 nicht erk. | Zyl. 6 erk. | Zyl. 6 nicht erk. | Zyl. 7 erk. | Zyl. 7 nicht erk. | Zyl. 8 erk. | Zyl. 8 nicht erk. |
|---|---|---|---|---|---|---|---|---|---|---|---|---|---|---|---|---|
| 0 - 1 | 0 | 9928 | 0 | 9949 | 1 | 9932 | 9 | 9987 | 3 | 9651 | 1 | 9921 | 4 | 9985 | 0 | 9959 |
| 1 - 2 | 2 | 40 | 2 | 42 | 2 | 55 | | 2 | 3 | 29 | 2 | 64 | 3 | 5 | | 26 |
| 2 - 3 | | 23 | 2 | | 4 | 2 | | | | 4 | 2 | 3 | 1 | | 2 | 3 |
| 3 - 4 | 2 | 1 | 1 | | 1 | | | | 2 | 4 | 1 | 1 | 1 | | 1 | 3 |
| 4 - 5 | 2 | 1 | 1 | | 1 | | | | | | | 1 | 3 | | | |
| 5 - 6 | | | 1 | | | | | | | | | | | | | |
| 6 - 7 | | | | | | | | | 1 | | | | | | | |
| 7 - 8 | | | | | | | | | | | 1 | | | | | |
| 8 - 9 | | | | | | | | | | | 1 | | 1 | | | |
| 9 - 10 | | | | | | | | | | | 1 | | | | | |
| 10 - 11 | | | | | | | | | | | | | | | | |
| 11 - 12 | | | | | | | | | | | | | | | | |
| 12 - 13 | | | | | | | | | | | | | | | | |
| 13 - 14 | | | | | | | | | | | | | | | | |
| 14 - 15 | | | | | | | | | | | | | | | | |
| 15 - 16 | | | | | | | | | | | | | | | | |
| 16 - 17 | | | | | | | | | | | | | | | | |
| 17 - 18 | | | | | | | | | | | | | | | | |
| 18 - 19 | | | | | | | | | | | | | | | | |
| 19 - 20 | | | | | | | | | | | | | | | | |

**Klopfregelung in Ordnung**

Zyl. 1  Arbeitsspiel Nr. 4747

Druckkurve

Druckkurve gefiltert
Bandpass 3.2 – 80 kHz

Asp. Nr. 4747

| 58 - 59 | | |
| 59 - 60 | 1 | |
| 60 - 61 | | |

**Bild 7.100:**  Messung von 10.000 Arbeitsspielen mit Megaklopfer in Zylinder 1

# 7.6    Kolbengeräusch und Kolbenquerbewegung

## 7.6.1    Vorgehensweise zur systematischen Minimierung von Kolbengeräuschen

Zur akustischen Optimierung eines Verbrennungsmotors ist es wichtig, dessen einzelne Teilschallquellen und deren Beitrag zum Motorgesamtgeräusch möglichst genau zu kennen. Nur so lässt sich mit möglichst wenigen motorischen Versuchen aufzeigen, mit welcher Kombination von Maßnahmen die beste Wirkung erreicht wird.

Einer der geräuschanregenden Mechanismen am Hubkolbenmotor ist die spielbedingte Kolbenbewegung senkrecht zur Kolbenlaufrichtung. Unter Einfluss der auf den Kolben wirkenden Gas- und Massenträgheitskräfte, in der Folge Massenkräfte genannt, bewirken der Pleuelschwenkwinkel und das notwendige Einbauspiel zwangsläufig eine Querbewegung des Kolbens. Bei der Anlage des Kolbens an der Zylinderwand treten Stöße auf und führen zu einer Körperschallanregung in der Motorstruktur. Sie sind die Ursache für Kolbengeräusche.

Das Kolbengeräusch liefert einen maßgeblichen Anteil am mechanisch verursachten Kurbeltriebsgeräusch. Daher ist es wichtig, die Kolbenquerbewegung zu optimieren, um das Motorgeräusch im Summenpegel, hauptsächlich aber auch im Grad der subjektiven Lästigkeit zu minimieren. Die Tendenz zur Verwendung von Kolben mit großen Einbauspielen in Verbindung mit kleinen Kolbenbolzendesachsierungen, um die Reibleistung im Motor und somit $CO_2$ Emissionen zu reduzieren, wird zukünftig die akustische Optimierung erschweren.

Für eine schnelle und erfolgreiche Durchführung der Optimierungsarbeiten sollten folgende Randbedingungen erfüllt sein:
- Ein auftretendes Kolbengeräusch sollte zumindest an Ottomotoren subjektiv eindeutig als solches identifiziert und beurteilt werden können.
  Dies verhindert, dass teure Bauteil- oder Spieländerungen eingeführt werden, ohne dass eine wahrnehmbare Verbesserung des Höreindrucks eintritt.
- Jeder einzelne Kolbengeräuschtyp sollte objektiv quantifizierbar sein.
  Dies ermöglicht eine quantitative Bewertung der am Kolben durchgeführten Maßnahmen im Hinblick auf dessen Geräuschanregung.
- Für jeden einzelnen Kolbengeräuschtyp muss der charakteristische Bewegungsablauf des Kolbens bekannt sein.
  Die Visualisierung der bei lautem Kolben gemessenen Kolbenquerbewegung zeigt, welcher Bewegungsmechanismus beim jeweiligen Kolbengeräusch zu verhindern ist.

■ Der Einfluss verschiedener konstruktiver Maßnahmen am Kolben auf die Kolbenquerbewegung muss genau bekannt sein.
Systematische Parameterstudien verhelfen hier zu einem entsprechenden Expertenwissen,
um die Anzahl der Motorenversuche möglichst gering zu halten.

Um diesen Anforderungen zu entsprechen, erfolgt die Beurteilung und die systematische
Minimierung von Kolbengeräuschen anhand von vier prinzipiell verschiedenen Vorgehensweisen, wie sie in **Bild 7.101** aufgezeigt sind. Diese vier Ansätze zur Untersuchung von Kolbengeräuschen und deren Ursachen erfordern Arbeiten völlig unterschiedlichen Zeit- und
Kostenbedarfs. Je nach Problem, Aufgabenstellung und Zielsetzung werden diese mit unterschiedlicher Intensität verfolgt und entsprechend kombiniert. Allen Vorgehensweisen gemeinsam ist das übergeordnete Ziel einer systematischen Wissenserweiterung, um die zukünftigen
Optimierungsarbeiten noch schneller und zuverlässiger durchführen zu können.

Die subjektive Beurteilung und Bewertung des Motorgeräuschs ist als immer notwendige
Handlung am Anfang und Ende eines Optimierungsprozesses zu sehen. Zu Beginn der
Optimierung dient der Höreindruck einer ersten Diagnose und hilft, den Ausgangszustand
schnellstmöglich qualitativ zu beurteilen. Eine definierte Luftschallaufzeichnung ermöglicht
spätere Hörvergleiche. Nach Abschluss der Optimierung dienen die subjektive Beurteilung
und der direkte Vergleich mit dem Ausgangszustand als Nachweis, dass die erzielten Verbes-
serungen auch wirklich zu einem subjektiv besseren Höreindruck führen. Eine solche subjektive Beurteilung des Motorgeräuschs kann sowohl am Fahrzeug als auch am Prüfstand
erfolgen.

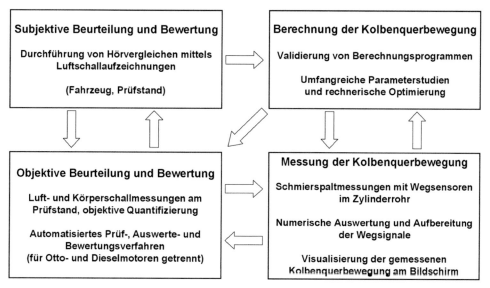

**Bild 7.101:** Vorgehensweise zur systematischen Minimierung von Kolbengeräuschen

Sind subjektive Beurteilungen und gezielt vorbereitete Hörvergleiche als Diagnosewerkzeuge nicht ausreichend, wie dies vor allem beim Dieselmotor sehr häufig der Fall ist, so müssen am Prüfstand reproduzierbare Luft- und Körperschallmessungen durchgeführt werden. Die Auswertung der mit unterschiedlichen Kolben gemessenen Signale und deren Vergleich untereinander können dann zu einer objektiven Quantifizierung der Kolbengeräusche führen. Eine Standardisierung und teilweise Automatisierung der Auswerteverfahren erlaubt einen schnellen Durchsatz der notwendigen Versuchsvarianten.

Ein wesentliches Ziel bei der systematischen Versuchsplanung besteht darin, die Anzahl der Versuchsvarianten – und damit die Anzahl der motorischen Versuche – bei größtmöglichem Informationsgewinn zu minimieren. Hierzu tragen der vorhandene Erfahrungsschatz und die Möglichkeit der prädiktiven Berechnung erheblich bei.

Anhand der Simulationsrechnung der Kolbenquerbewegung können nicht nur akustisch beanstandete Bewegungsverhalten des Kolbens aufgezeigt und erläutert, sondern – die Durchführung geeigneter Parameterstudien vorausgesetzt – auch vorab Lösungswege qualitativ beurteilt und damit erheblich verkürzt werden.

Zur Validierung von Simulationsprogrammen und für grundlegende Entwicklungsarbeiten werden zusätzlich Messungen der Kolbenquerbewegung durchgeführt. Der zeitliche wie auch finanzielle Aufwand für die Ausrüstung eines Motors ist erheblich. Günstiger ist es, einige wenige typische Vertreter als Versuchsträger für solche Untersuchungen vorzubereiten – z. B. konventionelle Ottomotoren wie auch solche mit Direkteinspritzung, IDI- und DI-Dieselmotoren, Nkw-Dieselmotoren. Mit Hilfe eines Messverfahrens mit zylinderfest angebrachten Wegsensoren [19] kann an diesen Motoren mit nur geringem Umbauaufwand eine Vielzahl von wichtigen Parametern und deren Einfluss auf die Kolbenquerbewegung untersucht werden. Die Auswerte- und Visualisierungsprozeduren werden hierzu weitgehend automatisiert. Die wertvollen Ergebnisse dienen der gezielten Auswahl von Versuchsvarianten und der Erstellung von Maßnahmenkatalogen.

## 7.6.2 Kolbengeräusche am Ottomotor

### 7.6.2.1 Subjektive Geräuschbeurteilung

Beim Ottomotor können Kolbengeräusche anhand des subjektiven Höreindrucks als solche eindeutig identifiziert und bei Auftreten mehrerer Geräuscharten auch differenziert werden. Der geübte Hörer kann, ausgehend von dem Klangbild des Geräuschs und unter Einbeziehung der Betriebsbedingungen, auf einen konkreten Anregungsmechanismus im Motor schließen.

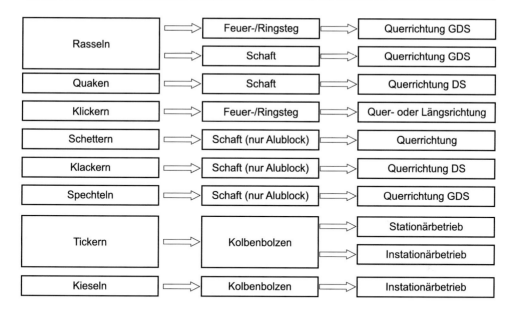

**Bild 7.102:** Kolbengeräusche am Ottomotor

Die einzelnen Kolbengeräuscharten werden nach Ursache, Anregungsort an Kolben und Zylinder, Winkelstellung des Kurbeltriebs, Drehzahl-, Last- und Temperaturbereich klassifiziert. Entsprechend den Höreindrücken haben sich im Laufe der Zeit für diese unterschiedlichen Anregungsarten „klangfrohe" Bezeichnungen etabliert, wie sie in **Bild 7.102** ohne Anspruch auf Vollständigkeit aufgeführt sind.

Dem erfahrenen Entwicklungsingenieur stehen heute zu jeder Kolbengeräuschart mehrere aufgezeichnete Hörbeispiele zur Verfügung, die bei der akustischen Beurteilung eines Motors als Vergleichsmuster dienen. Dadurch kann in vielen Fällen bereits während einer ersten subjektiven Beurteilung die Ursache für ein Geräusch diagnostiziert werden. Für eventuell nachfolgende Motorenversuche können so sehr frühzeitig die bestmöglichen Versuchsvarianten vorgeschlagen werden.

Für die subjektive Bewertung von Motorgeräuschen wird in der Automobilindustrie üblicherweise eine Notenskala von 1 bis 10 verwendet, wie sie in **Bild 7.103** dokumentiert ist.

Werden während einer akustischen Optimierung mehrere Kolbenvarianten vergleichend gefahren, so reicht diese Art der subjektiven Bewertung zur exakten Quantifizierung häufig nicht aus. Es müssen dann eine objektive Geräuschbewertung und eine Quantifizierung der Geräusche durchgeführt werden.

| Note | Bewertung | Beschreibung | Bemerkung |
|------|-----------|--------------|-----------|
| 10 | ausgezeichnet | auch von geübten Beurteilern nicht feststellbar | verkäuflich |
| 9 | sehr gut | nur von geübten Beurteilern feststellbar | |
| 8 | gut | nur von kritischen Kunden feststellbar | |
| 7 | befriedigend | von allen Kunden feststellbar | |
| 6 | noch akzeptabel | von einigen Kunden als störend empfunden | |
| 5 | unbefriedigend | von allen Kunden als störend empfunden | unverkäuflich |
| 4 | mangelhaft | von allen Kunden als Fehler empfunden | |
| 3 | ungenügend | von allen Kunden als schwerer Fehler reklamiert | |
| 2 | schlecht | nur noch bedingt funktionsfähig | |
| 1 | sehr schlecht | nicht mehr funktionsfähig | |

**Bild 7.103:** Notenskala zur subjektiven Bewertung von Kolbengeräuschen

### 7.6.2.2 Objektive Geräuschbeurteilung und Quantifizierung

Die beim Ottomotor am häufigsten auftretenden Kolbengeräusche sind:

■ Das sogenannte „Rasseln" – ein Anschlagen des Kolbenkopfs oder je nach Kolbengeo-metrie auch des steifen oberen Teils des Kolbenschafts auf der Gegendruckseite (GDS) im Kurbelwinkelbereich kurz vor oder um den Zündtotpunkt ZOT (OT im Arbeitstakt). Der Anregungsmechanismus beruht auf einem massenkraftbedingten Spieldurchgang von der Druckseite zur Gegendruckseite mit einer überlagerten rotatorischen Bewegungskompo-nente des Kolbenkopfs zur Gegendruckseite hin.

■ Das sogenannte „Quaken" – ein Anschlagen und Verformen des elastischen Kolbenschafts auf der Druckseite (DS) des Zylinderrohrs im Kurbelwinkelbereich nach dem ZOT. Der Anre-gungsmechanismus beruht auf einer gaskraftbedingten rotatorischen Bewegung um einen am unteren Schaftbereich verharrenden Drehpol.

Die beschriebenen Bewegungsmechanismen sind in **Bild 7.104** schematisch angedeutet. Die wichtigsten geometrischen Parameter, mit denen sich das Kolbengeräuschverhalten bei vertretbarem Aufwand beeinflussen lässt, sind die Kolbenbolzendesachsierung, der Kolben-kopfversatz, der Zylinderverzug, die Formgebung am Kolben (Kontur und Ovalität) und die Spielgebung, wobei das minimal zulässige Einbauspiel ganz wesentlich von der Formgebung am Kolbenschaft mitbestimmt wird.

**Druckseite**                     **Gegendruckseite**

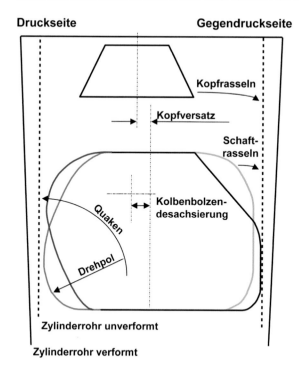

Kopfrasseln

Kopfversatz

Schaft-
rasseln

Kolbenbolzen-
desachsierung

Quaken

Drehpol

**Zylinderrohr unverformt**

**Zylinderrohr verformt**

**Bild 7.104:**
Zusammenhang zwischen
Kolbenauslegung und
Kolbengeräusch am Ottomotor

Beide Geräusche sind für Ottomotoren sehr typisch und treten fast ausschließlich bei kaltem Motorbetrieb mit geringer bis mittlerer Last auf.

Das „Quaken", welches dem dunklen Klangbild nach an den Laut eines Frosches erinnert, tritt meist nur bei niedrigen Motordrehzahlen von weniger als 2.000 1/min auf. Das im Klangbild eher helle, scharfe „Kopfrasseln" hingegen ist meist nur bei Drehzahlen von mehr als 3.000 1/min festzustellen. Erfolgt aufgrund der Kolbengeometrie ein „Schaftrasseln", so kann dies bereits bei niedrigeren Drehzahlen um 2.500 1/min einsetzen.

Das in **Bild 7.105** dargestellte Ottomotorenkennfeld zeigt, in welchen Betriebsbereichen die Kolbengeräusche prinzipiell auftreten können.

Soll ein Motor im Hinblick auf die Kolbengeräusche „Quaken" und „Rasseln" messtechnisch überprüft werden, so bietet sich eine kontinuierliche Messung von Luft- und Körperschall während eines Drehzahlhochlaufs bei konstant gehaltener niedriger Last an. Das für zwei unterschiedliche Lastzustände und gekühlten Motor (Kühlmittel- und Öltemperatur um −20 °C) vorgeschlagene Standard-Messprogramm ist in **Bild 7.105** mit gestrichelten Pfeillinien angedeutet.

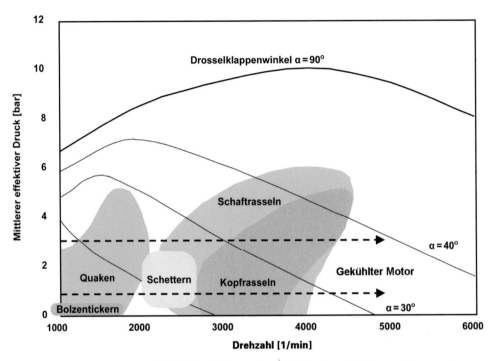

**Bild 7.105:** Ottomotorenkennfeld mit für Kolbengeräusche typischen Betriebsbereichen und vorge-schlagenem Messprogramm

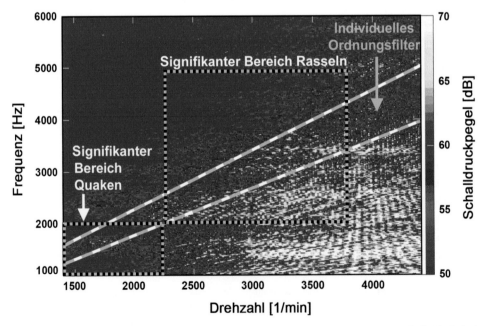

**Bild 7.106:** Spektrale Verteilung des während eines Drehzahlhochlaufs gemessenen Luftschalls bei Betrieb mit „Quaken" und mit „Rasseln"

**Bild 7.106** zeigt anhand eines Beispiels die spektrale Verteilung des während eines solchen Hochlaufs gemessenen Luftschallsignals. Wie der subjektive Höreindruck erwarten lässt, unterscheiden sich die Kolbengeräusche „Quaken" und „Rasseln" in ihrem Frequenzinhalt wesentlich. Das vom Kolbenschaft verursachte „Quaken" tritt als relativ schmalbandige Überhöhung im Frequenzbereich zwischen 1 und 2 kHz auf. Das „Rasseln" hingegen erfolgt aufgrund der hohen Steifigkeit der am Stoß beteiligten Bauteile als breitbandigere Anregung und kann je nach Stoßintensität und Motorstruktur im Bereich von 2 bis weit über 5 kHz abgestrahlt werden.

So ist neben der Drehzahl ein weiterer wichtiger Aspekt für die messtechnische Differenzierung der beiden Geräuscharten gefunden. Beide Kriterien zusammen ermöglichen eine selektive Bewertung der Signale unter Verwendung definierter Frequenz-Drehzahl-Fenster, wie sie in **Bild 7.106** dargestellt sind.

Um im Rahmen eines solchen Vorgehens sicherzustellen, dass die beanstandeten Geräusche innerhalb der ausgewählten Frequenz-Drehzahl-Fenster liegen, sollte immer ein Vergleich von Messdaten mit und ohne Kolbengeräusch durchgeführt werden. Hierzu eignet sich eine Potenzialabschätzung mit einer bewusst akustisch ungünstig gestalteten Kolbenausführung im Vergleich zu einem sehr spielarm eingebauten, akustisch optimierten Kolben. Da häufig weder ein optimierter Kolben vorliegt, noch ein Umbau des Motors zulässig ist, können ersatzweise auch Messungen bei kaltem und warmem Motorbetrieb verglichen werden. Da hierbei jedoch nicht alle in den Luftschallspektren gefundenen Unterschiede auf das Kolbengeräusch zurückzuführen sind, müssen die Bereiche mit dem Kolben als maßgebliche Anregungsursache anhand von Körperschallsignalen verifiziert werden.

Dies erfolgt durch eine Auswertung von zeitgleich am Zylinderblock gemessenen Beschleunigungen, die das Kolbengeräusch in hohem Maße repräsentieren. **Bild 7.107** zeigt einen Vergleich von Luft- und Körperschallspektren bei Betrieb mit kaltem Motor (mit „Quaken") und mit warmem Motor (ohne „Quaken").

Die Luft- und Körperschallspektren in **Bild 7.108** belegen, dass durch diese Art der Darstellung auch das breitbandigere „Rasseln" visualisiert und im Frequenzbereich nach dem Anschlagort (Kopf oder Schaft) unterschieden werden kann. Auffällig ist, dass die bei höherer Drehzahl auftretenden Anregungen auch einen höheren Frequenzbereich beeinflussen. Dies begründet sich zum einen in der Steifigkeit der am Stoß beteiligten Bauteilbereiche und zum anderen in den mit höherer Drehzahl anwachsenden Gas- und Massenkräften.

Je nach Lage der gefundenen Kolbengeräusche in den Frequenz-Drehzahl-Fenstern lässt sich ein individuelles Filterband als Funktion über der Drehzahl definieren, welches die kolbentechnisch interessanten Bereiche umfasst und die weniger informativen Bereiche ausblendet. Häufig kann hierzu auch ein einfaches schmales Ordnungsfilter, wie es bereits in **Bild 7.106**

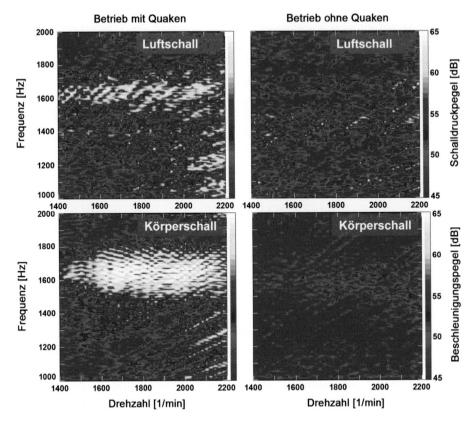

**Bild 7.107:** Partielle Luftschallspektren (Fernfeld, Druckseite) und Körperschallspektren (Zylinderblock, Druckseite) bei Betrieb mit und ohne „Quaken"

angedeutet ist, verwendet werden. Wird der Pegel des nur innerhalb dieses Filterbands liegenden Signalanteils errechnet, so zeichnen sich im Bereich existierender Kolbengeräusche deutliche Überhöhungen ab. **Bild 7.109** zeigt die Verläufe dieser Ordnungspegel im Vergleich zu den errechneten Summenpegeln für den bei kaltem und warmem Motorbetrieb gemessenen Luftschall.

Werden während eines Optimierungsprozesses verschiedene Kolbenvarianten unter möglichst gleichen Betriebsbedingungen gefahren, so kann anhand der Bildung von Pegeldifferenzen eine quantitative Bewertung der einzelnen Kolbengeräusche durchgeführt werden. Ein analoges Vorgehen kann auch für gemessene Körperschallsignale erfolgen und ermöglicht – je nach Lage und Anzahl der Messstellen – zusätzliche zylinderspezifische Bewertungen.

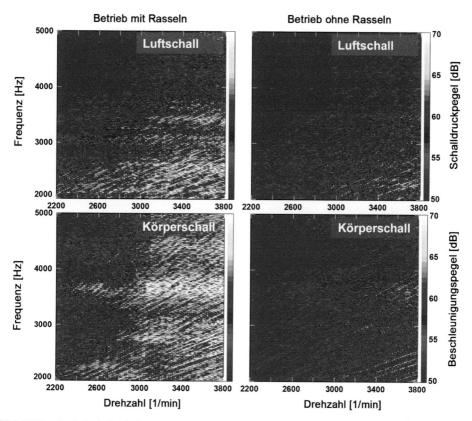

**Bild 7.108:** Partielle Luftschallspektren (Fernfeld, Gegendruckseite) und Körperschallspektren (Zylinderblock, Gegendruckseite) bei Betrieb mit und ohne „Rasseln"

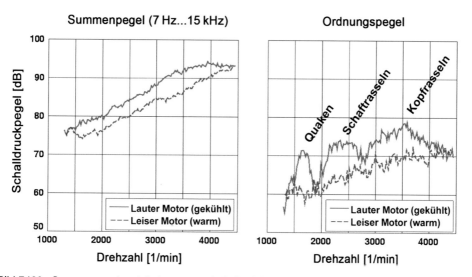

**Bild 7.109:** Summenpegel und Ordnungspegel als Funktionen der Motordrehzahl, errechnet aus identischen Luftschallsignalen

### 7.6.2.3 Kolbenquerbewegung und Einflussparameter am Ottomotor

Eine Minimierung der durch den Kolben verursachten Stoßanregung ist nur durch eine Optimierung der Kolbenquerbewegung möglich. Übergeordnetes Ziel sollte es daher sein, die Kolbenquerbewegung bei allen Betriebspunkten so zu „modellieren", dass bei einem Anlagewechsel nur ein Minimum an Stoßenergie in die Motorstruktur eingeleitet wird.

Um den Bewegungsmechanismus des Kolbens zum Zeitpunkt des Anlegens an der Zylinderwand zu verändern, ist gezielte Einflussnahme auf die vorangehende Bewegungsphase notwendig. Genaue Kenntnisse über das Bewegungsverhalten des Kolbens in Abhängigkeit von Drehzahl, Last und Temperatur sind deshalb genauso wichtig wie Kenntnisse über den Einfluss einzelner konstruktiver Parameter auf die Kolbenquerbewegung.

Messungen der Kolbenquerbewegung sind daher ein unverzichtbares Mittel, um Grundlagenwissen zu schaffen, und dienen darüber hinaus der Berechnung zur Validierung der Simulationsmodelle und zur Parameteridentifikation.

Bei Anwendung eines Messverfahrens mit im Zylinderrohr angebrachten Wegsensoren [19] kann auf eine bewegliche Messschwinge zur Datenübertragung verzichtet werden. Der Vorteil dieses Verfahrens ist ein schneller und unkomplizierter Wechsel der Versuchsvarianten ohne messtechnische Bestückungsarbeiten am Kolben. Ein Nachteil ist der erhöhte Programmieraufwand bei der numerischen Auswertung der einzelnen, zwischen Kolben und Zylinderwand gemessenen Schmierspaltsignale. Der Kippwinkelverlauf der Kolbenachse und die translatorische Kolbenbolzenverlagerung müssen aus den einzelnen verwertbaren Abschnitten solcher in **Bild 7.110** dargestellten Schmierspaltverläufe errechnet werden. Die durch die Kolbenringe verursachten Signale sind zu ignorieren. Der interpretierbare Signalbereich darf sich auf den Kurbelwinkelbereich um den oberen Totpunkt beschränken und hängt von der Schaftlänge des Kolbens und der Applikation am Zylinderrohr ab.

Zur Reduzierung des zeitlichen wie auch des finanziellen Aufwands für die Ausrüstung wurden einige typische Motorvarianten als Versuchsträger vorbereitet. An diesen konnte eine Vielzahl von wichtigen Parametern und deren Einfluss auf die Kolbenquerbewegung und auf die Körperschallanregung untersucht werden.

Anhand ausgesuchter Beispiele soll verdeutlicht werden, welche Bewegungsmechanismen den als „Quaken" und „Rasseln" bekannten Geräuschen zuzuordnen sind. Hierzu werden einige für die Bewegungsabläufe typische Wegsignale mit den zeitgleich am Zylinderrohr gemessenen Beschleunigungen betrachtet.

**Bild 7.111** (linke Seite) zeigt die für den Betrieb mit „Quaken" typischen Signalverläufe.

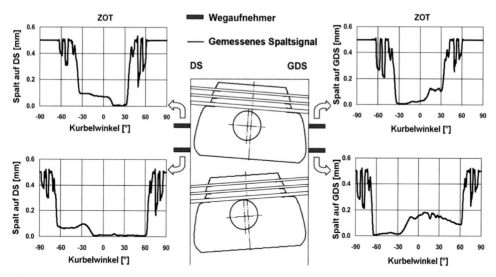

**Bild 7.110:**  Zwischen Kolbenoberfläche und Zylinderwand gemessene Schmierspaltsignale

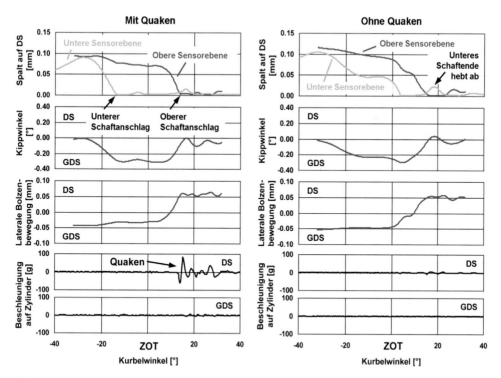

**Bild 7.111:**  Zusammenhang zwischen gemessenem Schmierspalt, Kolbenachsenbewegung und Körperschallanregung bei Betrieb mit „Quaken" (links, niedrige Drehzahl, geringe Last) und ohne „Quaken" (rechts, niedrige Drehzahl, ohne Last)

Bei niedrigen Drehzahlen überwiegt die Gaskraft bereits während der frühen Verdichtungsphase und erzwingt damit beim Hochschieben des Kolbens eine Anlage auf der Gegendruckseite. Erst im Kurbelwinkelbereich von 30° bis 10° vor dem ZOT wechselt die Schaftunterkante
die Anlage von der Gegendruckseite auf die Druckseite. Das damit verbundene Anstoßen
des in dieser Höhe sehr elastischen Schafts führt in der Regel zu keiner nennenswerten
Körperschallanregung. Die entstandene Diagonallage hält bis nach dem ZOT an. Unter dem
Einfluss der Gaskraft richtet sich der Kolben dann auf und schlägt mit dem steiferen oberen
Schaftbereich an der Druckseite des Zylinderrohrs an. Der Kolbenschaft wird hierbei großflächig verformt, die Schaftunterkante hebt deshalb nur gering von der Zylinderwand ab. Die
druckseitige Körperschallanregung erfolgt in der Regel im Kurbelwinkelbereich zwischen 10°
und 25° nach dem ZOT.

Positiv wirkende Maßnahmen sind:
- Größere Balligkeit der Kolbenkontur
- Größerer Formeinzug am unteren Schaftende
- Höhere Steifigkeit in der Schaftmitte
- Größere Kolbenbolzendesachsierung zur Druckseite
- Reduziertes Einbauspiel

Als Vorbild für einen optimierten, „leisen" Bewegungsablauf kann eine unter ähnlichen Betriebsbedingungen, jedoch ohne Kolbengeräusch gemessene Kolbenquerbewegung dienen. Ein
direkter Vergleich solcher Daten zeigt häufig die Ursachen für die Körperschallanregung auf.
So zeigen die Diagramme auf der rechten Seite in **Bild 7.111**, dass bei Messungen mit reduzierter Gaskraft und damit reduzierter Seitenkraft ein „Quaken" trotz ähnlichen Verhaltens
der Kolbenquerbewegung nicht auftritt. Dies weist im vorliegenden Falle auf eine mangelnde
Schaftsteifigkeit als Ursache für das „Quaken" hin.

Durch eine optimierte Form und Steifigkeit am Kolbenschaft wird der Betrag der unter Last
auftretenden Schaftverformung niedriger gehalten. Die dadurch verbesserte Formstabilität
begünstigt ein kontinuierliches Abrollen des Kolbenschafts auf der Druckseite und verhindert
so die zum „Quaken" führende Stoßanregung, wie dies bereits für den Betrieb mit geringerer
Seitenkraftbelastung festgestellt wurde. Merkmal für eine verbesserte Abrollbewegung ist ein
ausgeprägteres Abheben der Schaftunterkante zum Zeitpunkt des auftretenden Kippwinkel-
maximums.

**Bild 7.112** zeigt die für den Betrieb mit „Rasseln" typischen Signalverläufe. Bei hohen Drehzahlen befindet sich der Kolben aufgrund des Massenkrafteinflusses während der Aufwärts-
bewegung auf der Druckseite. Durch den zunehmenden Einfluss der Gaskraft erfolgt deutlich
vor dem ZOT eine Bewegung des Kolbenkopfs von der Druckseite zur Gegendruckseite. Trifft
der Kolbenkopf mit dem Feuersteg oder dem ersten Ringsteg an der Gegendruckseite auf,
so handelt es sich um das sogenannte „Kopfrasseln". Erfolgt der Anschlag mit dem oberen

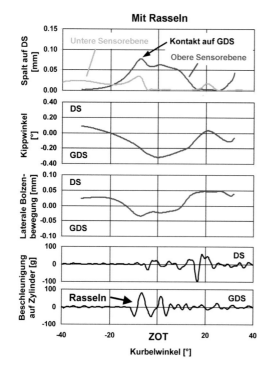

**Bild 7.112:**
Zusammenhang zwischen gemessenem Schmierspalt, Kolbenachsenbewegung und Körperschallanregung bei Betrieb mit „Rasseln" (hohe Drehzahl, geringe Last)

steifen Schaftbereich, so wird dies folgerichtig als „Schaftrasseln" bezeichnet. Die gegendruckseitige Körperschallanregung erfolgt zwischen 15° vor und 5° nach dem ZOT.

Positiv wirkende Maßnahmen sind:

- Kopfversatz zur Druckseite
- Größerer Formeinzug am oberen Schaftende
- Angepasste Feuersteg- und Ringstegspiele
- Kleinere Kolbenbolzendesachsierung zur Druckseite
- Reduziertes Einbauspiel
- Reduzierte Zylinderverzüge

Bedingt durch die im Bereich des Zündtotpunktes entstandene Diagonallage des Kolbens schließt sich in der Regel der oben für das „Quaken" beschriebene Bewegungsablauf an. Eine zweite Körperschallanregung auf der gegenüberliegenden Druckseite, wie in **Bild 7.112** ersichtlich, ist deshalb häufig feststellbar, wird jedoch bei hoher Drehzahl subjektiv nicht als zusätzliches „Quaken" wahrgenommen.

Ergänzend zur manuellen Auswertung und Interpretation der einzelnen Diagramme können die gemessenen Wegsignale auch als Eingangsgrößen für eine Computeranimation der Kolbenquerbewegung dienen. Erst eine übersichtliche Visualisierung und die Gegenüberstellung einer Vielzahl von geeigneten Versuchsvarianten bringen die Erkenntnisse, die der Ingenieur für eine schnelle und zuverlässige Entwicklung benötigt.

## 7.6.3 Kolbengeräusche am Pkw-Dieselmotor

### 7.6.3.1 Subjektive Geräuschbeurteilung

Die Akzeptanz für den Dieselmotor als komfortabler Fahrzeugantrieb ist seit der Einführung der drehmomentstarken Pkw-Motoren mit direkter Einspritzung sehr gestiegen. Die akustische Optimierung der dieselmotorischen Verbrennung wird aus diesem Grunde von den Fahrzeugherstellern neben der Reduzierung des Verbrauchs und der Abgasemissionen als eine der wichtigsten zukünftigen Aufgaben angesehen.

Einen besonderen Beitrag leisten die modernen Einspritzsysteme, die eine betriebspunktabhängige Voreinspritzmenge oder eine Modellierung des Einspritzverlaufs ermöglichen. Dies und die heutigen, hydraulisch leiseren Pumpenkonzepte führen zu einer Absenkung des Geräuschniveaus, wodurch die mechanisch erregten Geräusche wieder stärker in den Vordergrund treten. Die systematische Minimierung von Kolbengeräuschen wird daher auch am Dieselmotor immer wichtiger.

Neue Kolbenkonzepte wie der Stahlkolben, der im warmen Betriebszustand aufgrund seiner geringeren Wärmedehnung Reibleistungsvorteile gegenüber einem Kolben aus Aluminium aufweist, stellen bei der akustischen Optimierung wegen der großen Laufspiele und kleinen Schafthöhen neue Herausforderungen dar.

Anders als beim Ottomotor [20, 21] sind beim Dieselmotor [22] keine typischen, bereits am Klang zu identifizierenden Kolbengeräuscharten bekannt. Die physikalischen Randbedingungen, wie sie im Dieselmotor herrschen, lassen jedoch nicht den Schluss zu, dass weniger Kolbengeräusche als beim Ottomotor zu erwarten wären. Höhere Gaskräfte, steifere Kolben mit höherer Masse und größere Einbauspiele lassen eher eine verstärkte Körperschallanregung vermuten.

Dennoch erscheint bei vielen Fahrern, was Kolbengeräusche betrifft, der Grad der Störempfindlichkeit kleiner und allgemein die Toleranz im Hinblick auf mechanisch verursachte Geräusche größer. Sicherlich liegt beides in dem häufig dominierenden Verbrennungsgeräusch des Dieselmotors begründet.

Die akustische Ähnlichkeit von Verbrennungsgeräusch und Kolbengeräusch macht eine subjektive Beurteilung des Kolbengeräuschs oft schwierig. Ein direkter Vergleich von aufgezeichneten Signalen hingegen ermöglicht dem menschlichen Gehör sehr wohl auch, feine Unterschiede zu erkennen. Da diese Unterschiede jedoch im Falle eines Variantenvergleichs dem veränderten Laufverhalten des Kolbens zugeschrieben werden, ist peinlich genau darauf zu achten, dass bei einem solchen Vergleich der Ablauf der Verbrennung unverändert bleibt und hier nicht als zweiter Parameter in Erscheinung tritt. Um dies zu gewährleisten, muss also selbst bei der Signalaufzeichnung für eine subjektive Geräuschbeurteilung der Brennraum-druckverlauf mit aufgezeichnet und entsprechend kontrolliert werden.

Zur Ermittlung der subjektiv akustisch relevanten Betriebsbereiche am Dieselmotor ist eine Potenzialabschätzung hilfreich. Hierzu werden die Motorgeräusche mit einem gewünscht lauten Kolben (Kolben A: ohne Kolbenbolzendesachsierung, mit akustisch ungünstiger Kol-benform und großem Einbauspiel) und einem gezielt leise ausgeführten Kolben (Kolben B: mit rechnerisch optimierter Kolbenbolzendesachsierung, akustisch günstiger Kolbenform und sehr kleinem Einbauspiel) verglichen. Die wichtigsten Ergebnisse einer solchen vergleichen-den subjektiven Geräuschbeurteilung zeigt **Bild 7.113**.

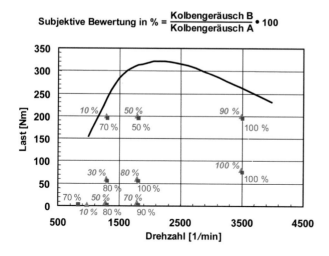

| Betriebs-punkt | Leerlauf 0 Nm | 1300 1/min 0 Nm | 1300 1/min 60 Nm | 1300 1/min 200 Nm |
|---|---|---|---|---|
| Warm ▪ | | | | |
| Kolben A | 100 % | 100 % | 100 % | 100 % |
| Kolben B | 70 % | 80 % | 80 % | 70 % |
| *Gekühlt* ▲ | | | | |
| *Kolben A* | *100 %* | *100 %* | *100 %* | *100 %* |
| *Kolben B* | *10 %* | *50 %* | *30 %* | *10 %* |

**Bild 7.113:** Motorenkennfeld eines Pkw-DI-Dieselmotors mit subjektiver Beurteilung des Kolbenge-räuschs zweier unterschiedlicher Kolben, beurteilt im direkten Hörvergleich

Kolben A ist dabei für jeden Betriebspunkt mit 100 % definiert. Entsprechend ergeben sich geringere Werte für das mit dem leisen Kolben B feststellbare Kolbengeräusch.

Während bei hohen Drehzahlen der subjektiv empfundene Unterschied nur sehr gering ist – obwohl genau dort der Anteil des mechanischen Geräuschs hoch ist – wird bei niedrigen Drehzahlen ein erheblicher Einfluss der Anregung durch den Kolben auf das Gesamtgeräusch des Motors festgestellt. Dies gilt insbesondere für Drehzahlen von weniger als 2.000 1/min bei sehr niedrigen oder hohen Lasten. Im unteren Teillastbereich mit verbrennungsbedingt hohen Druckanstiegswerten dominiert jedoch das Verbrennungsgeräusch derart, dass das in diesem Bereich sicherlich ebenfalls vorhandene Kolbengeräusch eine untergeordnete Rolle spielt.

Der Einfluss der Kolbenausführung auf das Kolbengeräusch ist bei einem kalten Motor grundsätzlich höher als bei einem warmen Motor. Dennoch lässt sich auch im betriebswarmen Zustand eine Verbesserung subjektiv wahrnehmen.

Es wird daher die Standardisierung eines Messprogramms vorgeschlagen, welches sowohl den gekühlten (Symbol △, Wasser- und Öltemperatur um −20 °C) als auch den betriebswarmen (Symbol □) Motor einbezieht. **Bild 7.114** zeigt erneut das Betriebskennfeld eines Dieselmotors, jetzt mit dem aus obigen Erkenntnissen resultierenden Messprogramm, bestehend aus Hochfahrkurven über der Last bei niedriger Drehzahl und für unterschiedliche Motortemperaturen (symbolisiert durch den vertikalen Pfeil) und einigen gezielt ausgewählten stationären Messpunkten aus den akustisch besonders relevanten Bereichen. Die bisherige Erfahrung hat gezeigt, dass diese Betriebsbedingungen nicht nur für die subjektive Beurteilung reprä-

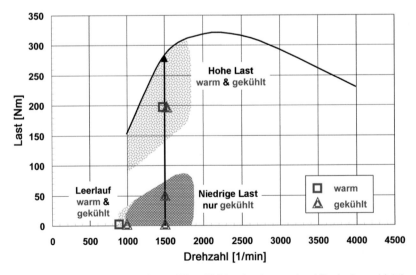

**Bild 7.114:** Geräuschkennfeld eines Pkw-DI-Dieselmotors und auf Basis des subjektiven Höreindrucks empfohlenes Messprogramm zur subjektiven und objektiven Geräuschbewertung

sentativ, sondern auch für einen rechnerischen Optimierungsprozess und als Messpunkte für die objektive Geräuschbewertung sehr geeignet sind.

Im Kurbelwinkelbereich um den ZOT wechselt der Kolben die Anlageseite im Zylinder von der Gegendruckseite zur Druckseite. Mit Kolben ohne Kolbenbolzendesachsierung oder mit einer Desachsierung zur Gegendruckseite hin erfolgt dies als weitgehend translatorischer Bewegungsablauf mit geringen Kippwinkeln der Kolbenachse. Dadurch kann eine freie Bewegungsphase des Kolbens entstehen, die zu einer Beschleunigung des Kolbens zur Druckseite hin führt. Ein Auftreffen des Kolbens an der druckseitigen Zylinderwand bewirkt dann eine Körperschallanregung in der Motorstruktur.

Wird der Kolben hingegen zur Druckseite desachsiert, beginnt der Anlagewechsel bei früheren Kurbelwinkelgraden mit der Schaftunterkante, und die Bewegung des Kolbenkopfs zur Druckseite hin verlangsamt sich. Es entstehen größere Kippwinkel der Kolbenachse und eine zeitweise Diagonallage im Zylinder. Bedingt durch die abstützenden Seitenkräfte und die größeren Verformungen am Kolbenschaft lässt sich die Körperschallanregung reduzieren [23]. Bei heutigen DI-Motoren liegt das Optimum für die Kolbenbolzendesachsierung in der Regel zwischen 0,3 und 0,6 mm zur Druckseite. Als Anfangswert für die experimentelle Entwicklungsphase wird deshalb 0,5 mm empfohlen.

Die Optimierung der ballig-ovalen Kolbenform kann nur unter Berücksichtigung der Fresssicherheit erfolgen. Da diese auch in direktem Zusammenhang mit dem Einbauspiel steht, ist hier nur eine Gesamtbetrachtung sinnvoll. Dieser Sachverhalt soll anhand zweier Kolbenschaftprofile, **Bild 7.115**, verdeutlicht werden.

Wird ein Kolben im oberen Schaftbereich – hier den Kolbenzeichnungen entsprechend bezeichnet als Höhe D2 – mit weniger Abmaß ausgeführt (Kolbenform A), so scheint eine bessere Führung des Kolbens im Zylinderrohr gegeben, und es ist eine geringere Körperschallanregung zu erwarten. Wird hingegen die dadurch reduzierte Fresssicherheit mit in Betracht gezogen, so hat der Einbau des Kolbens mit einem um diesen Betrag größeren nominalen Einbauspiel zu erfolgen, **Bild 7.115** unteres Diagramm. In diesem Falle scheinen die bessere Führung im Zylinder und damit die geringere Körperschallanregung mit dem Kolben B gegeben. Welche Auslegung der beiden Einflussparameter Kolbenform und Einbauspiel zu einem tendenziell akustisch günstigeren Laufverhalten führt, kann auch eine überschlägige und schnelle Vorausberechnung klären.

In **Bild 7.116** sind die Eckdaten von fünf Kolbenschaftprofilen skizziert, die sich im Abmaß des oberen Schafteinzugs auf Höhe D2 zwischen 110 und 190 µm jeweils in Schritten zu 20 µm unterscheiden. Der untere Schafteinzug wird unverändert beibehalten. Die Berechnung der Kolbenquerbewegung erfolgt für unterschiedlich angenommene Einbauspiele, beispielhaft ebenfalls in Schritten zu 20 µm.

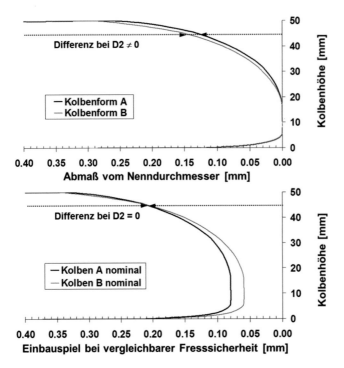

**Bild 7.115:** Zusammenhang zwischen Kolbenform, Einbauspiel und Fresssicherheit
D2: Kolbendurchmesser auf einer festgelegten Kolbenhöhe im oberen Schaftbereich

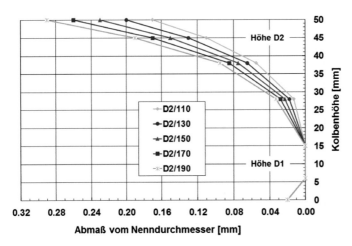

**Bild 7.116:** Zur Berechnung angenommene Kolbenschaftgeometrien mit unterschiedlich ausgeführter
Fresssicherheit (Höhe D1: Kolbenhöhe, auf welcher der Kolben den größten Durchmesser D1 aufweist)

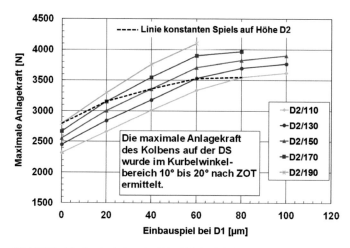

**Bild 7.117:** Maximale Anlagekraft in Abhängigkeit von Kolbenform und Einbauspiel, berechnet für niedrige Drehzahl und niedrige Last

Wird erneut die auf der Druckseite auftretende maximale Anlagekraft als überschlägiges Kriterium für die Körperschallanregung herangezogen, so ergeben sich die in **Bild 7.117** für die einzelnen Kolbenprofile gezeichneten Linien, die erwartungsgemäß zu kleineren Einbauspielen hin fallen. Ebenfalls, wie vermutet, verursachen Kolben mit zunehmend größerem oberem Schafteinzug eine Verschiebung zu höheren Kraftmaxima hin.

Werden nun Punkte mit identischem Laufspiel auf Höhe D2 (Abmaß der Kolbengeometrie auf Höhe D2 plus Einbauspiel) miteinander verbunden, so ergibt sich, z. B. für den Wert 190 µm, die in **Bild 7.117** zusätzlich dargestellte Verbindungslinie als Linie vergleichbarer Fresssicherheit. Deren Verlauf zeigt eindeutig, dass bei derartigen Motoren bei vergleichbarer Fresssicherheit ein kleinstmögliches Einbauspiel mit entsprechend notwendig großem oberen Schafteinzug die akustisch beste Lösung bietet.

Dieses akustische Verbesserungspotenzial rechtfertigt häufig die Realisierung kleiner Einbauspiele unter Verwendung einer die Fresssicherheit erhöhenden Grafitbeschichtung am Kolbenschaft. Erst bei großen Einbauspielen oberhalb von 60 µm heben sich der positive Einfluss des geringeren Einbauspiels und der negative Einfluss des größeren oberen Schafteinzugs gegeneinander auf.

Aufgrund der hohen Schaftsteifigkeit von Kolben für Dieselmotoren im Vergleich zu der von Kolben für Ottomotoren ist die Streuung der üblichen Ovalitätswerte bei in Serie befindlichen Dieselkolben weitaus geringer. Eine rechnerische Vorabschätzung ist deshalb für einen ersten

Versuch nicht zwingend notwendig. Die endgültigen Ovalitätswerte ergeben sich meist aus der Tragbildoptimierung am gelaufenen Kolben. Insbesondere bei profiloptimierten Kolben mit kleinem Einbauspiel ist der akustische Einfluss der Ovalitätsform am Kolbenschaft von untergeordneter Bedeutung.

### 7.6.3.2  Objektive Geräuschbeurteilung und Quantifizierung

Geräuschanalysen und eine anschließende objektive Geräuschbewertung haben das Ziel, ein vorhandenes Kolbengeräusch als solches zu identifizieren und zu quantifizieren, um damit Kolbenvarianten objektiv vergleichbar zu machen.

Um den absoluten Betrag des vom Kolben verursachten Geräuschanteils zu ermitteln, bedarf es der Durchführung einer systematischen Teilschallquellenanalyse mit der Aufgabe, die Geräuschanregungen der Verbrennung, des Einspritzsystems, des Ventiltriebsystems, des Kurbeltriebs und diverser Aggregate quantitativ zu trennen [24]. Derartig umfangreiche Untersuchungen eignen sich vornehmlich für grundlegende Forschungsvorhaben, nicht aber für regelmäßige Optimierungsarbeiten bis hin zur Serienreife.

Es wird daher ein Verfahren angewendet, welches mit verhältnismäßig geringem Aufwand erlaubt, Kolbenvarianten objektiv miteinander zu vergleichen. Die Quantifizierung der als Kolbengeräusch identifizierten Anteile kann aber hierbei nur relativ zu anderen Kolbenvarianten erfolgen. Eine erste Basis für einen solchen A/B-Vergleich ist häufig die wie zuvor vorgeschlagene Potenzialabschätzung mit gewünscht lauten und gezielt leise ausgeführten Kolben. Jede weitere Versuchsvariante kann dazwischen eingeordnet werden. Abschließend kann die erzielte Verbesserung zwischen Ausgangszustand und optimiertem Kolben dokumentiert werden, wie dies anhand des folgenden Beispiels geschieht.

Erfolgt am Dieselmotor eine Geräuschanregung durch einen Kolbenschlag, so darf angenommen werden, dass diese mechanische Stoßanregung aufgrund des dominierenden äußeren Körperschallleitwegs in einem im oberen Bereich des Zylinderblocks gemessenen Körperschallsignal weitaus stärker zu finden ist als in einem am Hauptlagerdeckel des entsprechenden Zylinders gemessenen Signal [25]. Umgekehrt zeigen sich die durch die Verbrennung verursachte Krafterregung und eine Stoßanregung der Kurbelwelle im Lager stärker im Bereich des Hauptlagers als an der Außenhaut des Kurbelgehäuses. Es dominiert der innere Körperschallleitweg.

Werden derartige Körperschallmessungen mit akustisch stark unterschiedlichen Kolbenvarianten durchgeführt und die am Hauptlager gemessenen Signalpegel weichen nicht nennenswert voneinander ab, so ist der am oberen Kurbelgehäusebereich und im Luftschall zu messende Unterschied allein auf die Anregung durch die Kolben zurückzuführen. Voraussetzung hierfür ist jedoch, dass anhand der zeitgleich erfassten Brennraumdruckverläufe für jeden gemessenen Betriebspunkt überprüft ist, ob bei Betrieb mit beiden Kolbenvarianten eine gleichartige Verbrennung stattgefunden hat.

**Bild 7.118** zeigt ein solches Messergebnis anhand von Summenpegeln (bis 10 kHz) über der Last, ermittelt für den Schalldruck in 130 cm Abstand vom Motor, für den Körperschall auf der Druckseite des Kurbelgehäuses (mittig an einem ausgewählten Zylinder) und für den Körperschall auf einer zugehörigen Schraube des Hauptlagerdeckels.

Der akustisch optimierte Kolben B unterscheidet sich vom akustisch beanstandeten Kolben A durch eine rechnerisch und experimentell optimierte Kolbenbolzendesachsierung, durch ein verändertes Schaftprofil mit größerem oberen Schafteinzug und durch ein minimiertes Einbauspiel. Die Schaftovalität sowie die Kolbenring- und Feuerstegspiele sind anhand von Sichtprüfungen an gelaufenen Kolben an das veränderte Laufverhalten angepasst. Alle vorgeschriebenen Fresstests wurden zuvor bestanden.

Die durch diese Maßnahmen erreichte Schallpegelreduzierung beträgt bis zu 5 dB. Die deutliche Reduzierung der Körperschallpegel auf der Druckseite wird – wie dies bereits in **Bild 7.113** schematisch skizziert ist – nur bei sehr niedrigen Lasten und bei hohen Lasten wirksam. Die am Hauptlagerdeckel gemessenen Beschleunigungen zeigen diese eklatanten Unterschiede

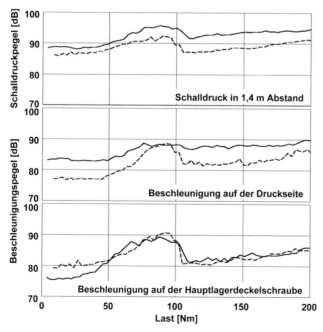

Bild 7.118:
Schalldruck- und Beschleunigungspegel in Abhängigkeit von der Last, gemessen an einem Pkw-DI-Dieselmotor, Drehzahl 1.500 1/min, Motor gekühlt
(Summenpegel 0 – 10.000 Hz)

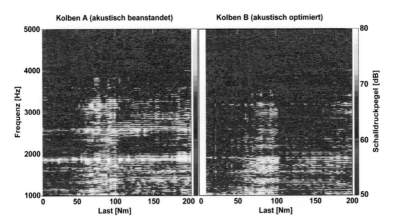

**Bild 7.119:** Schalldruckspektren in Abhängigkeit von der Last, gemessen an einem Pkw-DI-Dieselmotor, Drehzahl 1.500 1/min, Motor gekühlt

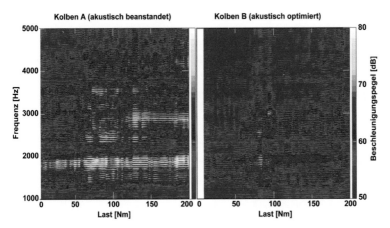

**Bild 7.120:** Beschleunigungsspektren (Druckseite) in Abhängigkeit von der Last, gemessen an einem Pkw-DI-Dieselmotor, Drehzahl 1.500 1/min, Motor gekühlt

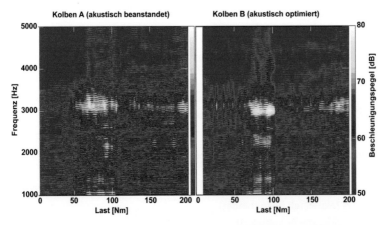

**Bild 7.121:** Beschleunigungsspektren (Hauptlagerdeckel-Schraube) in Abhängigkeit von der Last, gemessen an einem Pkw-DI-Dieselmotor, Drehzahl 1.500 1/min, Motor gekühlt

nicht auf. Es darf also angenommen werden, dass die unterschiedliche Geräuschanregung in diesem Fall allein auf den Kolben zurückzuführen ist.

Im unteren Teillastbereich hingegen (vgl. Lastbereich 50 bis 100 Nm) dominiert die Anregung durch die sehr schnell fortschreitende Verbrennung, bedingt durch die insbesondere bei gekühltem Motor sehr große Zündverzugszeit. In diesem Lastbereich bestimmt das Verbrennungsgeräusch den Pegel. Im unteren Teillastbereich ist deshalb weder eine subjektive noch eine objektive Bewertung des Kolbengeräuschs empfehlenswert.

Für eine Quantifizierung der durch den Kolben verursachten Geräuschanteile werden die in **Bild 7.118** aufgezeigten Luft- und Körperschallpegel vertieft ausgewertet. Der Vergleich der beiden in **Bild 7.119** dargestellten Campbell-Diagramme für den Luftschall lässt deutlich erkennen, dass mit dem akustisch beanstandeten Kolben im gesamten Lastbereich der Frequenzbereich um 1.850 Hz verstärkt abgestrahlt wird.

Die spektrale Darstellung der auf der Druckseite gemessenen Beschleunigungen in **Bild 7.120** bestätigt den Kolben als Ursache für diese partielle Pegelüberhöhung. Die am Hauptlager gemessenen Beschleunigungen dürfen hingegen im Falle eines Kolbenschlags diese verstärkte Anregung nicht zeigen, wie dies auch aus **Bild 7.121** hervorgeht.

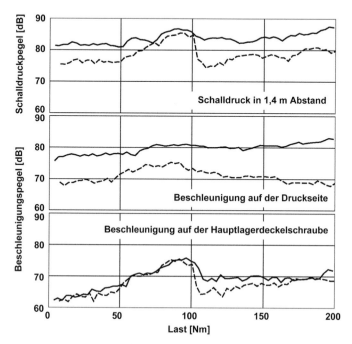

**Bild 7.122:**
Schalldruck- und Beschleunigungspegel in Abhängigkeit von der Last, gemessen an einem Pkw-DI-Dieselmotor, Drehzahl 1.500 1/min, Motor gekühlt (Bandpass-Filterfrequenz 1.750 −1.950 Hz)

Der Frequenzinhalt einer durch den Kolben verursachten Stoßanregung ist erfahrungsgemäß breitbandiger, als dies aus den Diagrammen in **Bild 7.119** und **Bild 7.120** ersichtlich wird. Die starke Überhöhung in einem nur schmalbandigen Bereich ist sicher nicht der Anregungs-charakteristik, sondern dem Betriebsschwingungsverhalten dieser speziellen Motorstruktur zuzuschreiben. Bei einer Vielzahl von Dieselmotoren kann dies jedoch im Falle eines erfolgten Kolbenschlags in ähnlicher Weise festgestellt werden. Die in dem schmalen, überhöhten Frequenzbereich zu messenden Bandpasspegel, wie sie in **Bild 7.122** gezeichnet sind, können als zu vergleichendes Kriterium für eine objektive Bewertung der einzelnen Kolbenvarianten herangezogen werden. Die auf der Druckseite am Motorblock gemessene Beschleunigung repräsentiert dabei den Einfluss des Kolbens auf die Geräuschanregung weitaus spezifischer als das im Fernfeld des Motors gemessene Luftschallsignal und ist daher auch in den meisten Fällen besser zu einer solchen quantitativen Auswertung geeignet.

### 7.6.3.3 Kolbenquerbewegung und Einflussparameter am Pkw-Dieselmotor

Analog zum Vorgehen beim Ottomotor soll auch für den Dieselmotor ein charakteristisches Verhalten der Kolbenquerbewegung aufgezeigt werden. **Bild 7.123** zeigt solche ausgewerteten Verlagerungssignale gemeinsam mit dem zeitgleich gemessenen Druckverlauf im Brennraum und dem am Zylinderrohr gemessenen Körperschall.

Das aufgezeigte Beispiel ist typisch für den Bewegungsablauf eines Dieselkolbens mit einer geringen druckseitigen Desachsierung direkt nach dem Kaltstart. Aufgrund des bei dieser Messung sehr groß gewählten Einbauspiels lassen sich fünf Anregungsmechanismen, die beim Dieselmotor auftreten können, anhand eines einzigen Betriebspunkts aufzeigen. Eine zeitliche und örtliche Zuordnung von translatorischer und rotatorischer Kolbenquerbewegung zur entsprechenden Körperschallanregung definieren die Mechanismen I bis V in ihrer Wirkungsweise eindeutig.

Ist ein Kolbengeräusch am Dieselmotor als solches identifiziert und kann aufgrund von Erfahrung einer der bekannten Bewegungsmechanismen zugrunde gelegt werden, so hängt die Anzahl der zur Optimierung notwendigen Motorenversuche nur noch von den betraglich richtigen Entscheidungen für die Versuchsvarianten ab.

Um das Verständnis für konkrete Bewegungsabläufe und für die zu treffenden Maßnahmen zu erhöhen, werden gemessene Bewegungsinformationen so aufbereitet, dass die gesamte Kolbenquerbewegung einschließlich der am Kolbenschaft auftretenden Verformungen schnell und einfach visualisiert werden kann. So wird dem Ingenieur eine rasche und zielgerichtete Lösungsfindung ermöglicht.

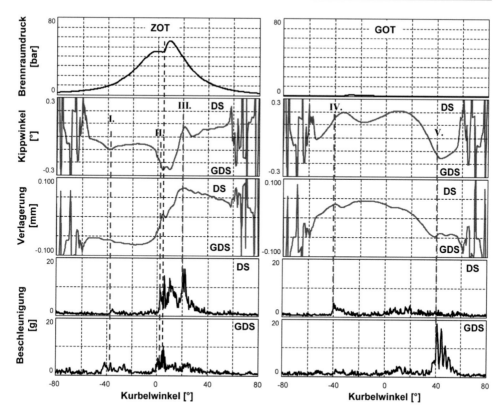

**Bild 7.123:** Mechanismen der Körperschallanregung am Dieselmotor

Anhand der gefundenen und an mehreren Pkw-DI-Dieselmotoren ermittelten Erkenntnisse lassen sich zur Auslegung eines akustisch günstigen Dieselkolbens einige hilfreiche Hinweise formulieren:

- Eine ausgeprägte Balligkeit des Schafts im oberen Bereich zusammen mit einer ausreichenden Steifigkeit im mittleren Schaftbereich unterstützt ein Abrollen des Kolbens auf der Zylinderwand und hilft so, Stoßanregungen zu reduzieren.

- Der hydrodynamisch optimiert ausgeführte Schaftendeinzug sollte über einen Umfangswinkel von ungefähr 60 Grad wirken, um die Fresssicherheit auch bei kleinen Einbauspielen zu gewährleisten.

- Das Einbauspiel, zu definieren im unteren Schaftbereich, soll kleinstmöglich gewählt werden. Im Falle unzureichender Fresssicherheit im Bereich der druckseitigen oder gegendruckseitigen Mantellinie des Kolbenschafts ist eine Vergrößerung des oberen Schafteinzugs einer Vergrößerung des Einbauspiels unbedingt vorzuziehen. Die Verwendung einer Grafitbeschichtung am Kolbenschaft kann hier einen doppelten Zugewinn bringen.

- Die Ovalitätsgebung am Schaft kann ausschließlich der Optimierung der Tragbildbreite dienen und hilft, die notwendige Fresssicherheit auch in den seitlichen, steiferen Bereichen des Kolbenschafts zu gewährleisten. Der direkte Einfluss der Schaftovalität auf das akustische Verhalten ist bei einer in allen anderen Punkten optimierten Kolbenausführung von untergeordneter Bedeutung.

■ Eine betraglich kleine Kolbenbolzendesachsierung von 0,3 bis 0,6 mm zur Druckseite ist am Dieselkolben einer Ausführung ohne Desachsierung vorzuziehen. Einem möglicherweise dadurch verstärkten Ölkohleaufbau, der unter Umständen zu „bore polishing" und damit zu erhöhtem Ölverbrauch führt, kann durch geeignete Maßnahmen, wie Versatz des Kolbenkopfs oder Anpassung von Konizität und Spielgebung am Feuersteg oder Ringsteg, begegnet werden.

## 7.7  Kolbenbolzengeräusch

### 7.7.1  Geräuschentstehung

Wie in Kapitel 7.6 bereits beschrieben, unterscheiden sich die bei Ottomotoren auftretenden, subjektiv störenden Geräusche, die sich dem Kolben und seiner Peripherie zuordnen lassen, in ihrem Klangcharakter stark voneinander. Neben den bereits analysierten Kolbengeräuschen ist in manchen Fällen ein bei Leerlaufdrehzahl oder erhöhter Drehzahl (bis etwa 2.000 1/min) ausschließlich bei Nulllast unregelmäßig auftretendes, metallisch hart klingendes, impulshaltiges Geräusch zu hören. Es wird subjektiv als stark störend wahrgenommen.

Dieses als „Bolzentickern" bezeichnete Geräusch wird nach dem Durchlaufen des Kolbenbolzenspiels in der Nabenbohrung beim Auftreffen des Bolzens auf die Bohrungswand angeregt. Die ebenfalls mögliche Geräuschanregung des Bolzens im kleinen Pleuelauge, die zu einem vergleichbaren Tickergeräusch führt und daher auch als Bolzentickern bezeichnet wird, soll hier nicht diskutiert werden. Wie die Praxis gezeigt hat, ist das vorgestellte Vorgehen zur Messung und Analyse des Bolzengeräuschs in der Nabe jedoch auch für die Quantifizierung der im kleinen Pleuelauge verursachten Anregung geeignet.

Am Dieselmotor sind Beanstandungen aufgrund von Bolzengeräuschen nicht bekannt. Dies ist auf die in der Verdichtungsphase gänzlich anderen Druckverhältnisse zurückzuführen. Daher beziehen sich alle weiteren Betrachtungen ausschließlich auf Ottomotoren.

Beim Ottomotor herrscht in den betroffenen Betriebsbereichen in der frühen Verdichtungsphase ein Unterdruck im Zylinder, der in Kombination mit den auftretenden Massenkräften für eine Anlage des Bolzens im unteren Nabenbereich sorgt. Mit zunehmendem Verdichtungsdruck ändert sich bereits im Kurbelwinkelbereich weit vor ZOT das Vorzeichen der Resultierenden aus Gas- und Massenkraft. Zum Zeitpunkt dieses Vorzeichenwechsels der resultierenden Kraft wechselt der Kolbenbolzen seine Anlage vom Nabengrund zum Nabenzenit. Erfolgt dieser Wechsel nicht durch ein Abrollen bzw. Abgleiten entlang der Nabenbohrung, sondern auf einer mehr oder weniger direkten Bahn zur gegenüberliegenden Nabenwand, kann es nach diesem Spieldurchlauf zu einer entsprechenden Geräuschanregung kommen [21].

Während die Kolbengeräusche „Quaken" und „Rasseln" meist bei tiefen Motortemperaturen hörbar sind und mit zunehmender Erwärmung abnehmen, treten Kolbenbolzengeräusche in der Nabenbohrung überwiegend während der Warmlaufphase oder bei warmem Motor auf. Ein Grund hierfür sind die unterschiedlichen Wärmeausdehnungskoeffizienten des Kolbenmaterials Aluminium einerseits und des Stahlbolzens andererseits. Besonders während der Warmlaufphase, aber auch im warmen Betriebszustand kommt es gegenüber dem Einbauspiel – gemessen bei 20 °C – zu thermisch bedingten vergrößerten Laufspielen zwischen Bolzen und Kolben, wodurch eine Geräuschanregung begünstigt wird.

## 7.7.2 Körperschallleitwege und Messprogramm

Soll ein Bolzengeräusch objektiv bewertet werden, so muss zunächst geklärt werden, wie es am besten und auf einfache Art und Weise messtechnisch erfasst werden kann. In **Bild 7.124** sind die Orte der Körperschallanregung für die Kolbengeräusche Quaken und Rasseln sowie für ein Bolzentickern dargestellt. Bei den erstgenannten Geräuschen erfolgt eine direkte Anregung der Zylinderwand auf der Druckseite (DS) bzw. Gegendruckseite (GDS) durch den Kolben. Dem äußeren Körperschallleitweg folgend ist demnach eine direkte Messung der

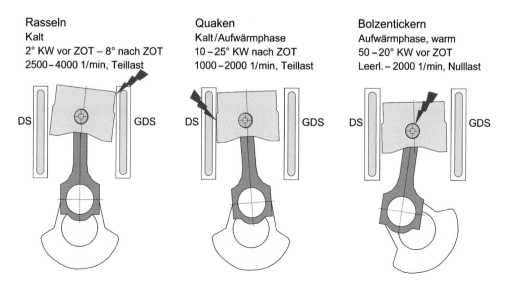

**Bild 7.124:** Orte der Körperschallanregung bei typischen Kolben- und Bolzengeräuschen am Ottomotor

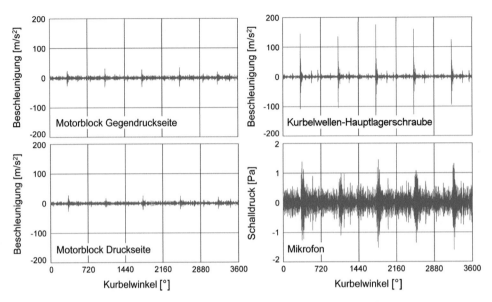

**Bild 7.125:** Typische Zeitsignalverläufe bei vorhandenem Kolbenbolzengeräusch

Beschleunigungen auf der Blockoberfläche angebracht. Beim Bolzengeräusch erfolgt die Körperschallleitung bevorzugt auf dem inneren Leitweg über das Pleuel, den Kurbelzapfen, die Kurbelwelle in das Kurbelwellenhauptlager. Deshalb bietet sich als Messposition für einen Beschleunigungsaufnehmer der Kurbelwellen-Hauptlagerdeckel oder auch eine der beiden Befestigungsschrauben desselben an [26].

**Bild 7.125** zeigt die Zeitsignalschriebe verschiedener Körperschallsensoren und eines Mikrofons in einem Betriebspunkt mit deutlich wahrnehmbarem Bolzengeräusch. Dargestellt sind fünf Arbeitsspiele. Nur im untersuchten Zylinder ist ein Kolben mit übergroßem Nabendurchmesser eingebaut, sodass sich ein übergroßes Bolzenspiel ergibt. Alle übrigen Zylinder des verwendeten Vierzylindermotors sind mit Kolben ausgestattet, die ein Bolzenspiel an der unteren Toleranzgrenze zulassen und deshalb nachweislich kein Bolzengeräusch verursachen.

Zwar kann die Körperschallanregung durch den Kolbenbolzen auch in den Signalen der Sensoren auf der Druck- und Gegendruckseite der Oberfläche des Motorblocks gefunden werden, wesentlich höhere Abstände von Nutzsignal zu Hintergrundgeräusch sind jedoch an der Position auf der Schraube des Kurbelwellen-Hauptlagerdeckels zu erzielen. Für die später vorgestellte feinfühlige Beurteilung verschiedener das Bolzengeräusch beeinflussender Varianten ist deshalb diese Messposition vorzüglich geeignet. Die Mikrofonposition wird an dem Ort gewählt, an dem das interessierende Geräusch subjektiv am deutlichsten wahrnehmbar ist.

Unterschiedliche Motoren unterscheiden sich bezüglich des Bolzengeräuschs normalerweise stark in ihrem Verhalten. Daher wird ein standardisiertes Messprogramm verwendet, welches es in jedem Fall erlaubt, ein eventuell vorhandenes Bolzengeräusch zu entdecken. Dies besteht aus verschiedenen Läufen mit konstanter Drehzahl und dynamischen Drehzahlhochläufen mit anschließendem Drehzahlabfall, wobei bei jedem Lauf der Wassertemperaturbereich von 30 bis 100 °C durchfahren wird. Der akustisch auffälligste Temperaturbereich wird anschließend bei konstanter Wassertemperatur mittels dynamischer Drehzahlvariation genauer vermessen.

Die Messungen erfolgen kontinuierlich während des gesamten Temperaturanstiegs. Infolge der mehrere Minuten dauernden Messzeit fällt eine große Datenmenge an. Zur Extraktion der wichtigen Information aus den Messsignalen wird deshalb das im folgenden Abschnitt beschriebene Verfahren angewandt. Hierbei wird ausschließlich der sehr gut mit dem Luftschall korrelierende Körperschall auf einer Hauptlagerdeckel-Schraube verwendet.

## 7.7.3  Auswerteverfahren im Zeitbereich

Entscheidend für die Intensität des wahrgenommenen Bolzengeräuschs ist die Amplitudenhöhe der Anregung. Deshalb soll nur noch die vom Kolbenbolzen angeregte maximale Beschleunigungsamplitude an der Körperschallmessstelle auf der Hauptlagerdeckel-Schraube herangezogen werden. Ist die Körperschallanregung so dominant wie im gezeigten Beispiel in **Bild 7.125**, könnte einfach in den einzelnen Arbeitsspielen nach den Maxima gesucht werden. Bei weniger ausgeprägten Bolzengeräuschen und bei gleichzeitigem Vorhandensein anderer Geräuschquellen, wie das häufig der Fall ist, wären jedoch Fehlinterpretationen der Ergebnisse möglich. Daher ist es notwendig, nur in dem für Bolzengeräusche in Frage kommenden Kurbelwinkelbereich nach den Maxima zu suchen. Im vorliegenden Beispiel, siehe **Bild 7.126**, wurde ein Kurbelwinkelbereich von 50° bis 20° vor ZOT für die Maximalwertsuche gewählt. Alle während einer Messung anfallenden Arbeitsspiele werden im genannten Kurbelwinkelbereich auf die maximale Amplitude hin untersucht und diese Maximalamplituden anschließend über der Temperatur bzw. über der Zeit aufgetragen.

Im vorliegenden Beispiel sind beim Temperaturhochlauf im Leerlauf keinerlei Auffälligkeiten zu erkennen. Der verwendete Versuchsmotor zeigt in diesem Betriebszustand trotz großem Bolzenspiel kein Bolzengeräusch. Die Erfahrung zeigt jedoch, dass andere Motoren im Leerlauf durchaus hörbare Bolzengeräusche erzeugen können. Bei der Messung mit konstanter Drehzahl von 1.500 1/min ist zunächst ebenfalls keine Bolzenanregung zu erkennen. Ab etwa 83 °C Wassertemperatur ist jedoch ein signifikanter Anstieg der Amplitudenhöhe zu verzeichnen. Der Temperaturhochlauf mit dynamischer Drehzahlerhöhung zwischen Leerlaufdrehzahl und 2.000 1/min weist ein ähnliches Verhalten auf, wobei hier schon bei niedrigeren Tempe-

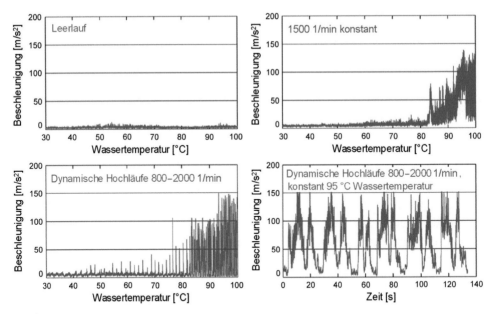

**Bild 7.126:** Einfluss unterschiedlicher Betriebsbedingungen auf das Kolbenbolzengeräusch unter Verwendung des standardisierten Messprogramms

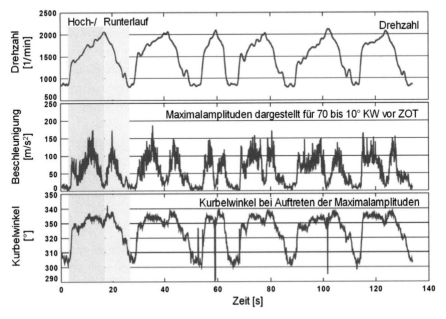

**Bild 7.127:** Maximalamplituden, gemessen auf der Hauptlagerdeckel-Schraube, und zugehöriger Kurbelwinkel bei variierter Drehzahl

raturen erste Anzeichen einer Geräuschanregung durch den Kolbenbolzen erkennbar sind. Die größten Amplituden treten bei etwa 95 °C Wassertemperatur auf. Aus diesem Grund wird die Messung mit konstanter Wassertemperatur und dynamischer Drehzahlerhöhung ebenfalls bei 95 °C durchgeführt. Diese Messung zeigt das sehr charakteristische Verhalten des Bolzengeräuschs des Versuchsmotors und dient nach einer weiteren Verfeinerung des Auswerteverfahrens zur Beurteilung verschiedener das Bolzengeräusch beeinflussender Parameter.

In **Bild 7.127** sind die Drehzahl, die in einem Kurbelwinkelfenster vor ZOT ermittelten maximalen Beschleunigungsamplituden und die Kurbelwinkel beim Auftreten der einzelnen Amplituden über der Messzeit dargestellt.

Sowohl bei steigender Drehzahl als auch bei fallender Drehzahl sind die größten Amplituden im Bereich zwischen 1.600 und 1.800 1/min zu finden. Die Kurbelwinkelwerte, bei denen die Maximalamplituden auftreten, liegen bei 35° bis 20° Kurbelwinkel vor dem Zündtotpunkt.

Um die Resultate bei einer Parameterstudie sicher bewerten und einordnen zu können, ist es erforderlich, eine Vielzahl solcher dynamischer Beschleunigungs- und Verzögerungsvorgänge in die Auswertung einzubeziehen. Mit einer speziellen Art der Mittelung können reproduzierbare und aussagekräftige Ergebnisse erzielt werden. Beispiele hierfür sind im folgenden Abschnitt anhand konkreter Parameterstudien zu finden. Eine ausreichend hohe Anzahl der zur Mittelung herangezogenen Hochläufe liefert ein ausreichend stabiles Ergebnis.

## 7.7.4  Ergebnisse aus Parameterstudien

### 7.7.4.1  Einfluss des Kolbenbolzenspiels

Ein Parameter mit großem Einfluss auf das Kolbenbolzengeräusch ist das Kolbenbolzenspiel in der Nabe. Bei schwimmender Kolbenbolzenlagerung liegen die üblichen Auslegungsspiele zwischen 2 und 12 µm. Diese Angaben beziehen sich auf den kalten Motor. Während der Aufwärmphase und im warmem Zustand ergeben sich aufgrund des fast doppelten Wärmeausdehnungskoeffizienten des Kolbenmaterials Aluminium gegenüber dem aus Stahl bestehenden Bolzen größere Laufspiele.

**Bild 7.128** zeigt den Einfluss unterschiedlicher Bolzeneinbauspiele auf die maximale Körperschallanregung 50° bis 20° Kurbelwinkel vor ZOT, gemessen auf einer Hautlagerdeckel-Schraube. Die Bolzenspiele wurden in einem Bereich von 5 µm bis 24 µm variiert. Wie zu erwarten, ist mit zunehmendem Bolzenspiel eine stetige Zunahme der maximalen Beschleu-

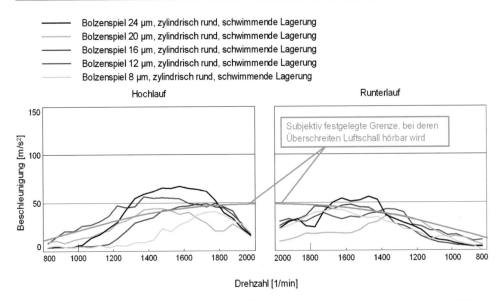

**Bild 7.128:** Einfluss des Kolbenbolzenspiels auf die Körperschallanregung bei zylindrisch runder Nabenbohrung

nigungen zu verzeichnen. Zur Beurteilung, ab welchem Amplitudenwert ein am Hauptlager gemessener Körperschall als Luftschall hörbar und damit als störend empfunden wird, werden die Ergebnisse des subjektiven Höreindrucks herangezogen. Die verschiedenen Spielvarianten unterscheiden sich nicht nur deutlich in der Intensität des Bolzengeräuschs, sondern auch in den Drehzahlbereichen, in denen ein Bolzengeräusch zum ersten Mal wahrnehmbar wird. Während mit 5 µm und 8 µm Spiel kein Bolzengeräusch zu hören ist, tritt bei 12 µm Spiel zwischen 1.600 und 1.800 1/min ein hörbares Geräusch auf. Mit 24 µm Spiel beginnt der Drehzahlbereich mit hörbarem Bolzenticken bereits knapp über Leerlaufdrehzahl bei etwa 900 1/min und endet ebenfalls bei etwa 1.800 1/min.

Aufgrund dieser Beobachtung wurde in das Diagramm in **Bild 7.128** für Drehzahlhoch- und -runterlauf eine Kurve eingezogen, bei deren Überschreiten durch die ermittelten Körperschallwerte störender Luftschall hörbar wird. Diese Hörgrenze findet sich auch in allen weiteren Diagrammen ohne weitere Erläuterung.

### 7.7.4.2 Einfluss der Nabengeometrie

Zur Gestaltung der Nabengeometrie gibt es mehrere verbreitete Ausführungen, wobei die gezielte Abweichung von der zylindrisch runden Nabenform meist nicht im akustischen Verhalten des Motors, sondern vielmehr in der Reduzierung von örtlichen Bauteilspannungen und damit in einer Lebensdauererhöhung ihren Grund hat. Andere Maßnahmen haben zum Ziel, die Schmierung in der Nabe zu verbessern und so Verschleiß und Fressgefahr zu verringern.

### 7.7.4.2.1 Öltaschen und umlaufende Schmiernut

Bei den Öltaschen (Slots) handelt es sich um längs zur Nabenbohrung laufende, durchgehende Vertiefungen, die der besseren Ölversorgung dienen (siehe Skizze in **Bild 7.129**). Die gleiche Aufgabe erfüllen auch quer zur Nabenbohrung verlaufende umlaufende Schmiernuten.

Beide die Schmierung in der Nabe verbessernden Maßnahmen reduzieren die Körperschallanregung deutlich auf ein akustisch unkritisches Niveau, **Bild 7.130**. Bei der Variante mit zylindrisch runder Nabe in Kombination mit umlaufender Schmiernut waren selbst Bolzeneinbauspiele bis 24 µm ohne akustische Auffälligkeiten darstellbar.

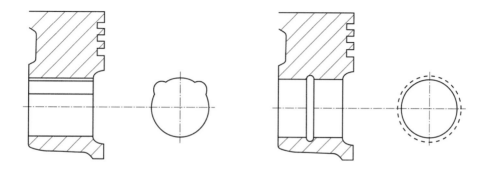

**Bild 7.129:** Prinzipielle Ausführung einer Nabenbohrung mit Öltaschen (Slots, links) und mit umlaufender Schmiernut (rechts)

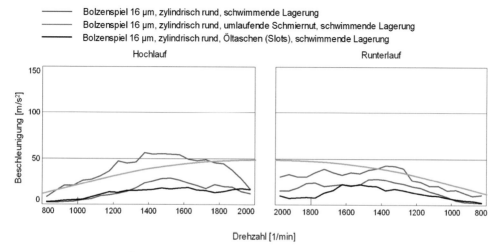

**Bild 7.130:** Einfluss von Öltaschen und umlaufender Schmiernut auf die Körperschallanregung

### 7.7.4.2.2 Querovale Nabenbohrung und Entlastungstaschen

Beide Maßnahmen dienen der Herabsetzung der Spannungen in der Nabenabstützung bei sich oval verformendem Kolbenbolzen unter hoher Gaskraft. Ausführung siehe Skizzen in **Bild 7.131**.

**Bild 7.132** zeigt den Vergleich zwischen rund und queroval ausgeführter Nabenbohrung sowie einer Nabenbohrung mit Entlastungstaschen (Side Reliefs) bei jeweils 16 µm Grundeinbauspiel des Kolbenbolzens. Beide Maßnahmen bewirken eine Verringerung der Körperschallanregung durch den Kolbenbolzen. Die Ausführung mit Entlastungstaschen zeigt sich jedoch grenzwertig. Eine signifikante Verbesserung gegenüber der zylindrisch runden Nabenbohrung wird mit querovaler Nabenbohrung erreicht. Sie zeigt wesentlich niedrigere Beschleunigungswerte, die kein hörbares Bolzengeräusch verursachen. Mit querovaler Nabengeometrie sind selbst noch größere Grundeinbauspiele ohne wahrnehmbare Geräuschanregung darstellbar. Die querovale Ausführung der Nabenbohrung stellt somit eine sehr wirksame Maßnahme zur Reduzierung von Bolzengeräuschen dar.

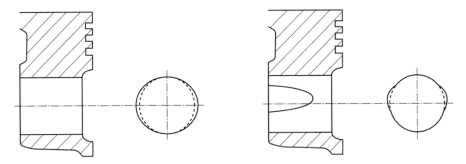

**Bild 7.131:** Prinzipielle Ausführung einer querovalen Nabenbohrung (links) und einer runden Nabenbohrung mit Entlastungstaschen (Side Reliefs, rechts)

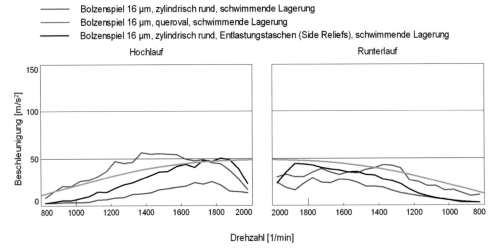

**Bild 7.132:** Einfluss von querovaler Nabenbohrung und von Entlastungstaschen (Side Reliefs) auf die Körperschallanregung

### 7.7.4.2.3 Einseitig hochovale Nabenbohrung

Bei sehr hoch belasteten Ottomotoren treten aufgrund der hohen Gaskräfte große Biegemomente im Kolben um die Bolzenlängsachse auf. Verbunden damit sind oft hohe Spannungen auf der den Brennraum begrenzenden Oberfläche des Kolbens in Motorquerrichtung vorhanden. Zur Verringerung dieser Spannungen trägt die hochovale Ausführung der oberen Nabenbohrungshälfte erheblich bei, **Bild 7.133**. Einhergehend mit dieser die Lebensdauer erhöhenden Maßnahme ergibt sich eine Zunahme des Bolzenspiels in Hochrichtung.

**Bild 7.134** zeigt den Einfluss bei einseitig hochovaler Nabenbohrung, ohne und mit umlaufender Schmiernut, als mögliche akustische Verbesserungsmaßnahme. Im vorliegenden Falle, mit 16 μm Grundeinbauspiel, ist mit einer einseitig hochovalen Nabe gegenüber der runden Nabenbohrung eine sehr deutliche Zunahme der Körperschallanregung zu beobachten. Andere Spielvarianten zeigen, dass nur bei sehr kleinen Grundspielen ein akzeptables akustisches Verhalten bezüglich Bolzengeräusch zu erzielen ist. Schon ab einem Grundeinbauspiel

**Bild 7.133:**
Prinzipielle Ausführung einer Nabenbohrung mit einseitiger Hochovalität

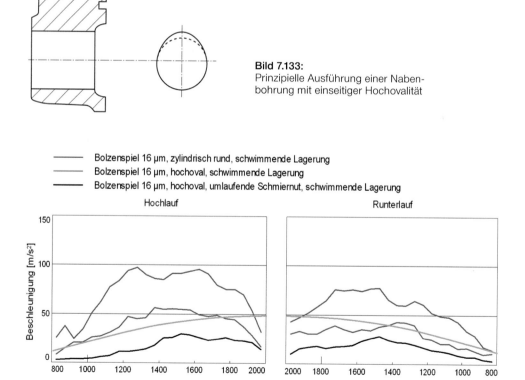

**Bild 7.134:** Einfluss des Kolbenbolzenspiels auf die Körperschallanregung bei einseitig hochovaler Nabenbohrung mit und ohne umlaufende Schmiernut

von 8 μm sind große Beschleunigungen an der Körperschallmessstelle auf der Hauptlagerde-ckel-Schraube in Verbindung mit sehr deutlich wahrnehmbarem Bolzengeräusch vorhanden.

Wird die einseitig hochovale Nabe mit einer umlaufenden Schmiernut kombiniert, so ist bei dem hier verwendeten Versuchsmotor eine signifikante Verbesserung der Körperschallanre-gung bis deutlich unter die Grenze, bei der hörbares Bolzentickern entsteht, zu verzeichnen.

Die hochovale Nabe ist ein sehr probates Mittel, um eine ausreichende Lebensdauer bei hohen Belastungen zu erreichen, und ist durchaus auch ohne akustische Nachteile umsetz-bar, sofern sie, wie gezeigt, mit geeigneten konstruktiven Maßnahmen kombiniert wird.

### 7.7.4.2.4 Formbohrung

Bei der Formbohrung handelt es sich um eine in der Regel zum inneren oder äußeren Naben-auge hin verlaufende, trompetenförmige Aufweitung des Nabendurchmessers, **Bild 7.135**. Mit dieser Maßnahme wird die Nabe an den sich unter Gaskraft durchbiegenden Kolbenbolzen angepasst. Hiermit lässt sich die maximale Kantenpressung im Bereich der Nabe verringern.

**Bild 7.135:**
Prinzipielle Ausführung einer Nabenbohrung
mit innerer und äußerer Formbohrung

Im Rahmen der Geräuschuntersuchungen wurden Varianten mit derartigen Formbohrungen erprobt. Die Ergebnisse dieser Variation sind in **Bild 7.136** für runde Nabenbohrungen ohne Ovalität dargestellt. Das Grundeinbauspiel beträgt dabei einheitlich 16 μm.

Schon die innere Formbohrung bringt gegenüber der zylindrisch runden Nabe eine Körper-schallreduktion, sodass kein Bolzengeräusch mehr hörbar ist. Die Kombination aus innerer und äußerer Formbohrung schließlich zeigt die niedrigste Geräuschanregung, vergleichbar mit derjenigen bei einem Einbauspiel von 5 μm und zylindrisch runder Nabenbohrung.

Dadurch wird auch verständlich, dass Spielvergrößerungen durch Verschleiß nicht zwingend zu einer Geräuscherhöhung führen müssen, da sich Ovalität und Form der Bohrung ebenfalls verändern und so die beschriebenen positiven Effekte mit sich bringen können.

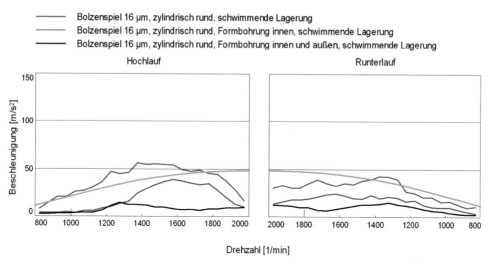

Bild 7.136: Einfluss formgedrehter Nabenbohrungen auf die Körperschallanregung

## 7.8 Kavitation an nassen Zylinderlaufbuchsen in Nutzfahrzeug-Dieselmotoren

Im physikalischen Sinne wird als Kavitation die Entstehung, das Anwachsen und die schlagartige Implosion von Dampfblasen in Flüssigkeiten bezeichnet.

Als Kavitation wird streng genommen der Vorgang bezeichnet, bei welchem als Folge einer Druckabsenkung unter die Dampfdruckkurve bei gleichbleibender Temperatur Dampfblasen entstehen, **Bild 7.137**. Im Unterschied hierzu wird das Sieden als Vorgang bezeichnet, bei welchem es infolge einer Temperaturerhöhung bei gleichbleibendem Druck zur Dampfblasenbildung kommt. Diese strenge Betrachtungsweise gilt jedoch nur für chemisch reine Flüssigkeiten, die sich in der Praxis nicht darstellen lassen.

Kavitation ist ein komplexer Vorgang, der von vielen Faktoren beeinflusst wird. Ihre Komplexität lässt sich dadurch veranschaulichen, dass physikalische Prozesse der Hydrodynamik, Thermodynamik, Chemie, Plasmaphysik und Optik am Kavitationsvorgang beteiligt sind [27].

Grundvoraussetzung für das Verständnis der komplexen Kavitationsvorgänge an nassen Zylinderlaufbuchsen von Nutzfahrzeug-Dieselmotoren ist die genaue Kenntnis ihrer Ursache und Wirkung. Die zwei Hauptursachen für die Entstehung von Kavitation an der vom Kühlmittel umströmten Außenseite der Zylinderlaufbuchsen sind lokal mögliche ungünstige Strömungsbedingungen für das Kühlmittel und die durch Gas- und Massenkräfte hervorgerufenen Schwingungen der Zylinderwandung während eines Viertaktzyklus.

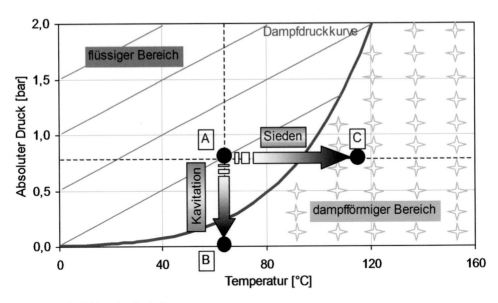

**Bild 7.137:** Definition der Kavitation

Ungünstige Strömungsbedingungen sind im Motor vor allem im Bereich sehr enger Spalten der Kühlmittelführung zwischen Zylinderlaufbuchse und Motorblock zu finden. Hier auftretende, lokal sehr hohe Strömungsgeschwindigkeiten verursachen lokal sowohl hohe dynamische als auch niedrige statische Kühlmitteldrücke. Sie begünstigen die Kavitationsneigung an der Zylinderlaufbuchse oder am Motorblock.

Während eines Arbeitsspiels übt der Kolben unterschiedliche Sekundärbewegungen aus. Sie betreffen insbesondere den mehrfachen Anlagewechsel an der Druck- und Gegendruckseite mit entsprechenden Anstößen an der Zylinderlaufbuchse. Die Zylinderlaufbuchse wird dadurch zu unerwünschten hochfrequenten Schwingungen angeregt [28].

Das die Zylinderlaufbuchse umgebende Kühlmittel kann diesen Schwingungen nicht folgen. Der statische Kühlmitteldruck sinkt lokal unter den Kühlmitteldampfdruck ab. Ist dies der Fall, kommt es zur Bildung von Kavitationsdampfblasen. Steigt der Kühlmitteldruck wieder über dessen Dampfdruck an, implodieren die Kavitationsdampfblasen schlagartig. Durch ihren Kollaps werden physikalische und chemische Effekte, wie hohe Druckimpulse, Druckwellen, Temperaturen, lokal hohe Strömungsgeschwindigkeiten und Lichteffekte (Sonolumineszenz) verursacht. Materialzerstörung an der durch das Kühlmittel umströmten Außenseite der Zylinderlaufbuchse ist die Folge. Dieser Vorgang wird als Kavitation oder Pitting bezeichnet.

Das sich wiederholende Auftreten des Kavitationsprozesses je Arbeitsspiel führt zur Erosion an der Zylinderlaufbuchse. Abhängig von der Motorbetriebszeit und der Intensität des Kavitationsprozesses ist es möglich, dass erodierte Löcher die Zylinderlaufbuchse komplett durchdringen, **Bild 7.142.** Durch diese in den Brennraum oder das Kurbelgehäuse gelangendes Kühlmittel verursacht folgenschwere Motorschäden. Abhängig von ihrer Intensität können bereits nach wenigen Motorbetriebsstunden sichtbare Schädigungen durch Kavitation an der Zylinderlaufbuchse auftreten [29].

Kavitation kann an jeder vom Kühlmittel umspülten Stelle der Zylinderlaufbuchse entstehen, wenn lokal der Kühlmitteldruck unter den Kühlmitteldampfdruck absinkt.

Kennzeichnend für die Kavitation an Zylinderlaufbuchsen sind zwei typische Erscheinungs-formen:

- Ein typisches Schädigungsmuster tritt auf der Druckseite – in seltenen Fällen auch auf der Gegendruckseite – im Bereich des Anlagewechsels des Kolbens im Zündtotpunkt auf.
- Kavitationsschäden treten im Bereich einer sehr engen Spalte der Kühlmittelführung zwischen Zylinderlaufbuchse und Motorblock auf [30].

## 7.8.1 Grundlagen der Kavitation

Theoretisch betrachtet, tritt Kavitation dann auf, wenn in einer Flüssigkeit der statische Druck unter den zur Umgebungstemperatur gehörenden Dampfdruck absinkt. Für strömende Medien ist die maßgebende Basisgleichung der Kavitation aus der Bernoulli-Gleichung abgeleitet. Das Gesetz von Bernoulli für strömende Medien besagt, dass sich der statische Druck an einer Verengung reduziert, während der dynamische Druck und damit verbunden die Strömungsgeschwindigkeit ansteigt. Für den dynamischen Druck der Anströmung an einer Verengung folgt daraus:

$$p_{\mathrm{d}} = p_{\mathrm{tot}} - p_{\mathrm{st}} = \frac{1}{2} \cdot \rho \cdot v^2$$

$p_{\mathrm{d}}$: Dynamischer Druck

$p_{\mathrm{tot}}$: Gesamtdruck

$p_{\mathrm{st}}$: Statischer Druck

$\rho$: Dichte der Flüssigkeit

$v$: Geschwindigkeit der Flüssigkeit

Kennzahl für die Kavitation ist die dimensionslose Kavitationszahl Sigma, die auch als Kavitationsbeiwert bezeichnet wird. Sie berechnet sich aus der Differenz zwischen statischem Druck und dem zur Umgebungstemperatur gehörenden Dampfdruck, geteilt durch den dynamischen Druck der Anströmung. Wird die Kavitationszahl negativ, so ist mit dem Auftreten von Kavitation in einer Strömung zu rechnen [31].

$$\sigma = \frac{p_{st} - p_v}{\frac{1}{2} \cdot \rho \cdot v^2}$$

$\sigma$:      Kavitationszahl

$p_v$:     Dampfdruck abhängig von der Umgebungstemperatur

## 7.8.2  Das physikalische Phänomen der Kavitation

Die exakte physikalische Definition des Kavitationsvorgangs – Dampfblasenbildung infolge Druckabsenkung unter den Dampfdruck der Flüssigkeit bei gleichbleibender Temperatur – gilt streng genommen, wie bereits erwähnt, nur für chemisch reine Flüssigkeiten. In der Praxis sind aber chemisch reine Flüssigkeiten nicht darstellbar. Jede Flüssigkeit, also auch Motorkühlmittel, enthält Schwachstellen (sogenannte Keime), die Ursprung aller Kavitationserscheinungen sind. Die Bildung von Dampfblasen infolge Druckabfalls erfolgt daher an solchen Schwachstellen, da hier die Flüssigkeit vorrangig aufreißt [32].

Hierzu gehören:

- Gasblasen in der Flüssigkeit
- In der Flüssigkeit gelöstes Gas
- Hydrophobe Feststoffpartikel, sogenannte Porenkeime
- Gasbildung bei der Umströmung feiner Spitzen von Rauheiten auf der Oberfläche (Blasenwirbel)
- Partikel mit Gaseinschlüssen, die oftmals in Vertiefungen auftreten

## 7.8.3  Kavitationsarten

Die Kavitationserscheinungen hängen vom Verhalten der Schwachstellen ab. Daher wird in realen Flüssigkeiten zwischen der

- Gaskavitation,
- Pseudokavitation,
- Dampfkavitation und
- Kavitation in realen Strömungen

unterschieden, **Bild 7.138**.

### 7.8.3.1  Gaskavitation

Gaskavitation ist ein Vorgang, bei welchem in einer Flüssigkeit gelöstes Gas infolge einer Druckabsenkung in den ungelösten Zustand übergeht, **Bild 7.138**. Die dabei entstehenden Blasen enthalten die zuvor in der Flüssigkeit gelösten Gasanteile (normalerweise Luft). Steigt

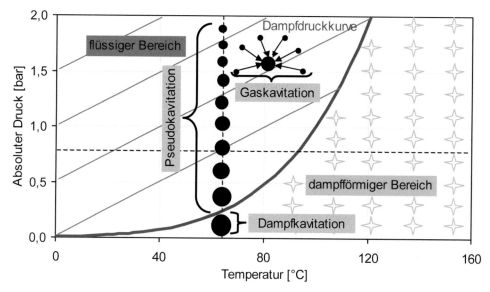

**Bild 7.138:** Kavitationsarten

der Druck wieder an, fallen die Blasen zusammen und die Gasanteile lösen sich in der Flüssigkeit wieder auf.

Im Vergleich zur Pseudokavitation, Kapitel 7.8.3.2, und Dampfkavitation, Kapitel 7.8.3.3, ist die Gaskavitation ein vergleichsweise langsamer Prozess, der die Implosion der Kavitationsblasen, die bei einer Dampfkavitation entstehen, sogar dämpft. Um diesen dämpfenden Einfluss bei Kavitationsmessungen zu minimieren, wird das Motorkühlmittel vor den Messungen mittels eines Entgasungslaufes entgast. Gaskavitation kann auch oberhalb der Dampfdruckkurve auftreten.

### 7.8.3.2 Pseudokavitation
Die Aufweitung der in Flüssigkeiten enthaltenen Gasbläschen infolge Druckabsenkung wird als Pseudokavitation bezeichnet, **Bild 7.138**. Wie die Gaskavitation kann auch die Pseudokavitation oberhalb der Dampfdruckkurve auftreten.

### 7.8.3.3 Dampfkavitation
Die Dampfkavitation tritt im Gegensatz zur Pseudo- und Gaskavitation erst auf, wenn infolge schneller Druckabsenkung der Dampfdruck unterschritten wird. Die dabei entstehenden Kavitationsbläschen sind mit dem Dampf der umgebenden Flüssigkeit gefüllt. Steigt der Druck wieder an, so fallen diese Kavitationsbläschen unter implosionsartiger Volumenabnahme wieder in sich zusammen. Dieser Vorgang wird auch als Blasenimplosion oder Blasenkollaps bezeichnet, **Bild 7.138**. Bei der Blasenimplosion können lokal sehr hohe Drücke, Schockwel-

len, Strömungsgeschwindigkeiten und kurzzeitig sehr hohe Temperaturen auftreten. Vollzieht sich die Blasenimplosion zudem in unmittelbarer Nähe einer Werkstoffoberfläche wie z. B. an einer Zylinderlaufbuchse, so können Flüssigkeitsstrahlen (Flüssigkeitsjets, Microjets) auftreten.

Die genannten Effekte verursachen in der Nähe von Werkstoffoberflächen Materialzerstörung. Die Dampfkavitation ist daher für eine mögliche Materialschädigung an Werkstoffoberflächen verantwortlich. Ist die Blasenimplosion so heftig, dass sich die Blasen in viele kleinere Bläschen auflösen, spricht man von transienter Kavitation [31].

### 7.8.3.4  Kavitation in realen Strömungen

In der Praxis tritt Kavitation als eine Kombination von Gas-, Pseudo- und Dampfkavitation auf. Wie **Bild 7.138** zeigt, wachsen zunächst an den sogenannten Kavitationskeimen Blasen durch Gas- und Pseudokavitation bis zu einem kritischen Radius an, mit dessen Erreichen und dem damit einhergehenden Unterschreiten der Dampfdruckkurve dann Dampfkavitation einsetzt [33].

## 7.8.4  Kavitationsblasendynamik und Kavitationsblasenkollaps

Kavitationsblasen entstehen an den unregelmäßig in der Flüssigkeit verteilten Schwachstellen, oftmals in Form einer ganzen Blasenwolke. Die einzelnen Blasen der Blasenwolke weisen unterschiedliche Größen auf. Nach ihrer Entstehung dehnen sich die Kavitationsblasen aus, wenn der statische Druck in der umgebenden Flüssigkeit weiter absinkt. Dabei können in die Kavitationsblasen gelöste Substanzen, die sich in der umgebenden Flüssigkeit befinden, hineindiffundieren. Viele andere Faktoren, wie thermische und Massenträgheitseffekte, Massenverteilung und Kompressionsverhalten sowie die Rauheit von Werkstoffoberflächen beeinflussen das Wachstum der Kavitationsblasen und die Blasenimplosion [34]. Steigt der statische Druck der umgebenden Flüssigkeit wieder an oder strömen die Kavitationsblasen in Gebiete höheren Drucks, so fallen sie schlagartig unter implosionsartiger Volumenabnahme in sich zusammen. Dieser Vorgang wird als Kavitationsblasenkollaps bzw. als Kavitationsblasenimplosion bezeichnet.

Je nach Abstand der Kavitationsblasen zu einer festen Werkstoffoberfläche ist zwischen der radialen bzw. sphärischen und der asphärischen Kavitationsblasenimplosion zu unterscheiden. Bei der Blasenimplosion treten verschiedene Effekte auf, die in der Nähe von Werkstoffoberflächen Materialzerstörung hervorrufen.

### 7.8.4.1  Sphärische Kavitationsblasenimplosion

Befindet sich eine Kavitationsblase nicht in der Nähe einer festen Werkstoffoberfläche, so verläuft die Blasenimplosion sphärisch, **Bild 7.139**. Sie bedingt zudem eine konstante Dichte,

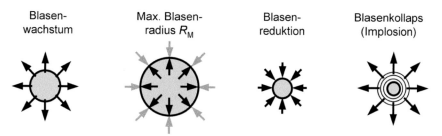

**Bild 7.139:** Sphärische Kavitationsblasenimplosion

eine konstante dynamische Viskosität und eine gleichmäßige Temperaturverteilung der umgebenden Flüssigkeit. Zudem muss die Temperatur- und Druckverteilung in der Blase konstant sein. Die Kavitationsblase wächst von ihrem Ausgangsradius stetig an. In diesem Fall ist der Druck in der Kavitationsblase höher als jener in der umgebenden Flüssigkeit. Die Kavitationsblasenimplosion beginnt beim Erreichen des maximalen Blasenradius $R_M$. Dort besteht für einen sehr kurzen Zeitraum ein Gleichgewicht zwischen innerem Blasendruck und externem Flüssigkeitsdruck. Vergrößert sich nun der externe Flüssigkeitsdruck über jenen des Blaseninnendrucks, so verringert sich das Blasenvolumen schlagartig. Die Kavitationsblasen implodieren, und es treten in ihnen sehr hohe Drücke und Temperaturen auf. Dabei wird der Druck, der sich in der umgebenden Flüssigkeit am Blasenrand aufbaut, nach Durchlaufen des minimalen Radius als Schockwelle nach außen emittiert.

### 7.8.4.2 Asphärische Kavitationsblasenimplosion

Befindet sich eine Kavitationsblase in der Nähe einer festen Werkstoffoberfläche oder liegen Massenträgheits- und thermische Instabilitäten vor, so verläuft die Kavitationsblasenimplosion asphärisch, **Bild 7.140** [34]. Die Kavitationsblase wächst zunächst radial von ihrem Ausgangsradius $R_0$ auf den maximalen Blasenradius $R_M$ an. Wird nun die Flüssigkeitsströmung in der Umgebung der Blase durch eine feste Werkstoffoberfläche, wie z. B. eine Wand, gestört, dann wird die Kavitationsblase instabil. Dabei implodiert sie auf ganz bestimmte Weise unter Ausbildung eines Flüssigkeitsjets. Am Beginn der Implosion bzw. des Blasenkollaps stülpt sich die

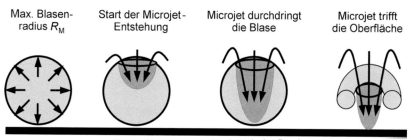

Feste Oberfläche (z.B. Zylinderlaufbuchsenwand)

**Bild 7.140:** Asphärische Kavitationsblasenimplosion

von der Wand entfernte Blasenseite ein. Es bildet sich ein Flüssigkeitsjet, der durch die Blase hindurchschießt und von innen auf die gegenüberliegende Blasenwand trifft. Diese wird dann zu einem dünnen Kegel verformt. Nach Durchdringung der gegenüberliegenden Blasenwand trifft der Flüssigkeitsjet auf die benachbarte Werkstoffoberfläche. Die durch den Flüssigkeitsjet zum Torus verformte Blase implodiert dann weiter, wodurch auch Schockwellen emittiert werden.

Implodiert eine Kavitationsblase in der Weise, dass ihr Ausgangsvolumen um ein Vielfaches verringert wird, oder ist die Implosion besonders heftig, kann die Blase in eine ganze Blasenwolke kleinerer Blasen zerfallen [35]. Die einzelnen Blasen der Blasenwolke können in Wandnähe jeweils Flüssigkeitsjets ausbilden, die sich unter Umständen auch gegenseitig beeinflussen.

Die grundlegenden Kenntnisse der Kavitationsblasendynamik in der Nähe von festen Werkstoffoberflächen sind besonders wichtig, da sie die Quelle der Materialschädigung ist [31]. Deshalb wurden in den vergangenen Jahren zahlreiche Untersuchungen zur Kavitationsblasendynamik durchgeführt [36]. Wissenschaftliche Arbeiten haben gezeigt, dass Materialschädigungen mit Sicherheit dann auftreten, wenn der dimensionslose Abstandsparameter $\gamma$ kleiner als zwei ist. Er wird wie folgt definiert:

$$\gamma = \frac{s}{R_M}$$

$\gamma$:   Abstandsparameter
$s$:   Abstand Mittelpunkt Kavitationsblase zur Werkstoffoberfläche
$R_M$:  Maximaler Radius der Kavitationsblase

Die stärkste Schädigung tritt auf, wenn die Kavitationsblase direkte Berührung zur Werkstoffoberfläche hat. In diesem Fall erreicht der entstehende Flüssigkeitsjet ungebremst die Werkstoffoberfläche. Für die Materialzerstörung durch Kavitation kommen folgende Faktoren in Frage:

- Flüssigkeitsjets, die mit hoher Impulsgröße auf die Werkstoffoberfläche auftreffen. Dadurch können kurzzeitig lokal sehr hohe Drücke entstehen.
- Die hohe Innentemperatur und die hohen Innendrücke einer implodierenden Blase insbesondere dann, wenn diese direkt auf der Werkstoffoberfläche implodiert.
- Durch die Blasenimplosion hervorgerufene Schockwellen.

Bis heute konnte noch nicht eindeutig geklärt werden, welcher Faktor dominiert. Neuere Untersuchungen zeigen jedoch, dass hauptsächlich die mechanischen Effekte, wie hohe Drücke, die sich aus dem Flüssigkeitsjet ergeben, für die Materialschädigung verantwortlich sind [31]. Darüber hinaus können – wenn auch eher untergeordnet – die hohen Temperaturspitzen, auch wenn sie von extrem kurzer Zeitdauer sind, zur Materialschädigung beitragen [27].

## 7.8.5 Kavitationsschäden an nassen Zylinderlaufbuchsen

Grundsätzlich kann Kavitation an nassen Zylinderlaufbuchsen an jeder vom Kühlmittel umgebenen Stelle entstehen, wenn lokal der Kühlmitteldruck unter den Kühlmitteldampfdruck absinkt.

Hinsichtlich des Erscheinungsbildes von Kavitationsschäden sind zwei verschiedene Ausprägungen feststellbar:

- Eine eher flächige Kavitationsschädigung, oftmals auf der Druckseite, in weniger häufigen Fällen auch auf der Gegendruckseite der Zylinderlaufbuchse,
- eine eher linienförmige Kavitationsschädigung, die auch als Spaltkavitation bezeichnet wird, oftmals dort auftretend, wo zwischen Zylinderlaufbuchse und Motorblock enge Kühlkanalquerschnitte vorhanden sind. Die linienförmige Kavitationsschädigung ist oftmals geringfügig oberhalb der Abdichtung zwischen dem Kühlkanal und dem Kurbelgehäuse festzustellen. Sie kann sich in einem entwickelten Stadium nahezu über den gesamten Umfang der Zylinderlaufbuchse erstrecken.

**Bild 7.141** zeigt links eine komplette Zylinderlaufbuchse mit flächiger und linienförmiger Kavitationsschädigung. Im rechten Bildteil sind die verschiedenen Kavitationsschadensarten vergrößert dargestellt. Wie zu erkennen ist, weisen die entstandenen Löcher der flächigen Kavitationsschädigung verschiedene Durchmesser und eine unregelmäßige Verteilung auf. Die in **Bild 7.141** dargestellte Kavitationsschädigung entstand nach einer Motorlaufzeit von 900 h.

Flächenkavitation

 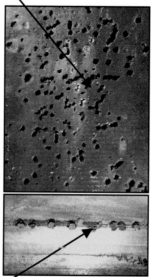

Spaltkavitation

**Bild 7.141:**
Kavitationsschadensarten

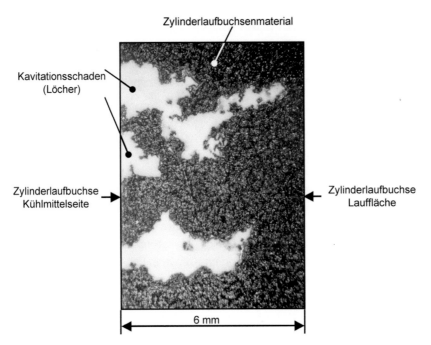

**Bild 7.142:** Querschnitt durch kavitationsbeschädigte Zylinderlaufbuchse

Die Querschnittsdarstellung in **Bild 7.142** zeigt vergrößert den Schnitt durch eine kavitationsbeschädigte Zylinderlaufbuchse mit 6 mm Wandstärke. Wie sich zeigt, bildet sich der durch Kavitation bedingte Lochfraß nicht in direkter Richtung fort, sondern es können mehr oder weniger gekrümmte Verläufe mit lokalen Aufweitungen entstehen. Daher ist die auf der Oberfläche der Zylinderlaufbuchse zu erkennende Kavitationsschädigung oftmals nur von begrenzter Aussagefähigkeit.

Grundsätzlich sind für den Verlauf des Lochfraßes durch Kavitation die Spannungen maßgebend, die an der Werkstoffoberfläche auftreten und sich auf die Gefügebestandteile übertragen. Das gilt auch für die in jedem Werkstoff vorhandenen Eigenspannungen. Je nach Gefügeaufbau, Korngröße, Gefügeart sowie der Härte und Zähigkeit des Werkstoffs der Zylinderlaufbuchse kann es zur Ausbildung unterschiedlich wirkender Normal-, Schub- und Eigenspannungen im Werkstoff kommen. Beispielsweise sind in einer Buchse aus Gusseisen Gefügebestandteile aus sprödem Grafit und hartem Zementit enthalten. Sich ausbildende Normal- und Schubspannungen erstrecken sich dann nur bis zu einer Begrenzung, z. B. einer Grafitlamelle. Änderungen im Richtungsverlauf der Kavitationsschädigung sind die Folge [37].

## 7.8.6 Kavitationsmesstechnik

Kavitation ist, unabhängig von sonstigen Motorbetriebseinflüssen, ein komplexer und hochdynamischer Vorgang. Daher lässt sich der gesamte Kavitationsprozess an einem laufenden Verbrennungsmotor messtechnisch nur sehr schwer erfassen. Lediglich die Wirkung implodierender Kavitationsblasen im Kühlmittel kann derzeit erfasst werden. Die Messtechnik zur Erfassung von Kavitationsereignissen im laufenden Verbrennungsmotor basiert daher auf der Messung lokaler Änderungen des Kühlmitteldrucks. Implodierende Kavitationsblasen führen lokal zu hoch frequenten dynamischen Druckspitzen im Kühlmittel. Die Intensität dieser Druckamplituden korreliert mit der Heftigkeit implodierender Kavitationsblasen. Abhängig hiervon können daher die Druckamplituden als Maß für eine mögliche Werkstoffschädigung durch Kavitation herangezogen werden.

Die Messung der hoch frequenten dynamischen Druckspitzen erfolgt mit speziellen Drucksensoren. Die genaue Bestimmung der Positionslage möglicher Kavitationsschäden ist Voraussetzung für die Applikation der Sensoren. Der Motor wird dazu mit an der Außenseite lackierten Zylinderlaufbuchsen ausgerüstet. Der Ort möglicher Kavitationsschäden an den Zylinderlaufbuchsen lässt sich mit einem speziellen Motorlaufprogramm und bestimmten Kühlsystembedingungen exakt bestimmen. Die Applikation der Sensoren erfordert meist einen hohen mechanischen Bearbeitungsaufwand am Motorblock. Zudem ist besonders darauf zu achten, dass die Kühlmittelströmung nicht signifikant negativ beeinflusst wird. **Bild 7.143** zeigt den Querschnitt durch einen installierten Drucksensor mit Anbauteilen.

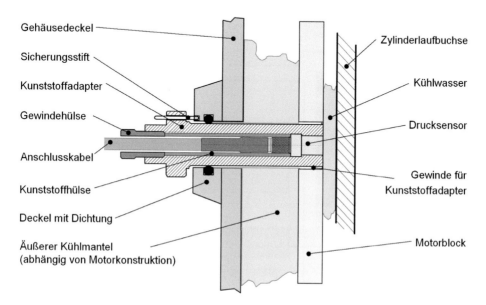

**Bild 7.143:** Schematische Darstellung eines Schnitts durch eine applizierte Messstelle mit Sensor zur Messung des Wasserdrucks

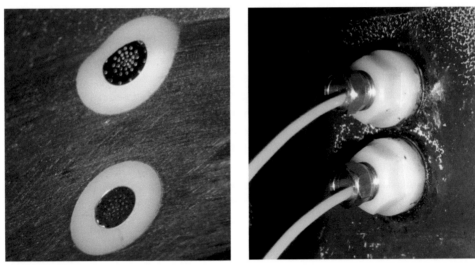

**Bild 7.144:** Applizierte Drucksensoren an der vom Kühlmittel umströmten Motorinnenseite (links) und an der Motoraußenseite (rechts)

**Bild 7.144** zeigt links zwei applizierte Sensoren von der Innenseite eines Motors (Kühlkanalseite) und rechts von der Motoraußenseite. Die Applikation der Sensoren auf der Innenseite eines Motors erfolgt so, dass die Kühlmittelströmung nicht beeinflusst wird. Der obere Sensor wird hier zur Messung der Spaltkavitation, der untere zur Messung der Flächenkavitation verwendet.

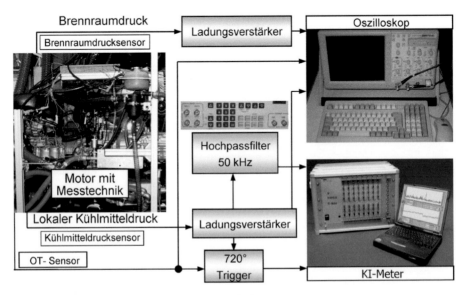

**Bild 7.145:** Aufbau der gesamten Messkette zur Kavitationsmessung

Die Messsignale werden mit einer speziell für die Lösung der Kavitationsproblematik entwickelten, rechnergestützten Datenerfassungseinheit (KI-Meter) registriert und numerisch aufbereitet. Die weitere Bearbeitung der Messdaten erfolgt mittels spezieller Software auf PC-Basis. **Bild 7.145** zeigt den Aufbau der gesamten Messkette. Die Leistungsfähigkeit der Datenerfassungseinheit erlaubt es, die Daten von acht Zylindern gleichzeitig zu verarbeiten. Pro Zylinder können bis zu 10.000 Arbeitsspiele erfasst werden.

## 7.8.7   Kavitationsintensitätsfaktor und Signalanalyse

Die Validierung der Daten basiert auf der Analyse der höchsten hochfrequenten positiven Druckamplitude, die je Arbeitsspiel in einem festgelegten Kurbelwinkelbereich gemessen wird, **Bild 7.146**.

Der Anfangswert des Kurbelwinkels und die Länge des Messbereichs sind für jeden Motor individuell – abhängig von der Winkellage der Kurbelwelle, in welcher implodierende Kavitationsblasen auftreten – zu ermitteln. Der für ein Messfenster gemessene lokale Kühlmitteldruckverlauf

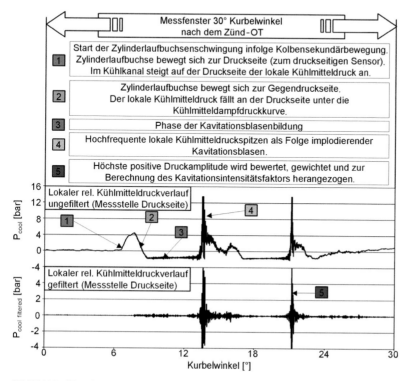

**Bild 7.146:** Signalanalyse des relativen lokalen Kühlmitteldruckverlaufs

wird zunächst hochpassgefiltert, sodass letztendlich nur noch die durch Kavitationsblasenimplosionen hervorgerufenen Druckamplituden den Signalverlauf bestimmen.

Aus dem hochpassgefilterten Signalverlauf wird die höchste positive Druckamplitude erfasst und klassifiziert. Die Kavitationsprozesse und damit die Heftigkeit implodierender Kavitationsblasen können von Arbeitsspiel zu Arbeitsspiel sogar bei stationärem Motorbetrieb sehr unterschiedlich sein. Deshalb ist es für die Berechnung des Kavitationsintensitätsfaktors KI erforderlich, mehrere aufeinanderfolgende Arbeitsspiele zu analysieren. Jede gemessene Druckamplitude wird abhängig von ihrer Höhe einer bestimmten Druckklasse zugeordnet. Danach wird die Anzahl der Ereignisse je Klasse mit einem Gewichtungsfaktor bewertet. Dabei werden die Klassen, welche die höheren Druckamplituden repräsentieren, stärker gewichtet. Um transiente und stationäre Messungen miteinander vergleichen zu können, wird der Kavitationsintensitätsfaktor einheitlich auf N Arbeitsspiele (Normierungskonstante) bezogen. Er berechnet sich wie folgt:

$$KI = N \cdot \frac{\sum\limits_{k=0}^{m} (n_k \cdot f_k)}{c}$$

KI:   Kavitationsintensitätsfaktor

$k$:    Nummer der Klasse

$m$:   Maximale Anzahl der Klassen

$n_k$:   Anzahl der Ereignisse pro Klasse

$f_k$:   Gewichtungsfaktor

$c$:    Anzahl der gemessenen Viertaktzyklen pro KI-Faktor

N:    Normierungskonstante

## 7.8.8  Prüfstandsaufbau für Kavitationsmessungen

**Bild 7.147** zeigt den Prüfstandsaufbau für Kavitationsmessungen an einem Sechszylinder-Reihenmotor. An Zylinder 1 sind symbolisch zwei Drucksensoren zur Messung der lokalen Änderungen des Kühlmitteldrucks dargestellt. Der Kavitationsprozess wird durch viele physikalische Effekte beeinflusst. Daher ist es für eine qualitative Ergebnisanalyse erforderlich, neben den lokalen Schwankungen des Kühlmitteldrucks, die infolge implodierender Kavitationsblasen auftreten, weitere physikalische Größen zu messen. Wie **Bild 7.147** zeigt, werden die Eintritts- und Austrittstemperaturen des Kühlmittels, zugehörige Drücke und der Kühlmitteldruck unmittelbar nach der Wasserpumpe sowie der Kühlmittelvolumenstrom erfasst.

Um unabhängig vom Betriebszustand des Motors das Kühlsystem hinsichtlich Systemdruck und Volumenstrom des Kühlmittels beeinflussen zu können, ist der Prüfstand zusätzlich mit

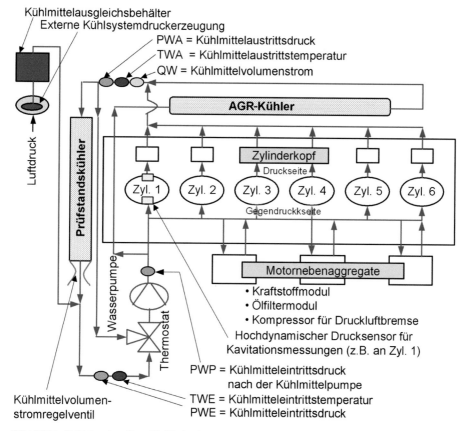

**Bild 7.147:** Prüfstandsaufbau für Kavitationsmessungen

externen Reglern für den Druck im Kühlsystem ausgerüstet. Die Kühlmittelpumpe kann extern mittels eines regelbaren Elektromotors angetrieben werden. Dadurch ist ein von der Motordrehzahl unabhängiger Betrieb der Kühlmittelpumpe Voraussetzung für die Bestimmung von diversen Parametern.

Die Strömungsverhältnisse können innerhalb eines Motors von Zylinder zu Zylinder und je nach Art und Anzahl der vom Kühlmittel durchströmten Nebenaggregate stark schwanken.

## 7.8.9 Prüflaufprogramme für Kavitationsmessungen

Kavitationsmessungen sind besonders dann hilfreich, wenn der Einfluss einzelner Parameter bestimmt werden kann. Beste Ergebnisse werden erzielt mit

- stationären Motorbetriebsprogrammen, wenn der Einfluss eines einzelnen Parameters zu ermitteln ist, sowie mit

■ transienten Kalt-Warm-Programmen, wenn es darum geht, die höchste Kavitationsintensität
unter den ungünstigsten Betriebszuständen zu ermitteln. Hierbei werden Betriebszustände
erzeugt, bei denen eine Überlappung verschiedener die Kavitationsintensität beeinflussender Faktoren erfolgt. **Bild 7.148** zeigt beispielhaft ein derartiges Programm.

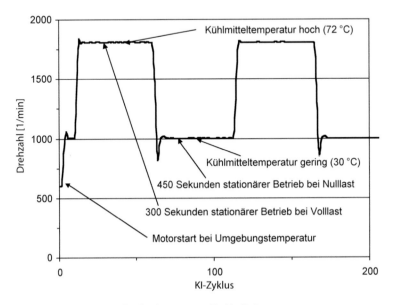

**Bild 7.148:**  Transientes Prüflaufprogramm für Kavitationsmessungen

## 7.8.10  Abhängigkeit der Kavitationsintensität von der Anordnung des Zylinders und der Position am Zylinder

Abhängig von der Gestaltung des Kühlkanals im Motor und den angebauten Nebenaggregaten, **Bild 7.147**, die teilweise in den Kühlkreislauf integriert sind, können die Strömungsverhältnisse im Kühlmittel von Zylinder zu Zylinder sehr unterschiedlich sein. Deshalb ist es möglich,
dass die Kavitationsintensitäten und damit Kavitationsschäden variieren. Mitunter weisen nur
eine oder zwei Zylinderlaufbuchsen eines Motors Kavitationsschäden auf, während die anderen nur geringe oder keine Schäden zeigen. Auch die Positionslage der Kavitationsschäden
kann zylinderselektiv sehr unterschiedlich sein. **Bild 7.149** zeigt die an verschiedenen Zylindern und verschiedenen Positionen gemessenen Kavitationsintensitäten. Darüber hinaus zeigt
es die Messergebnisse einer Stationärpunktmessung. Wie zu erkennen ist, sind die ermittelten
Kavitationsintensitäten für die druckseitigen Messpositionen unten deutlich höher als die der
druckseitigen Messpositionen oben bzw. die der Gegendruckseite.

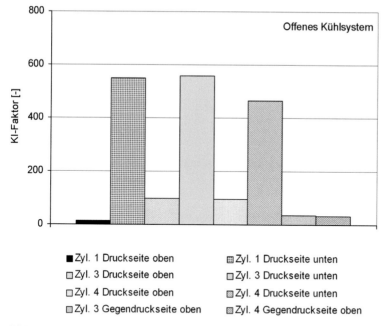

**Bild 7.149:** Abhängigkeit der Kavitationsintensität von der Anordnung der Zylinder und der Messposition am Zylinder

## 7.8.11  Einflussparameter

Kavitation an nassen Zylinderlaufbuchsen kann durch verschiedene Parameter beeinflusst werden. Die Parameter lassen sich grundsätzlich in zwei Hauptgruppen einteilen:

- Die Hauptgruppe der Motorbetriebsparameter umfasst alle Parameter, welche durch die Motorbetriebsbedingungen beeinflusst werden können. Zu den Motorbetriebsparametern zählen insbesondere:
  - Motordrehzahl
  - Last
  - Maximaler Zünddruck und charakteristischer Zünddruckverlauf
  - Kühlmitteldruck
  - Kühlmitteltemperatur
  - Strömungsgeschwindigkeit des Kühlmittels
  - Chemische Zusammensetzung des Kühlmittels

- Die Hauptgruppe der Konstruktionsparameter beinhaltet alle konstruktiven Auslegungsmöglichkeiten am Kolben, der Zylinderlaufbuchse und dem Motorblock, welche die Anregung der Zylinderlaufbuchsen minimieren bzw. die Kühlkanalgestaltung hinsichtlich Kavitation optimieren. Zu diesen Parametern zählen insbesondere:
  - Verschiedene Kolbenbauarten
  - Auslegung der Kolbenschaftform und der Kolbenringpartie

– Kolbenbolzendesachsierung
– Einbauspiel zwischen Kolben und Zylinderlaufbuchse wie auch zwischen Laufbuchse und Motorblock
– Führung der Zylinderlaufbuchsen (Top Stop, Mid Stop, Bottom Stop)
– Gestaltung der Außenkontur der Laufbuchsen
– Gestaltung der Kühlkanalkontur des Motorblocks

### 7.8.11.1  Einfluss der Motorbetriebsparameter auf Kavitation

#### 7.8.11.1.1  Einfluss der Motordrehzahl

**Bild 7.150** zeigt den Einfluss der Motordrehzahl auf die Kavitationsneigung. Basierend auf der Tatsache, dass der Versuchsträger im Prüfstand seriennah aufgebaut wurde, konnten nicht alle indirekt über die Motordrehzahl Einfluss nehmenden Faktoren vollständig eliminiert werden.

So hängt der Einfluss der Kühlmittelpumpe und damit das Kühlmittelströmungsverhalten auch von der Motordrehzahl ab.

Ein weiterer Faktor ist, dass sich abhängig vom Datensatz des Steuergeräts bei unterschiedlichen Motordrehzahlen verschiedene charakteristische Brennraumdruckverläufe und Spitzendruckwerte einstellen. Dadurch kann die von der Kolbensekundärbewegung verursachte, die Kavitation beeinflussende Anregung der Zylinderlaufbuchse je nach Drehzahl unterschiedlich sein.

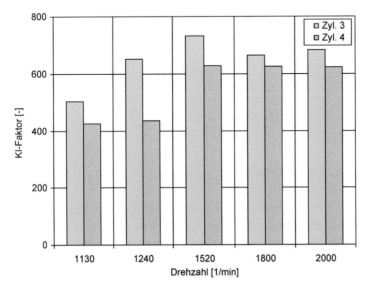

**Bild 7.150:** Einfluss der Motordrehzahl auf den KI-Faktor

Bei dem untersuchten Versuchsträger waren die Änderungen der genannten indirekten Einflussgrößen im oberen Drehzahlbereich gering und spielten daher eine untergeordnete Rolle. Wie **Bild 7.150** zeigt, hat die Drehzahl daher nahezu keinen direkten Einfluss auf die Kavitationsintensitäten. Erst bei den niedrigen und mittleren Drehzahlen ist eine deutliche Abnahme der Kavitationsintensitäten festzustellen. Dies ist aber hauptsächlich die Folge der sich hier deutlich ändernden indirekten Einflussgrößen und stellt somit keinen direkten Drehzahleinfluss dar.

### 7.8.11.1.2 Einfluss der Motorlast

Den Einfluss der Motorlast auf die Kavitationsintensität bei konstanter Drehzahl zeigt **Bild 7.151**. Hier ist ein eindeutiger Zusammenhang zwischen Last und Kavitationsintensität zu erkennen. Mit zunehmender Last und unter sonst gleichen Betriebsbedingungen steigt die Kavitationsintensität deutlich an.

### 7.8.11.1.3 Einfluss des Kühlsystemdrucks

Basierend auf der Bernoulli-Gleichung und der daraus abgeleiteten Kavitationszahl Sigma ist es theoretisch klar, dass ein höherer statischer Kühlsystemdruck die Kavitationsintensität verringert. Dieser Sachverhalt wird auch in der Praxis bestätigt, **Bild 7.152**. Mit steigendem statischen Kühlsystemdruck ist eine signifikante Abnahme der Kavitationsintensität zu erkennen. Abhängig von der Heftigkeit der auftretenden Kavitation kann die Höhe des statischen Drucks, der notwendig ist, um eine signifikante Reduktion zu erreichen, von Motor zu Motor sehr unterschiedlich sein. Ein allgemeingültiger Wert, ab dem eine deutliche Reduktion der Kavitationsneigung eintritt, kann daher nicht angegeben, sondern muss für jeden Motor ermit-

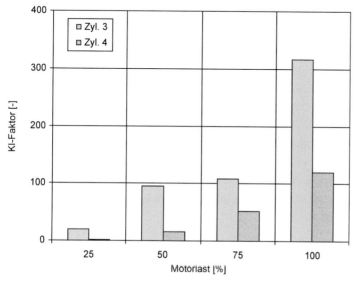

**Bild 7.151:** Einfluss der Motorlast bei konstanter Drehzahl auf den KI-Faktor

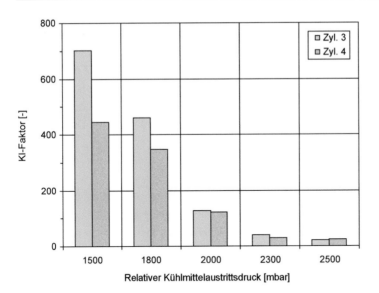

**Bild 7.152:** Einfluss des relativen Kühlmitteldrucks auf den KI-Faktor

telt werden. In der Praxis kann ein höherer statischer Kühlsystemdruck als der, der sich aus der thermischen Kühlmittelausdehnung einstellt, oft nur mit hohem technischen Aufwand in Form einer zusätzlichen Druckerzeugungseinheit realisiert werden. Zur Sicherstellung der Betriebssicherheit der mit dem Kühlsystem in Verbindung stehenden Dichtungen und des Fahrzeugskühlers ist der maximal mögliche Druck zudem begrenzt. **Bild 7.152** zeigt die Kavitationsintensitäten für Stationärpunktmessungen bei verschiedenen relativen Kühlmittelaustrittsdrücken für einen Volllastbetriebspunkt.

### 7.8.11.1.4 Einfluss des Kühlmittelvolumenstroms
Der Einfluss des Kühlmittelvolumenstroms und jener des Kühlsystemdrucks sind direkt voneinander abhängig. Ein größerer Kühlmittelvolumenstrom führt zu einer Erhöhung des dynamischen Drucks und zu einer Absenkung des statischen Drucks. Damit verbunden ist eine Erhöhung der Kavitationsneigung.

### 7.8.11.1.5 Einfluss der Kühlmitteltemperatur
Wäre es möglich, die Kühlmitteltemperatur völlig isoliert zu betrachten, so wäre theoretisch kein direkter Einfluss hinsichtlich Kavitation erkennbar. In der Praxis jedoch lässt sich die Kühlmitteltemperatur nicht völlig isoliert betrachten. Es treten indirekte Einflussgrößen auf, die über Temperaturänderungen zum Tragen kommen.

Wird in einem offenen System die Kühlmitteltemperatur bis nahe an den Siedepunkt erhöht, so können Dampfblasen entstehen. Diese wirken normalerweise dämpfend auf die Erscheinungen implodierender Kavitationsblasen, wodurch die Kavitationsintensität sinkt.

Wird in einem geschlossenen Kühlsystem die Kühlmitteltemperatur erhöht, so steigt infolge thermischer Ausdehnung des Kühlmittels der statische Druck im Kühlsystem an, wodurch die Kavitationsneigung abnimmt.

Es ist ferner zu beachten, dass höhere Kühlmitteltemperaturen zu höheren Bauteiltemperaturen und damit zu geringeren Betriebsspielen führen. Verringerte Betriebsspiele wirken sich wiederum positiv auf Kavitationsvermeidung aus. In diesem Zusammenhang sind wichtige Betriebsspiele jene, die sich zwischen Kolben und Zylinderlaufbuchse wie auch zwischen Motorblock und Zylinderlaufbuchse einstellen.

### 7.8.11.1.6  Einfluss der Kühlmittelzusammensetzung

In der Praxis zeigt sich, dass die sichtbare Kavitationsschädigung je nach verwendetem Kühlmittel bei sonst gleichen Randbedingungen oftmals sehr unterschiedlich ist. Wie Messungen zeigen, sind hinsichtlich verschiedener untersuchter Kühlmittel keine signifikanten Unterschiede bei den gemessenen Kavitationsintensitäten festzustellen. Aber trotzdem ist es möglich, dass verschiedene Kühlmittel mit gleicher gemessener Kavitationsintensität stark unterschiedliche Kavitationsschäden verursachen. Grund hierfür ist, dass sich je nach verwendetem Kühlmittel und den enthaltenen Kühlmittelzusätzen eine Schutzschicht um die Zylinderlaufbuchse bildet. Diese Schutzschicht kann auf implodierende Kavitationsblasen dämpfend wirken. Je nach Zusammensetzung der Kühlmittelzusätze kann die dämpfende Wirkung der Schutzschicht mehr oder weniger wirksam sein.

### 7.8.11.1.7  Einfluss des Brennraumdrucks

Es besteht ein direkter Zusammenhang zwischen Brennraumspitzendruck und Kavitationsintensität, **Bild 7.153**. Mit steigendem Druck erhöht sich auch die Kavitationsintensität. Der

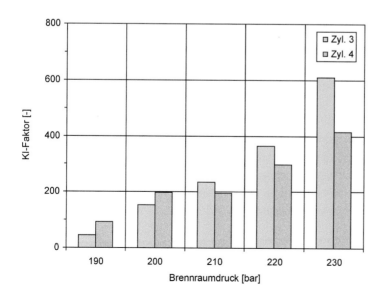

**Bild 7.153:**
Einfluss des Brennraumdrucks auf den KI-Faktor

Brennraumspitzendruck, ab dem eine signifikante Zunahme der Kavitationsintensität eintritt, ist für jeden Motor verschieden. Ein allgemeiner Grenzwert kann daher nicht angegeben werden.

### 7.8.11.2  Einfluss der Konstruktionsparameter auf die Kavitation

Hauptgrund für das Auftreten von Kavitation sind die durch den Kolben bzw. die Kolbensekundärbewegung hervorgerufenen Schwingungen der Zylinderlaufbuchse.

Die Gruppe der Konstruktionsparameter, mit denen Kavitation direkt oder indirekt beeinflusst werden kann, umfasst alle Maßnahmen an Motorbauteilen, welche mögliche Schwingungen der Zylinderlaufbuchse verringern und eine Optimierung des Kühlmittelkreislaufs hinsichtlich Kavitation erlauben. Zu diesen Motorbauteilen zählen insbesondere Kolben, Zylinderlaufbuchsen, Kühlmittelpumpe und Motorblock selbst. Maßnahmen hinsichtlich des Führungskonzeptes der Zylinderlaufbuchsen, der Kühlkanalgestaltung im Motorblock sowie der Einbauspiele zwischen Kolben und Laufbuchse wie auch zwischen Laufbuchse und Motorblock gehören ebenfalls zu dieser Gruppe.

Für Vergleiche hinsichtlich des Einflusses verschiedener Konstruktionsparameter auf die Kavitation hat sich das transiente Motortestprogramm als vorteilhaft erwiesen.

Beim transienten Motortestprogramm werden negative, die Kavitation fördernde Effekte überlappend erfasst. Mit diesem Programm lässt sich sehr schnell das Kavitationsverhalten bei verschiedenen Drehzahlen, Motorlasten und Kühlmitteltemperaturen analysieren. Auch werden mögliche dynamische Effekte in die Betrachtung mit einbezogen. Mit dem transienten Motortestprogramm ist es möglich, die höchsten Kavitationsintensitäten zu erfassen.

### 7.8.11.2.1  Einfluss des Kolben- und Zylinderlaufbuchseneinbauspiels

Zwischen Einbauspiel und Kavitationsintensität besteht ein eindeutiger Zusammenhang, **Bild 7.154**. Danach führt eine Verkleinerung des Einbauspiels zu einer geringeren Kavitationsintensität. Verallgemeinert gilt dies auch für das Einbauspiel zwischen Zylinderlaufbuchse und Motorblock. Die Verringerung des Einbauspiels ist jedoch begrenzt durch die Fresssicherheit.

Die ersten Entwicklungsstufen dienen dem Ziel, das minimal mögliche Einbauspiel zu ermitteln und mit weiteren konstruktiven Bauteilmaßnahmen die Kavitationsintensität zu reduzieren. Mögliche Maßnahmen sind Änderungen an der Kolbenform, der Kolbenschaftovalität, der Ovalität des Kolbenringstegs, der Kolbenbolzendesachsierung, des Kolbenkopfversatzes und des Ringstegspiels. Darüber hinaus können Materialänderungen zu einer Reduzierung der Kavitationsintensität beitragen.

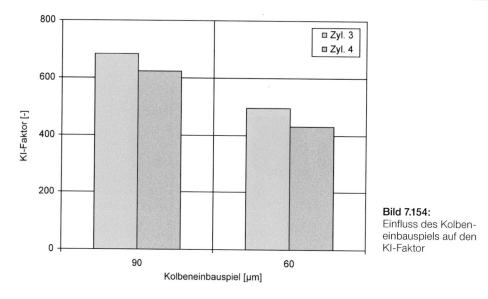

**Bild 7.154:**
Einfluss des Kolben-
einbauspiels auf den
KI-Faktor

### 7.8.11.2.2 Einfluss der Kolbenbauart und der Kolbenform

Je nach Kolbenbauart ist oftmals ein arttypisches Kavitationsverhalten festzustellen. **Bild 7.155** zeigt Messergebnisse mit einem Aluminiumkolben und einem Pendelschaftkolben (früher weit verbreitete Bauart mit Stahlkopf und Aluminiumschaft). Beide Kolbenbauarten haben – verglichen mit anderen Konzepten – aufgrund des thermischen Ausdehnungsverhaltens ihres Aluminiumschafts bei kaltem Motor ein relativ großes Einbauspiel. Deshalb zeigen besonders diese beiden Kolbentypen beim ersten Stufenwechsel im transienten Motortestprogramm

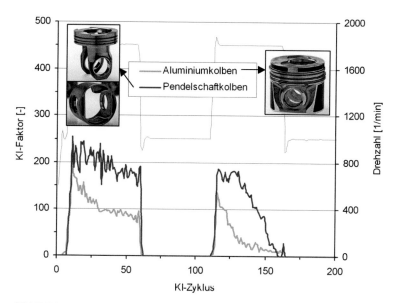

**Bild 7.155:** Einfluss der Kolbenbauart auf das Kavitationsverhalten

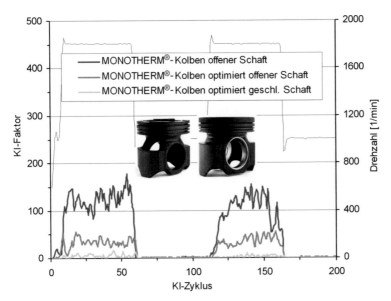

**Bild 7.156:** Einfluss der Kolbenbauart und der Kolbenformgebung auf das Kavitationsverhalten

unmittelbar nach dem Motorstart sehr hohe Kavitationsintensitäten. Dieser ungünstige Sachverhalt reduziert sich mit zunehmender Motorlast und Motorkühlmitteltemperatur, da die
Betriebsspiele deutlich kleiner werden. Mit einem warmen Motor tritt dieser Sachverhalt nicht
mehr auf. Gemäß **Bild 7.155** besteht zwischen dem Aluminiumkolben und dem Pendelschaftkolben grundsätzlich ein Niveauunterschied. Dieser tritt bei allen Heißstufen auf und ist hier
nicht kolbenbauartbedingt, sondern auf einen unterschiedlichen Optimierungsgrad zurückzuführen.

Wie **Bild 7.156** zeigt, treten bei Stahlkolben während des ersten Stufenwechsels unmittel-
bar nach dem Motorstart keine signifikanten Überhöhungen der Kavitationsintensitäten auf.
Von den untersuchten Stahlkolben hat der MONOTHERM®-Kolben mit geschlossenem
Schaft die niedrigsten Kavitationsintensitäten. Aber auch beim optimierten MONOTHERM®-
Kolben mit offenem Schaft liegen die ermittelten Kavitationsintensitäten in einem unkritischen
Bereich.

### 7.8.11.2.3 Einfluss sonstiger konstruktiver Merkmale am Kolben

Die Auslegung des Kolbens erlaubt eine ganze Reihe von Möglichkeiten zur positiven Beeinflussung der Kavitationsintensität. Hierzu gehören:

- Verringerung des Einbauspiels (bei sicherzustellender Fresssicherheit)
- Änderungen am Kolbenschaft (Fläche, Anbindung, Profil, Ovalität)
- Kolbenbolzendesachsierung
- Kolbenkopfversatz

- Ringstegovalität
- Ringstegspiel
- Werkstoffauswahl
- Gießverfahren

Derartige Änderungen dürfen sich jedoch nicht nachteilig auf die Steifigkeits- und Verformungseigenschaften auswirken.

Allgemeingültige Standardwerte für eine kavitationsfreie Auslegung können nicht angegeben werden. Jede konstruktive Parameteranpassung ist eine spezifische Einzellösung für den zu optimierenden Motortyp. Daher ist eine direkte Übertragung von erfolgreichen Optimierungsmaßnahmen auf einen anderen Versuchsträger nur bedingt möglich.

Vielversprechende Ergebnisse zur Verringerung der Kavitationsintensität lassen sich mit Anpassung der Ovalität (Kolbenschaft und Kolbenkopf), der Einführung einer Kolbenbolzendesachsierung, **Bild 7.157**, und durch Ringsteganpassungen erzielen.

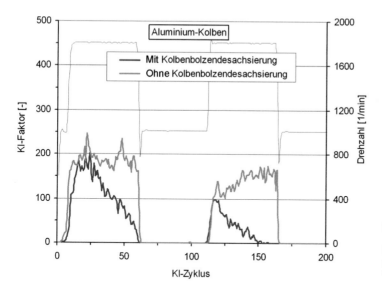

**Bild 7.157:**
Einfluss der Kolbenbolzendesachsierung auf das Kavitationsverhalten

### 7.8.11.2.4 Einfluss konstruktiver Merkmale an der Zylinderlaufbuchse und der Kühlkanalgestaltung

Neben den konstruktiven Maßnahmen am Kolben kann die Kavitationsintensität auch durch Maßnahmen an der Zylinderlaufbuchse und am Kühlkanal beeinflusst werden. Mögliche konstruktive Parameter, die eine Reduktion der Kavitationsintensität erlauben, sind:
- Optimierung der Führung der Zylinderlaufbuchsen
- Optimierung des Einbauspiels der Zylinderlaufbuchsen

- Optimierung der Geometrie der Zylinderlaufbuchsen in Bezug auf Verringerung ihrer Schwingungsneigung
- Optimierung der Geometrie der Zylinderlaufbuchsen in Kombination mit Maßnahmen am Kühlkanal des Motorblocks unter dem Aspekt optimierter Kühlmittelströmungsverhältnisse
- Optimierung der Kühlmittelpumpe unter dem Aspekt optimierter Kühlmittelvolumenströme und möglichst hohem statischen Kühlmitteldruckanteil

# 7.9  Ölverbrauch und Blow-by am Verbrennungsmotor

Zu den wichtigen Zielen bei der mechanischen Entwicklung eines Verbrennungsmotors zählen ein geringes Blow-by sowie ein minimaler Ölverbrauch und damit einhergehend auch eine geringstmögliche Abgasrohemission.

Die in den Verbrennungsraum gelangenden und mit dem Abgas ausgetragenen Ölanteile erhöhen die Partikelkonzentration und erschweren zusätzlich die Abgasnachbehandlung [38].

Zur weiteren Optimierung der heute ohnehin niedrigen Ölverbräuche von Verbrennungsmotoren ist ein genaues Verständnis über die innermotorischen Ölverbrauchsmechanismen zwingend erforderlich. Derartige Erkenntnisse dienen auch der Erweiterung von Simulationsansätzen und deren Validierung.

Dieser Beitrag soll beispielhaft aufzeigen, aufgrund welcher Mechanismen Ölverbräuche stattfinden und mit welchen Maßnahmen in der Entwicklung Einfluss genommen werden kann.

## 7.9.1  Ölverbrauchsmechanismen am Verbrennungsmotor

Unter dem Begriff „Ölverbrauch" wird im Allgemeinen die Motorölmenge verstanden, um die sich die im Motor befindliche Ölmenge in einer vorgegebenen Zeit reduziert. Durch den Eintrag von Kraftstoff und Verbrennungsrückständen bzw. Verbrennungsprodukten in das Motoröl kann sich trotz eines realen Schmierölverbrauchs eine scheinbar positive Schmierölbilanz einstellen. Insbesondere bei Verwendung von Biodiesel ist mit einem erhöhten Kraftstoffeintrag ins Motoröl zu rechnen. Schwerflüchtige Anteile des Biodiesels verdampfen im Brennraum nicht ausreichend und können daher ins Motoröl gelangen.

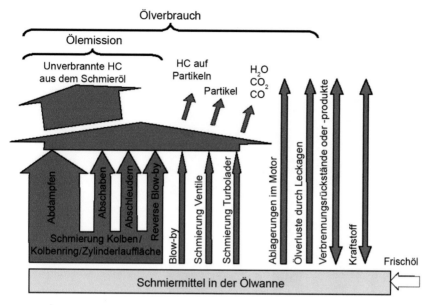

**Bild 7.158:** Schmiermittelbilanz am Verbrennungsmotor [39, 40]

**Bild 7.158** zeigt schematisch die verschiedenen Wirkmechanismen im Rahmen einer Schmiermittelbilanz. Die genaue Höhe der einzelnen Anteile kann nicht pauschal angegeben werden, da sie von Motor zu Motor verschieden sind und sich unterschiedlichste Randbedingungen ergeben können. Der ausschlaggebende höchste Verbrauchsanteil von etwa 80 bis 90 % stammt aus dem Bereich der Schmierung der Reibpartner Kolben/Kolbenring/Zylinderwand und landet zwangsläufig in Form unverbrannter Kohlenwasserstoffe (HC) im Abgas. Ein nur kleiner Anteil des Schmieröls nimmt an der Verbrennung teil und kann mit anderen Verbrennungsrückständen zur Partikelbildung beitragen [38, 39].

Als „Ölemission" werden die HC-Anteile im Abgas bezeichnet, die aus dem Schmieröl stammen. Das Öl gelangt durch unterschiedliche Mechanismen in den Brennraum, die in diesem Kapitel näher erläutert werden.

**Bild 7.159** zeigt Wege des Motoröls in den Brennraum. Der größte Anteil kommt aus dem Bereich der Zylinderwand ① mit der Abdichtung durch Kolben und Kolbenringe. Weiteres Öl gelangt über die Kurbelgehäuseentlüftung (Blow-by) und über die Abdichtung des Verdichterrades des Turboladers gegenüber der Ansaugluft ② in den Brennraum. Ein zusätzlicher Weg des Öls in den Brennraum ist über die Ventilschaftabdichtungen ③ möglich.

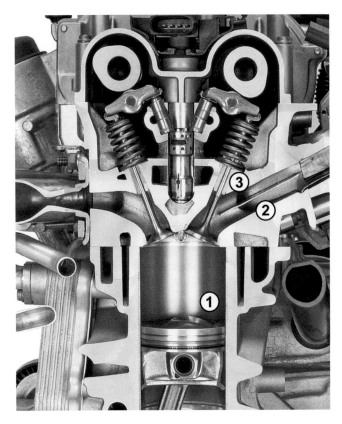

**Bild 7.159:**
Wege des Motoröls in den
Brennraum [42]

① Zylinderwand-Kolbenringe
② Kurbelgehäuseentlüftung
② Turbolader Verdichterseite
③ Ventilschaftabdichtung

Die Ursachen und Mechanismen von Ölverbrauch und Blow-by können sehr vielschichtig und in komplexer Weise voneinander abhängig sein. Im Folgenden werden einzelne Wechselwirkungen zwischen Ölverbrauch und Blow-by im Bereich Zylinderwand/Kolbenringe, **Bild 7.159**, ①, betrachtet:

■ Starker Zylinderverzug kann bei Motorbetrieb zu mangelhafter Abdichtung durch die Kolbenringe führen, wenn diese infolge eines eventuell unzureichenden Formfüllungsvermögens der Kontur des Zylinders nicht mehr durchgängig folgen. Hoher Ölverbrauch und/oder Blow-by können die Folge sein.

■ Rauheit und Honstruktur der Zylinderlauffläche beeinflussen über das Funktionsverhalten der Kolbenringe nachhaltig den Ölverbrauch.

■ Für einen geringen Ölverbrauch optimal abgestimmte Kolbenringgeometrien, wie z. B. scharf abstreifende 1. Kolbenringe oder Kolbenringe mit hoher Lauflächenballigkeit können insbesondere unter Volllast zu erhöhtem Blow-by führen, wenn die auf die Ringlauffläche wirkende Gaskraft den Ring von der Zylinderwand abhebt.

■ Für geringe Blow-by-Werte optimal abgestimmte Kolbenringgeometrien, wie z. B. eine niedrige axiale Höhe des 1. Kolbenrings, wirken aufgrund der geringen Ringmassen positiv auf

das Blow-by-Verhalten bei Nulllast, können aber durch ihre geringere Steifigkeit unter Volllast zu einem erhöhtem Ölverbrauch führen.

■ Durch Verwendung von Verdichtungsringen mit einer gezielten Querschnittsstörung in Form
einer Innenfase oder eines Innenwinkels kann das Twistverhalten der Kolbenringe stark
beeinflusst werden. Mit zusätzlicher Schräglage der Ringnuten (tellerförmig oder dachför-
mig) und Optimierung der axialen Ringeinbauspiele kann insbesondere das Blow-by-Verhalten, aber auch der Ölverbrauch positiv beeinflusst werden.

■ Um besonders im dynamischen Motorbetrieb eine Optimierung von Ölverbrauch und Blow-
by zu erreichen, kann durch gezieltes Anbringen von Fasen an Feuersteg und Ringstegen
der Druckaufbau hinter dem 1. Kolbenring kontrolliert beeinflusst werden.

■ Ein zeitweise zu hoher Druck zwischen dem 1. und 2. Kolbenring kann ein Abheben des
1. Kolbenrings von der Nutunterflanke bewirken und so durch ein „Reverse Blow-by" den
Ölverbrauch erhöhen, Kapitel 7.9.1.1. Durch eine Volumenänderung zwischen diesen beiden
Ringen in Form von Nuten, Fasen oder Rückstichen und durch eine Optimierung der Stoß-
spiele kann ein schneller und gleichmäßiger Druckausgleich im Zwischenringraum ermöglicht werden.

### 7.9.1.1  Ölverbrauch am System Kolben/Kolbenringe/Zylinderwand

Wie bereits beschrieben, ist das Tribosystem Kolben/Kolbenringe/Zylinderwand hauptverant-
wortlich für den Gesamtölverbrauch des Motors und damit auch für einen wesentlichen Teil
der Ölemission. Dieser Anteil wird durch die drei in **Bild 7.160** dargestellten Ölverbrauchsmechanismen bestimmt.

Bei Betriebspunkten mit niedriger Last kann sich am Feuersteg und oberhalb des 1. Kolbenrings Öl sammeln. Durch die hohen Beschleunigungs- und Verzögerungskräfte werden diese
Öltröpfchen direkt in den Brennraum „abgeschleudert" bzw. erhöhen die Ölfilmdicke an der

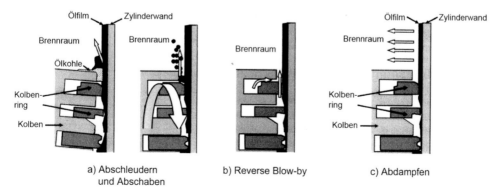

a) Abschleudern          b) Reverse Blow-by          c) Abdampfen
und Abschaben

**Bild 7.160:** Schematische Darstellung von Ölverbrauchsmechanismen am Tribosystem Kolben/Kolben-
ringe/Zylinderwand [44]

Zylinderwand. Durch Ölkohleaufbau am Feuersteg kann es beim Aufwärtshub des Kolbens zusätzlich zum Abschaben des Öls von der Zylinderwand kommen, **Bild 7.160 a**.

Die zweite Möglichkeit für den Eintrag von Schmieröl in den Brennraum ist das sogenannte „Reverse Blow-by", **Bild 7.160 b**. Hierbei gelangt das Öl in flüssiger Form oder als Ölnebel in den Brennraum. Der Druck im Bereich zwischen dem 1. und 2. Kolbenring kann sich zeitweise auf höherem Niveau befinden als der Druck im Feuerstegspalt bzw. im Brennraum. Ein solcher Druckunterschied verursacht einen Rückfluss des Gases durch den Ringstoß des 1. Kolbenrings in den Brennraum. Auch dieser Ölanteil kann die Ölfilmdicke an der Zylinderwand erhöhen.

Als weitere Möglichkeit des Eintrags von Schmieröl in den Brennraum ist das „Abdampfen" des Schmiermittels von der heißen Zylinderwand zu nennen, **Bild 7.160 c**. Während der Verbrennung, der Expansion und des Abgasausschubs führen die hohen Wandtemperaturen im Brennraum zu einer kurzzeitigen Erhitzung des Ölfilms. Hierdurch kommt es zu einem teilweisen Abdampfen des Öls. Dieses Verhalten hängt maßgeblich von der Schmierfilmdicke und dem Zustand des Öls an der Zylinderwand ab. Mit einem erhöhten Kraftstoffgehalt im Ölfilm wird in verstärktem Maße Öl abgedampft. Dieser Effekt trägt ganz erheblich zur Ölemission bei [41].

### 7.9.1.2  Ölverbrauch durch Ventilschaftabdichtungen

Durch die Entwicklung effektiver und verschleißfester Ventilschaftführungen und -abdichtungen ist das Problem des hierdurch verursachten Ölverbrauchs an heutigen Motoren von untergeordneter Bedeutung.

### 7.9.1.3  Ölverbrauch durch die Kurbelgehäuseentlüftung (Blow-by)

Die aus dem Brennraum über die Kolbenringe in das Kurbelgehäuse gelangende Gasmenge (Blow-by) ist teilweise mit unverbranntem Kraftstoff sowie mit Öl von der Zylinderwand beladen. Nach einer weitgehenden Abscheidung der flüssigen Komponenten wird das Gas mit den restlichen Ölanteilen gezielt der Verbrennung wieder zugeführt. Dadurch wird der Ölverbrauch des Motors über die Blow-by-Menge und die Qualität der Ölabscheidung direkt beeinflusst.

Typische Ölverbrauchsanteile aufgrund der Kurbelgehäuseentlüftung liegen heute im Bereich von etwa 1 bis 2 g/h und sind durchaus von Interesse, da bei modernen Motoren zwischenzeitlich der Gesamtölverbrauch bei einzelnen Betriebspunkten deutlich unter 10 g/h liegen kann. Eine weitere Optimierung der Ölabscheider in den Blow-by-Rückführsystemen ist daher eine unveränderte Zielsetzung.

### 7.9.1.4 Ölverbrauch und Blow-by am Turbolader

Blow-by-Gase gelangen durch das Druckgefälle zwischen Verdichter bzw. Turbine und Kurbelgehäuse in den Ölrücklauf des Laders und addieren sich so zu jenen aus dem Brennraum, **Bild 7.161**. Der Ölverbrauch durch die Wellenabdichtung erfolgt zum einen zur Verdichterseite, wo das Öl mit der Ladeluft in den Brennraum und zum anderen über die Turbinenseite in das Abgas gelangt. Dieses Abdichtverhalten ist von den Druckverhältnissen an der Wellenabdichtung und vom Verschleißzustand des Turboladers abhängig.

**Bild 7.162** zeigt die Ergebnisse aus einem Prüfstandsdauerlauf, in dem am Ende des Dauerlaufs der Motor mit einer Laderfremdschmierung betrieben wurde, um so den Laderanteil am Ölverbrauch und am Blow-by zu ermitteln.

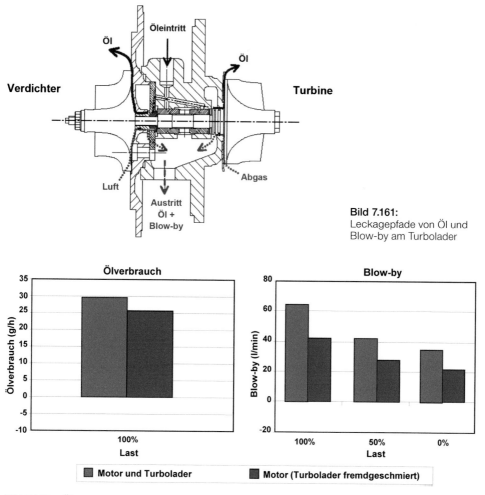

**Bild 7.161:**
Leckagepfade von Öl und Blow-by am Turbolader

**Bild 7.162:** Ölverbrauch und Blow-by von Motor und Turbolader (2,0-Liter-Vierzylinder-Dieselmotor nach 500 h Dauerlaufbetrieb)

## 7.9.2  Ölverbrauchsmessmethoden

Es wird grundsätzlich zwischen konventionellen (gravimetrisch und volumetrisch) und analytischen Messmethoden unterschieden.

**Bild 7.163** zeigt eine Übersicht über mögliche Ölverbrauchsmessmethoden.

Zu den konventionellen Messmethoden zählen:
- Gravimetrisch:
  - Abtropfmethode nach bestimmter Zeiteinheit
  - Kontinuierliche Wägung
- Volumetrisch:
  - Statische Ölstandsmessung
  - Kontinuierliche Ölstandsmessung

Bei den analytischen Messmethoden werden solche mit Tracer (Indikator) und ohne Tracer unterschieden. Die Tracer-Methoden lassen sich in radioaktiv und nicht radioaktiv unterscheiden:
- Radioaktiv:
  - Tritium-Methode
  - Brom-Methode
  - ...
- Nicht radioaktiv:
  - $SO_2$-Methode
  - Chlor-Methode
  - Pyren-Methode
  - ...

Bei den konventionellen Messmethoden wird das verbrauchte Öl gemessen. Insbesondere bei niedrigen Ölverbräuchen müssen deshalb sehr lange Laufzeiten und damit auch hohe Kosten in Kauf genommen werden.

Mit den analytischen Tracer-Methoden, bei denen die Konzentration des Tracers (Markierstoff) aus dem Motoröl im Abgas gemessen wird, erreicht man zum Teil hohe Genauigkeiten bei relativ kurzen Laufzeiten. Daher bietet sich hiermit die Erstellung von Ölverbrauchskennfeldern an.

Ein solches System mit Schwefel als Tracer ist in **Bild 7.164** schematisch dargestellt. Hierbei wird ein Motoröl mit definiertem Schwefelgehalt verwendet. Durch Detektieren der $SO_2$-Konzentration im Abgas kann dann auf den Ölverbrauch des Motors rückgeschlossen werden.

Eine direkte, schnelle Online-Messung bei transientem Motorbetrieb ist jedoch mit Tracer-Methoden nicht oder nur bedingt möglich.

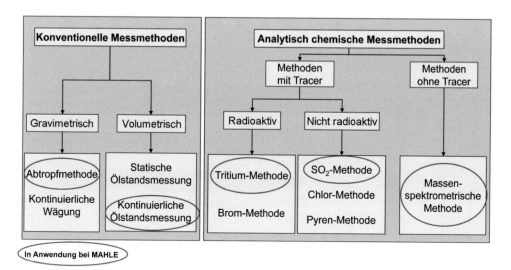

**Bild 7.163:** Übersicht und Einordnung von Ölverbrauchsmessmethoden

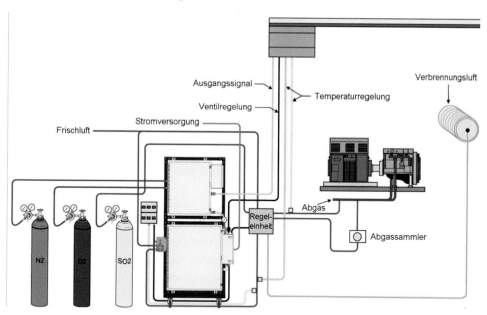

**Bild 7.164:** System zur Ölverbrauchsmessung mit Schwefel als Tracer

Untersuchungen an modernen Motoren zeigen, dass gerade ein hochdynamischer Betrieb des Motors zu einem erhöhten Ölverbrauch führen kann und dass genau hier das nennenswerte Verbesserungspotenzial verborgen liegt. Stationär ermittelte Ölverbrauchskennfelder lassen dieses Potenzial nicht erkennen. Nur mit der Kenntnis des Einflusses schneller Last- und Drehzahlwechsel auf den Ölverbrauch lassen sich die richtigen konstruktiven Maßnahmen an z. B. Kolben oder Kolbenringen ableiten und zielgerichtet umsetzen.

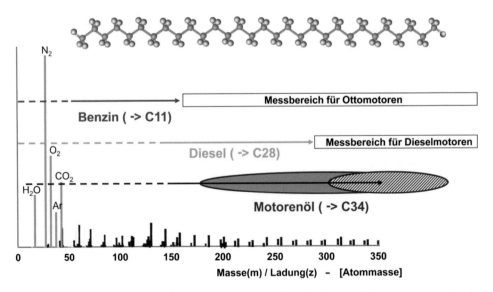

**Bild 7.165:** Massenspektrum des Abgases und nutzbare Messbereiche bei Verwendung von Benzin- und Dieselkraftstoff [40]

Bei der analytischen Messmethode ohne Tracer kann die Ölemission im Abgas auf direktem Weg bestimmt werden. Das zugrundeliegende Messprinzip beruht auf dem Umstand, dass die im Abgas vorhandenen Kohlenwasserstoffe, die dem Kraftstoff und dem Motoröl zuzuordnen sind, sich durch unterschiedliche Kettenlängen der Moleküle auszeichnen. Zur Ölemissionsmessung werden mit einem für diese Anwendung optimierten Massenspektrometer die langkettigen und damit schwerflüchtigen HC-Anteile, die dem Motoröl zuzuordnen sind, separiert [39, 40]. Die HC-Moleküle von Kraftstoff und Motoröl werden dabei mit einstellbaren Massenfiltern getrennt gemessen.

**Bild 7.165** zeigt hierzu schematisch ein für Abgas typisches Massenspektrum mit den nutzbaren Messbereichen bei Verwendung von Benzin- und Dieselkraftstoff [39, 40]. Durch die chemischen Ähnlichkeiten der HC-Moleküle von Motoröl und Dieselkraftstoff ergeben sich besondere Herausforderungen für Messungen an Dieselmotoren. Durch eine geeignete Kalibrierung des Messsystems unter Verwendung des sich im Motor befindlichen Öls und mit bekanntem Abgasmassendurchsatz kann die im Abgas gemessene Ölkonzentration in eine emittierte Ölmasse je Zeiteinheit umgerechnet werden.

Die ermittelte Ölemission gibt den Ölanteil an, der unverbrannt mit dem Abgas ausgetragen wird. Grundsätzlich aber sollten die gemessenen Ölemissionswerte immer in Relation zum gesamten Ölverbrauch gesehen werden. Dieser beinhaltet zusätzlich die nicht erfassten, verbrannten Ölkomponenten und eventuelle Leckagen. Im Falle einer Schmierölmengenbilanz müssen auch die ins Öl eingetragenen Kraftstoff- und Wasseranteile und die bei der Verbrennung entstehenden Rückstände mitberücksichtigt werden.

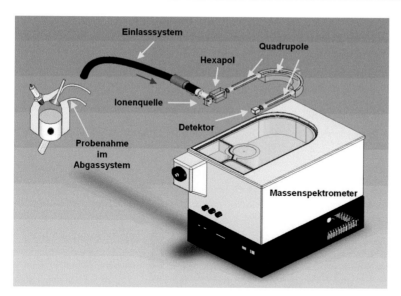

**Bild 7.166:** Schematische Darstellung des massenspektrometrischen Messsystems zur Analyse der Ölemission im Abgas [43]

**Bild 7.166** skizziert das bei MAHLE verwendete Messsystem Lubrisense 1200 mit beheiztem Direkteinlasssystem [43].

Da die Abgasentnahme direkt hinter einem Auslassventil erfolgen kann, ist es möglich, die Ölemission zylinderselektiv zu bestimmen und damit zylinderspezifische Ölverbrauchsprobleme zu erkennen. Durch diese schnelle Online-Ölemissionsmessung kann die ausgetragene Ölmasse auch bei transienten Laufprogrammen mit schnellen Last- und Drehzahlwechseln nahezu in Echtzeit erfasst werden.

Für derartige Online-Ölverbrauchsmessungen entwickelt MAHLE spezielle dynamische Laufprogramme, die bei der Motorenentwicklung die im Hinblick auf Ölverbrauch kritischen Betriebsbereiche zuverlässig aufzeigen.

## 7.9.3 Ölemissionskennfeld und dynamisches Ölverbrauchsverhalten

In **Bild 7.167** ist beispielhaft das Ölemissionskennfeld eines Vierzylinder-Benzinmotors dargestellt. Der Ölverbrauch ist mittels der beschriebenen schnellen Ölemissionsmessung an 42 quasistationären Messpunkten bestimmt worden (2 bis 4 Minuten pro Betriebspunkt).

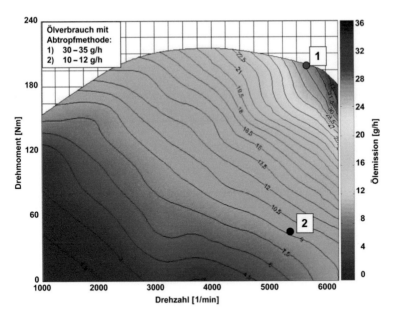

**Bild 7.167:** Ölemissionskennfeld eines 2,0-Liter-Vierzylinder-Benzinmotors mittels schneller Ölemissionsmessung ermittelt, Messpunkte 1 und 2 konventionell gemessen

An zwei ausgewählten Betriebspunkten wurde der Ölverbrauch zusätzlich im Dauerlauf durch die Abtropf- und Verwiegemethode ermittelt. Um eine abgesicherte Aussage über die real verbrauchte Ölmenge zu erhalten, wurde der Motor hierzu über eine Laufzeit von 3-mal 5 Stunden je Betriebspunkt im stationären Dauerlauf gefahren. Dabei zeigte sich eine gute Korrelation der Ölverbrauchswerte im Vergleich zum ermittelten Kennfeld.

Eine genaue Übereinstimmung dieser Werte kann prinzipiell nicht erreicht werden, da bei der Abtropfmethode nicht nur das über das Abgas emittierte Öl, sondern alle Komponenten aus der gesamten Schmierölbilanz eingehen, inklusive aller aus dem Kraftstoff ins Motorenöl eingetragenen Bestandteile.

Dieses Verhältnis von Ölemission und realem Ölverbrauch kann durch eine Vielzahl äußerer Randbedingungen beeinflusst werden. Hierzu gehört unter anderem z. B. die Kraftstoffqualität. Durch Beimischung von Bioanteilen zu den Kraftstoffen werden deren Abdampfverhalten und damit auch die für den Ölverbrauch wesentlichen Wirkmechanismen beeinflusst. Auch Brennverfahren mit zugehöriger Gemischaufbereitung können durch unterschiedliche Kraftstoffmengenanteile an der Zylinderwand bzw. im Ölfilm für das Abdampfverhalten eine entscheidende Rolle spielen. Ein Zusammenhang zwischen Luft-Kraftstoff-Gemisch und der zu messenden Ölemission ist bereits nachgewiesen worden [41].

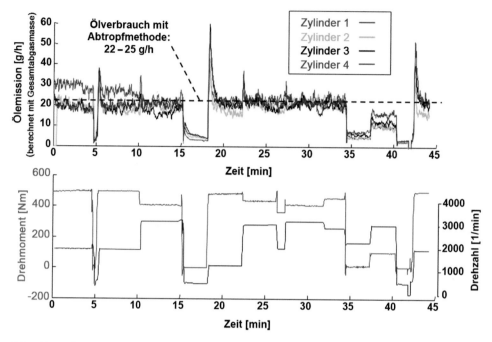

**Bild 7.168:** Ölemission einzelner Zylinder im zeitlichen Verlauf während eines transienten Prüfprogramms

**Bild 7.168** zeigt die Ölemission einzelner Zylinder im zeitlichen Verlauf während eines transienten Prüfprogramms. Auch hier stimmt der mit der Abtropfmethode ermittelte Ölverbrauch sehr gut mit der zylinderselektiven Ölemission überein; ein konkretes Ölverbrauchsproblem ist nicht erkennbar.

**Bild 7.169** zeigt weitere typische Ölemissionskennfelder, wie sie für Benzinmotoren mit und ohne Turboaufladung gemessen werden können. Die jeweils zylinderselektiven Messungen wurden an Motoren ähnlichen Typs und Hubvolumens durchgeführt.

Turbomotoren zeigen meist ein Ölemissionsmaximum bei mittleren Drehzahlen im Bereich des maximalen Drehmoments. Saugmotoren hingegen zeigen bei Volllast das Ölemissionsmaximum meist im Bereich der maximalen Drehzahl. Diese Phänomene lassen sich durch Messungen an verschiedenen Turbo- und Saugmotoren mit unterschiedlichen Hubvolumen zeigen und sind vermutlich durch die Lage der maximal auftretenden Brennraumdrücke im Kennfeld zu erklären.

Ein weiteres Ölemissionsmaximum liegt häufig bei Schubbetrieb im Bereich hoher Drehzahlen und ist in aller Regel aufgrund unterschiedlicher Druckverhältnisse im Ansaugtrakt bei Saugmotoren deutlich ausgeprägter als bei aufgeladenen Motoren.

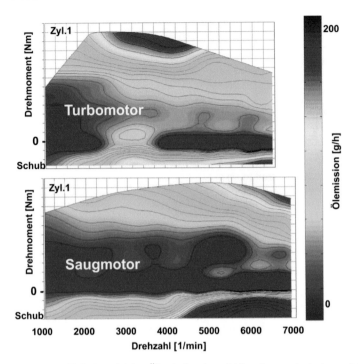

**Bild 7.169:** Zylinderselektive Ölemissionskennfelder eines aufgeladenen (oben) und eines nicht aufgeladenen (unten) Benzinmotors (Ölemissionswerte bezogen auf die Abgasmasse des Gesamtmotors)

Bei Motoren mit konkreten Ölverbrauchsproblemen wird häufig festgestellt, dass der für den ermittelten Durchschnittsölverbrauch im Wesentlichen verantwortliche Betriebsbereich nur schwer zu identifizieren ist. Meist können hier Hinweise aus dem realen Fahrzeugbetrieb weiterhelfen.

Durch die vorgestellte Online-Ölemissionsmessung während eines transienten Ölverbrauchsmesslaufs lassen sich diese kritischen Betriebsbereiche eindeutig detektieren.

**Bild 7.170** zeigt Ergebnisse von Messungen an einem Benzin-Saugmotor aus einem solchen transienten Ölverbrauchsmesslauf, die mit unterschiedlichen Kolbenringpaketen durchgeführt wurden. Die Messung im Ausgangszustand (Kolbenringpaket 1) zeigt bei Schubbetrieb und niedriger Drehzahl eine extrem hohe Ölemission, **Bild 7.170** (siehe Betriebsbereich B). Im vorliegenden Fall konnte durch diese Kenntnis eine zielgerichtete Änderung am Ringpaket durchgeführt werden. Der direkte Vergleich der Ergebnisse beider Versuchsvarianten – gefahren im gleichen Messlauf – zeigt, dass mit dem optimierten Kolbenringpaket 2 im Betriebsbereich B keine nennenswerte Ölemission mehr auftritt.

Die bei Schubbetrieb und hoher Drehzahl auftretende erhöhte Ölemission, **Bild 7.170** (Betriebsbereich A), zeigt sich in den Messungen mit beiden Kolbenringpaketen in gleichem Maße. Die

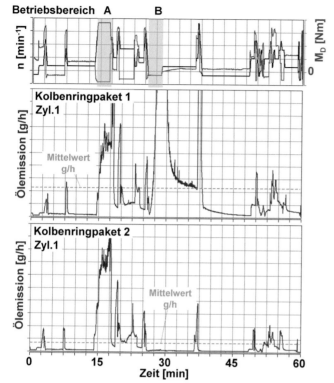

**Bild 7.170:**
Ölemissionsverlauf an Zylinder 1
eines Benzin-Saugmotors in
einem transienten Programm bei
Verwendung unterschiedlicher
Kolbenringpakete

bisher an den Kolbenringen durchgeführte Änderung führt im gekennzeichneten Betriebsbereich A also zu keiner signifikanten Reduzierung der Ölemission und muss durch andere
Maßnahmen adressiert werden.

Der aus den Ölemissionsverläufen errechnete mittlere Gesamtölverbrauch zeigt dennoch
eine signifikante Ölverbrauchsabsenkung bei Betrieb mit Kolbenringpaket 2. Dieses Ergebnis
konnte im realen Fahrzeugbetrieb bestätigt werden.

Über derartige quasistationäre Phänomene hinaus ergibt sich ein weiteres Verbesserungspotenzial durch die Analysen der dynamischen Ölemissionsvorgänge. Bei hochdynamischen
Last- und Drehzahländerungen ergeben sich regelmäßig Überhöhungen in der Ölemission,
deren Amplituden und Abklingzeiten die Durchschnittsölemission zusätzlich mit beeinflussen.

Das vorgestellte Online-Ölemissionsmesssystem erlaubt die systematische Durchführung von
umfangreichen Parameterstudien. Daraus können geeignete Maßnahmenkataloge abgeleitet
werden, die es erlauben, Ölverbräuche an Kolben und Kolbenringen zielgerichtet zu minimieren
und als System zu optimieren.

## 7.9.4 Einfluss des Saugrohrunterdrucks auf den Ölverbrauch am Benzinmotor

Der Einfluss des Saugrohrunterdrucks auf den Ölverbrauch zeigte sich in früherer Zeit bei Fahrzeugen ohne Abgasnachbehandlung regelmäßig durch sichtbaren Blaurauch. In Schubphasen bei hoher Drehzahl betrieben, wirkt der Saugrohrunterdruck während der Ventilüberschneidungsphase bis in den Brennraum, wodurch das „Reverse Blow-by" und damit die in den Brennraum hochgezogene Ölmenge erhöht wird.

In **Bild 7.171** ist das Ergebnis einer Versuchsreihe dargestellt, in der das Ölverbrauchsverhalten an einem V8-Saugmotor in Abhängigkeit des sich einstellenden Saugrohrunterdrucks in der Schubphase eines dynamischen Schub/Zug-Laufprogramms gemessen wurde. Die Variation des Saugrohrunterdrucks erfolgte durch die Drosselklappenstellung während der Schubphase.

Die aufgezeigten Ölverbräuche sind mit zwei unterschiedlichen Messmethoden ermittelt. Zur Bestimmung des Ölverbrauchs mittels der konventionellen Abtropfmethode wurde der Motor im Schub/Zug-Laufprogramm über eine längere Laufzeit betrieben. Parallel hierzu wurde mit der Massenspektrometrie die Ölemission im Abgas online erfasst.

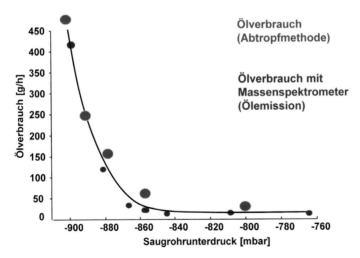

**Bild 7.171:** Einfluss des Saugrohrdrucks im Schub/Zug-Laufprogramm auf den Ölverbrauch und die Ölemission eines V8-Benzin-Saugmotors

Im vorliegenden Fall tritt bei sehr niedrigem Saugrohrdrücken ein stark erhöhter Ölverbrauch auf. Ein solcher Zusammenhang konnte auch durch weitere Messungen an anderen Saugmotoren nachgewiesen werden.

Der Vorteil des Online-Ölemissionsmesssystems ist die Online-Unterstützung des Kenn-
feldapplikateurs, der nun auch im Hinblick auf Ölemissionswerte entsprechende Anpassungen
vornehmen kann, wie es im vorliegenden Beispiel für die Drosselklappensteuerung sinnvoll ist.
Damit lassen sich für die zukünftige Anforderung einer weiteren Absenkung des Ölverbrauchs
die notwendigen Randbedingungen schaffen.

## 7.9.5 Trade-off zwischen Reibleistung und Ölverbrauch am Beispiel einer Tangentialkraftreduzierung am Ölabstreifring eines Pkw-Dieselmotors

Der kombinierte Einsatz der beschriebenen neuen Messverfahren zur Ölverbrauchs- und Rei-
bleistungsmessung stellt ein wertvolles Entwicklungswerkzeug zur optimalen Auflösung von
Zielkonflikten bei der Gestaltung konstruktiver Parameter dar. Im Folgenden wird dies beispielhaft für die Tangentialkraft $F_t$ des Ölabstreifrings eines Pkw-Dieselmotors gezeigt [45].

Der Einfluss von Tangentialkraftänderungen an den Kolbenringen auf die Reibleistung geht aus
den in Kapitel 7.3 vorgestellten Ergebnissen hervor. Durch die am Ölabstreifring vergleichsweise hohe Tangentialkraft bietet sich hier das größte Potenzial zur Reibungsreduzierung.

Die Ergebnisse zeigen einen nahezu linearen Einfluss einer Tangentialkraftänderung auf den
Reibmitteldruck, der eine rechnerische Ermittlung zusätzlicher Stützpunkte ermöglicht (siehe
Kapitel 7.3.3.5).

### 7.9.5.1 Einfluss der Tangentialkraft des Ölabstreifringes auf die Ölemission
Zur Untersuchung des Einflusses einer Tangentialkraftänderung am Ölabstreifring auf den
Ölverbrauch wurden zylinderselektive Ölemissionsmessungen an einem gemischtbestückten
Pkw-Dieselmotor durchgeführt. Der verwendete Versuchsträger ist baugleich mit dem Motor,
der bei den in Kapitel 7.3 beschriebenen Reibleistungsmessungen zum Einsatz kam.

Ausgehend von einer Basistangentialkraft des Ölabstreifrings von 28,0 N wurden Varianten
des zweiteiligen Dachfasenschlauchfeder-Rings mit reduzierten Tangentialkräften von 17,7 N,
13,5 N und 9,1 N bei gleichbleibender Ringkörpergeometrie verbaut. Alle weiteren Komponenten der Kolbengruppe wie Kolben, Kolbenringe in der 1. Nut und 2. Nut sowie die Zylinderlaufbahn blieben gegenüber den Basisuntersuchungen unverändert.

**Bild 7.172** zeigt die Ergebnisse der Messungen als Differenzkennfelder für die Ölabstreifringvarianten mit reduzierten Tangentialkräften, wobei die dargestellten Werte die jeweilige
Ölemissionsänderung des Gesamtmotors im Vergleich zur Basisringvariante repräsentieren.

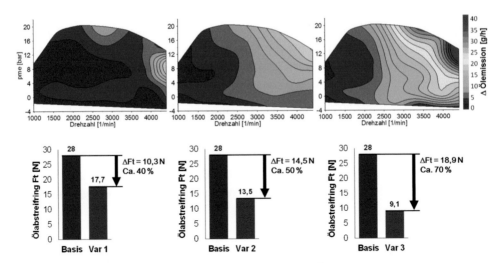

**Bild 7.172**: Ölemissions-Differenzkennfelder für die untersuchten Ölabstreifringvarianten mit reduzierter Tangentialkraft gegenüber der Basisvariante (Ölemissionswerte sind repräsentativ für den Gesamtmotor)

Eine Verringerung der Tangentialkraft auf 17,7 N führt zu einem maximalen Ölemissionsanstieg von 18 g/h bei maximaler Drehzahl und 75 % relativer Last. Dies entspricht annähernd einer Verdopplung der emittierten Ölmasse in diesem Betriebsbereich, während das Ölemissionsverhalten in großen Bereichen des Kennfelds deutlich geringere oder keine nennenswerten Änderungen erfährt. Bei einer weiteren Absenkung der Tangentialkraft auf 13,5 N ist nahezu im gesamten Kennfeld eine Erhöhung der Ölemission erkennbar. Im Bereich niedriger Drehzahlen fallen diese jedoch sehr gering aus. Die maximale Ölemissionserhöhung gegenüber der Basis tritt bei Volllast im Bereich hoher Drehzahlen auf. Das Ölemissions-Differenzkennfeld der Ölabstreifringvariante mit der geringsten untersuchten Tangentialkraft von 9,1 N weist die betraglich größten Ölemissionserhöhungen gegenüber der Basisvariante aus. Insbesondere im Bereich hoher Lasten und Drehzahlen ab ca. 3.000 1/min ergibt sich im Verhältnis zu den anderen untersuchten Varianten ein überproportional großer Anstieg der Ölemission. Auch in den übrigen Bereichen des Kennfelds zeigt diese Variante die höchsten Ölemissionswerte. Hier ist die Verschlechterung jedoch deutlich moderater ausgeprägt.

### 7.9.5.2 Vergleich des Einflusses der Tangentialkraft des Ölabstreifrings auf das Ölemissions- und Reibungsverhalten

Eine Reduzierung der Tangentialkraft des Ölabstreifrings wirkt sich je nach Betriebsbereich unterschiedlich auf den Ölverbrauch und die Reibung aus.

In **Bild 7.173** sind die Reibmitteldruck- und Ölemissionsänderungen gegenüber der Basisvariante in Abhängigkeit von der Tangentialkraftreduzierung am Ölabstreifring dargestellt. Dabei ist

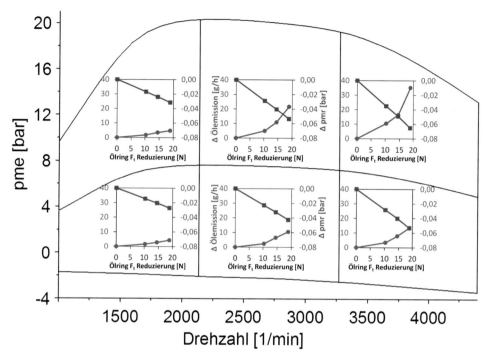

**Bild 7.173**: Reibmitteldruck- und Ölemissionsänderungen abhängig von der Tangentialkraftreduzierung am Ölabstreifring (Werte innerhalb der sechs Kennfeldbereiche gemittelt)

das Kennfeld in sechs angrenzende Last- und Drehzahlbereiche aufgeteilt. Bei den gezeigten Verläufen handelt es sich um die gemittelten Änderungen innerhalb des jeweiligen Bereichs.

Ein Vergleich der Verläufe der Reibmitteldruckänderung in den definierten Bereichen zeigt einen deutlichen Einfluss der Drehzahl und einen geringfügigen Einfluss der Last. Eine Tangentialkraftreduzierung am Ölabstreifring führt im gesamten Kennfeld zu einer Senkung des Reibmitteldrucks. Die Verläufe der Ölemissionsänderung zeigen im Vergleich hierzu ein gegenläufiges Verhalten. Eine Verringerung der Tangentialkraft führt im gesamten Kennfeld zu einer Erhöhung der Ölemission. Die Verläufe der Ölemissionsänderung in den abgegrenzten Bereichen belegen einen starken Einfluss von Last und Drehzahl auf die betragliche Höhe der Ölemissionsänderung. Die Ölemissionserhöhungen im unteren Drehzahlbereich bis ca. 2.000 1/min steigen in Abhängigkeit von der Tangentialkraft näherungsweise linear an und fallen mit 2 – 4 g/h vergleichsweise moderat aus. Im Bereich mittlerer und hoher Drehzahlen zeigt die Ölemissionsänderung in Abhängigkeit von der Tangentialkraft ein exponentielles Verhalten, dass sich mit steigender Last und Drehzahl weiter verstärkt.

Die in **Bild 7.174** gezeigten Verläufe beschreiben die Ölemissionsverschlechterungen für die jeweiligen Reibmitteldruckänderungen, die sich für die untersuchten Varianten ergeben. Dies

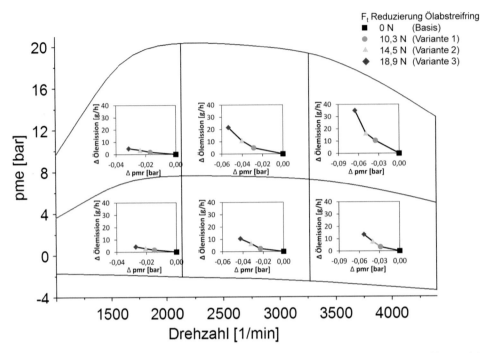

**Bild 7.174**: Korrelation der Ölemissions- und Reibmitteldruckänderung bei Reduzierung der Tangential-kraft des Ölabstreifrings (Werte innerhalb der sechs Kennfeldbereiche gemittelt)

veranschaulicht den Zielkonflikt zwischen den beiden Zielgrößen in den unterschiedlichen Last- und Drehzahlbereichen.

### 7.9.5.3 Einfluss der Tangentialkraft des Ölabstreifrings auf Kraftstoffverbrauch, Ölemission und die CO$_2$-Bilanz im NEFZ

Eine entscheidende Fragestellung ist der Einfluss der gezeigten Ergebnisse auf den Kraftstoff-verbrauch und die CO$_2$-Emissionen in gesetzlich relevanten Prüfzyklen. Neben Kraftstoff trägt auch die Ölemission infolge der Oxidation unverbrannter HC-Verbindungen im Abgasstrang, insbesondere in den Abgasnachbehandlungssystemen, zur CO$_2$-Bilanz bei. Mit den Erkennt-nissen aus Reibleistungs- und Ölemissionsmessungen wurden mit dem in Kapitel 7.3.4 und [12] beschrieben Simulationsverfahren die Auswirkungen der Tangentialkraftänderungen auf Kraftstoffverbrauch, Ölemission und die CO$_2$-Bilanz im NEFZ berechnet. Unter der theore-tischen Annahme einer vollständigen Umsetzung der emittierten Ölmasse in CO$_2$ sind die Ölemissionserhöhungen im NEFZ und die zugehörigen CO$_2$-Emissionsänderungen errechnet worden.

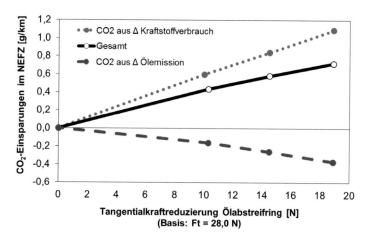

**Bild 7.175**: Einfluss der Tangentialkraftreduzierung am Ölabstreifring auf die kraftstoffverbrauchs- und ölemissionsspezifischen Beiträge zur $CO_2$-Einsparung im NEFZ

In **Bild 7.175** sind sowohl die kraftstoffverbrauchs- und ölemissionsspezifischen Beiträge zur $CO_2$-Reduzierung als auch die $CO_2$-Gesamteinsparung als deren Summe dargestellt. Eine Änderung des $CO_2$-Emissionsbeitrags, der durch verbrannte Schmierölanteile verursacht wird, bleibt hierbei unberücksichtigt. Infolge der Kraftstoffverbrauchseinsparung für die maximale untersuchte Tangentialkraftreduzierung von 18,9 N ($\sum$Motor $\Delta F_t$ = 75,6 N) ergibt sich eine $CO_2$-Einsparung von ca. 1,1 g/km im NEFZ. Dem steht jedoch eine $CO_2$-Mehremission von ca. 0,4 g/km durch die gleichzeitige Erhöhung der Ölemission gegenüber. Im vorliegenden Fall wird dadurch ein nennenswerter Anteil, ca. 30 %, der $CO_2$-Einsparung egalisiert, die aus der erzielten Kraftstoffverbrauchsreduzierung resultiert.

Wie im vorliegenden Fall beispielhaft für die Tangentialkraft des Ölabstreifrings gezeigt, können konstruktive Maßnahmen zur Reduzierung der Reibverluste an der Kolbengruppe einen entscheidenden Beitrag zur Senkung der $CO_2$-Emission von Verbrennungsmotoren leisten. Bei allen Maßnahmen an der Kolbengruppe zur Reibungsreduzierung müssen jedoch auch die Auswirkungen auf das Ölverbrauchsverhalten zwingend mitberücksichtigt werden. Die im vorliegenden Fall durch eine Tangentialkraftsenkung am Ölabstreifring entstehenden Ölverbrauchsnachteile können z. B. durch eine Anpassung der Ringlaufflächen zur Verbesserung der Abstreifwirkung oder durch eine Optimierung des Ringquerschnitts zur Erhöhung des Formfüllungsvermögens minimiert werden. Derartige Maßnahmen werden bei einer systematischen Optimierung des Kolbenringpakets im Rahmen einer Serienentwicklung stets berücksichtigt.

# Literaturnachweis

[1]  Aluminium-Taschenbuch, 14. Auflage, Düsseldorf 1983

[2]  Böhm, H.: Aushärtung. In: Aluminium Heft (1963), Nr. 12

[3]  Wellinger, K.; Stähli G.: Verhalten von Leichtmetallkolben bei betriebsähnlicher Beanspruchung. In: VDI Z, (1978) Nr. 6

[4]  Koch, E.: Charakteristik von Kolbenmaterialien unter Berücksichtigung des Verschleißwertes, TH Aachen 1931

[5]  Müller-Schwelling, D.; Röhrle, M.: Verstärkung von Aluminiumkolben durch neuartige Verbundwerkstoffe. In: MTZ – Motortechnische Zeitschrift (1988) Nr. 2

[6]  Zustandsschaubild Eisen-Kohlenstoff und die Grundlagen der Wärmebehandlung des Stahles. Neu bearbeitet von D. Horstmann, 4. Auflage, Düsseldorf 1961

[7]  Nickel, O.: Austenitische Gusseisenwerkstoffe. In: Gießerei (1969), Nr. 18

[8]  Kaluza, E.: Die Wärmebehandlung von Baustählen. In: Industrieanzeiger (1964), Nr. 67/72

[9]  Frodl, D.; Gulden, H.: Neue mikrolegierte Stähle für den Fahrzeugbau. In: Der Konstrukteur (1989, Mai)

[10]  Informationsschrift des Musashi Institute of Technology, Japan (2001)

[11]  Deuß, T.: Reibverhalten der Kolbengruppe eines Pkw-Dieselmotors. Dissertation, Universität Magdeburg 2013

[12]  Deuß, T.; Ehnis, H.; Bassett, M.; Bisordi. A.; Reibleistungsmessungen am befeuertem Dieselmotor – Bestimmung der zyklusrelevanten $CO_2$-Ersparnis. In: MTZ – Motortechnische Zeitschrift 12/2011

[13]  Deuß, T.; Ehnis, H.; Freier, R.; Künzel, R.: Reibleistungsmessungen am befeuerten Dieselmotor – Potenzial der Kolbengruppe. In: MTZ – Motortechnische Zeitschrift 05/2010

[14] Deuß, T.; Ehnis, H.; Rose, R.; Künzel, R.: Reibleistungsmessungen am befeuerten Dieselmotor – Einfluss von Kolbenschaftbeschichtungen. In: MTZ – Motortechnische Zeitschrift 04/2011

[15] MAHLE Vortrag HDT-Tagung: Klopfregelung für Ottomotoren. Berlin 2003

[16] MAHLE Broschüre: KI-Meter. (1985)

[17] FVV-Vorhaben Nr. 816: Extremklopfer. Abschlussbericht Heft 836, 2007

[18] FVV-Vorhaben Nr. 931: Vorentflammung bei Ottomotoren. 2009

[19] Künzel, R.; Essers, U.: Neues Verfahren zur Ermittlung der Kolbenbewegung in Motorquer- und Motorlängsrichtung. In: MTZ – Motortechnische Zeitschrift 11/1994 S. 636–643

[20] Künzel, R.; Tunsch, M.; Werkmann, M.: Piston Related Noise with Spark Ignition Engines – Characterization, Quantification and Mechanisms of Excitation. In: 9. Congresso SAE Brasil, SAE Paper 2000-01-3311

[21] Gabele, H.: Beitrag zur Klärung der Entstehungsursachen von Kolbengeräuschen bei Pkw-Ottomotoren. Dissertation, Universität Stuttgart, 1994

[22] Künzel, R.; Werkmann, M.; Tunsch M.: Piston Related Noise with Diesel Engines – Parameters of Influence and Optimization. In: ATT Congress Barcelona 2001, SAE Paper 2001-01-3335

[23] Künzel, R.: Die Kolbenquerbewegung in Motorquer- und Motorlängsrichtung, Teil 2: Einfluss der Kolbenbolzendesachsierung und der Kolbenform. In: MTZ – Motortechnische Zeitschrift 09/1995 S. 534–541

[24] Haller, H.; Spessert, B.; Joerres, M.: Möglichkeiten der Geräuschquellenanalyse bei direkteinspritzenden Dieselmotoren. In: VDI-Berichte Nr. 904, 1991

[25] Helfer, M.: Zur Anregung und Ausbreitung des vom Kolben erregten Geräusches. Dissertation, Universität Stuttgart, 1994

[26] Werkmann, M.; Tunsch, M.; Künzel, R.: Piston Pin Related Noise – Quantification Procedure and Influence of Pin Bore Geometry. Congresso SAE Brasil, Sao Paulo, 2005, SAE Paper 2005-01-3967

[27] N. N.: Von der Kavitation zur Sonotechnologie, Department Future Technology of the VDI Technology Center 2000

[28] Hosny, D. M. et al.: A System Approach for the Assessment of Cavitation Corrosion Damage of Cylinder Liners in Internal Combustion Engines. In: SAE Paper 930581 1993

[29] Steck, B.: Cavitation on Wet Cylinder Liners of Heavy Duty Diesel Engines. SAE Paper 2006-01-3477 2006

[30] Steck, B.: Kavitation an nassen Zylinderlaufbuchsen in Nutzfahrzeug-Dieselmotoren – mögliche Einflussparameter zur Vermeidung. In: 9. Internationales Stuttgarter Symposium Automobil- und Motorentechnik 2009

[31] Brennen, C. E.: Cavitation and Bubble Dynamics. Chapter 1, Pages 1–33, Chapter 3, Pages 80–106. Oxford University Press, 2006 (ISBN 0-19-509409-3)

[32] Sauer, J.: Instationär kavitierende Strömungen. Ein neues Modell, basierend auf Front Capturing (VoF) und Blasendynamik. Dissertation, Engineering University Karlsruhe, 2000, S. 4–5

[33] Katragadda, S.; Bata, R.: Cavitation Problem in Heavy Duty Diesel Engines: A Literature Review. In: Heavy Vehicle Systems, International Journal of Vehicle Design, Vol. 1, No. 3, 1994, S. 324–346

[34] Benjamin, T. B.; Ellis, A. T.: The Collapse of Cavitation Bubbles and the Pressures thereby Produced against Solid Boundaries. In: Phil. Trans. Roy. Soc. London, Ser. A, 260, 1996, S. 221–240

[35] Frost, D.; Stuetevant, B.: Effects of Ambient Pressure on the Instability of a Liquid Boiling Explosively at the Superheat Limit. In: ASME Journal of Heat Transfer, 108, 1986, S. 418–424

[36] Knapp, R. T.; Daily, J. W.; Hammitt, F. G.: Cavitation. McGraw-Hill, New York 1970

[37] Tandara, V.: Beitrag zur Kavitation an Zylinderlaufbüchsen von Dieselmotoren. Dissertation, Engineering University Berlin 1968, S. 13–17

[38] Tritthart, P.: Dieselpartikelemissionen: Analysetechniken und Ergebnisse. In: Mineralöltechnik, Heft 8, Juli 1994; Beratungsgesellschaft für Mineralöl-Anwendungstechnik mbH, Hamburg

[39]  Gohl, M.; Ihme, H.: Massenspektrometrische Bestimmung des Ölverbrauchs von Ver-
      brennungsmotoren und dessen Einfluss auf die HC-Emission. FVV-Abschlussbericht,
      Vorhaben Nr. 707, Heft 691, 2000

[40]  Gohl, M.: Massenspektrometrische Bestimmung der Ölemission im Abgas von Otto- und
      Dieselmotoren. FVV-Abschlussbericht, Vorhaben Nr. 758, Heft 764, 2003

[41]  Krause, S.; Stein, C.; Brandt, S.: Beeinflussung der Schmierölemission durch die
      Gemischbildung im Brennraum von Verbrennungsmotoren. FVV-Abschlussbericht, Vor-
      haben Nr. 933, Heft 901, 2010

[42]  Püffel, P.: Eine neue Methode zur schnellen Ölverbrauchsmessung. In: MTZ – Motor-
      technische Zeitschrift 11/1999

[43]  Fa. Airsense Automotive: Informationsbroschüre zum System Lubrisense 1200, Schwerin
      2005

[44]  Krause, S.: Massenspektrometrisches Verfahren zur Charakterisierung der Ölverdamp-
      fung im Brennraum von Ottomotoren. Dissertation, Technische Universität Hamburg-
      Harburg, 2009

[45]  Frommer, A.; Freier, R.; Ehnis, H.; Künzel. R.: Trade-off between Friction Reduction and
      Lube Oil Consumption – Tangential Force Reduction on Oil Control Rings. In: 13. Inter-
      nationales Stuttgarter Symposium Automobil- und Motorentechnik 2013

# Glossar

## Kolbenbezeichnungen und -abmessungen

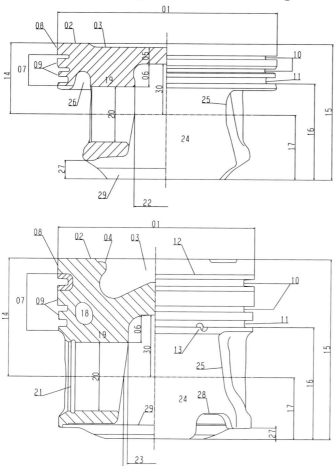

| | | |
|---|---|---|
| 01 Kolbendurchmesser | 11 Ölringnut | 22 Nabenabstand |
| 02 Kolbenboden | 12 Ringträger | 23 Oberer Nabenabstand |
| 03 Bodenmulde, Verbrennungsmulde | 13 Ölrücklaufbohrung | (Oberer Augenabstand) |
| 04 Muldenrand | 14 Kompressionshöhe | 24 Kolbenschaft |
| 05 Bodendicke | 15 Gesamtlänge | 25 Fenster |
| 06 Dehnlänge | 16 Schaftlänge | 26 Hochgießung |
| 07 Kolbenringpartie | 17 Untere Länge | 27 Schaftaussparung |
| 08 Feuersteg | 18 Kühlkanal | 28 Spritzdüsenaussparung |
| 09 Ringsteg | 19 Kolbennabe | 29 Einpass |
| 10 Kompressionsringnut | 20 Nabenbohrung | 30 Innere Höhe |
| | 21 Kolbenbolzensicherungsnut | |

# Kolbenbodenformen

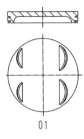
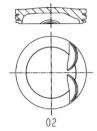
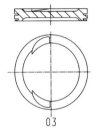

01

02

03

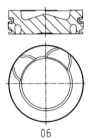

04

05

06

01 Ebener Boden mit
   Ventilnischen

02 Kalotte

03 Flache Topfmulde

04 Mulde für Otto-Direktein-
   spritzer mit Schichtladung

05 Diesel-Direkteinspritzer
   mit tiefer, hinterschnittener
   Mulde

06 Diesel-Direkteinspritzer mit
   flacher Mulde

# Feuersteg, Kolbenringpartie

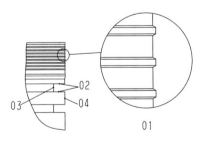

02
03        04

01

05

06

01 Strählung des Feuerstegs

02 Nutflanke

03 Nutgrund

04 Ringsteg

05 Einfachringträger

06 Doppelringträger

# Nabenabstützung

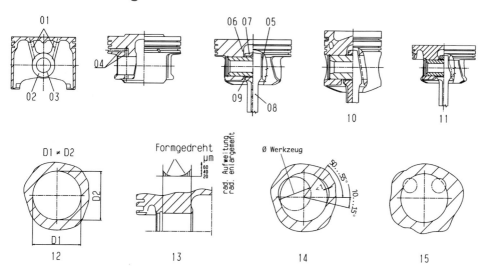

01  Stützrippen
02  Kolbennabe
03  Nabenbohrung
04  Schmierölbohrung
05  Parallelabstützung
06  Blockabstützung
07  Pleuelkopf,
    kleines Pleuelauge

08  Pleuelschaft
09  Pleuelbuchse
10  Trapezabstützung
11  Stufenabstützung
12  Ovale Nabenbohrung
13  Formbohrung, innen und
    außen ballig aufgeweitet

14  Entlastungstaschen
    (Side Reliefs)
15  Öltaschen/Slots
    (im Vergleich zu Entlas-
    tungstaschen meist tiefer
    mit kleinerem Werkzeug
    und gröberen Toleranzen
    hergestellt), dienen nur
    zur Verbesserung der
    Schmierung

# Kolbenbolzen, Kolbenbolzensicherungen

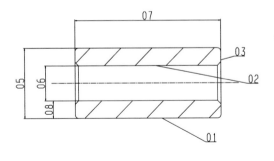
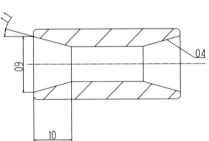

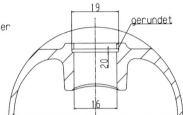

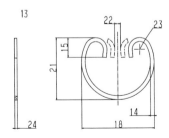
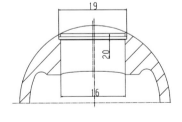

01 Außenmantelfläche
02 Innenmantelfläche
03 Stirnfläche
04 Konusfläche
05 Außendurchmesser
06 Innendurchmesser
07 Länge
08 Wanddicke
09 Konusdurchmesser
10 Konuslänge

11 Konuswinkel
12 Sprengring aus Runddraht ohne Haken, Runddrahtring ohne Haken
13 Sprengring aus Flachdraht mit Haken, Flachdrahtring mit Haken
14 Radiale Wanddicke
15 Hakenlänge
16 Durchmesser Nabenbohrung, Nenndurchmesser

17 Drahtdurchmesser
18 Sprengringdurchmesser ungespannt
19 Sprengringnutdurchmesser
20 Sprengringnutbreite
21 Sprengringhöhe
22 Stoßweite bei Sitz im Nenndurchmesser (16)
23 Hakenradius
24 Axiale Wanddicke

# Kolbenbauarten

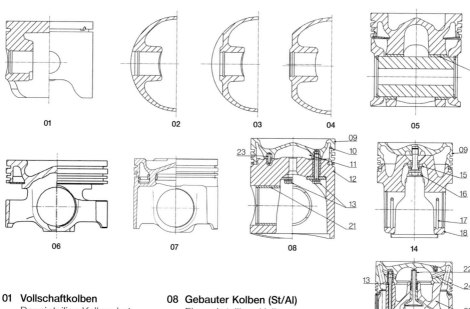

01

02

03

04

05

06

07

08

14

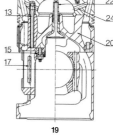

19

**01 Vollschaftkolben**
Der einteilige Kolben hat keine Unterbrechungen in den tragenden Querschnitten zwischen Kolbenboden/Kolbenringpartie und Schaft, außer ggf. Ölrücklaufbohrungen.

**02 Glattschaftkolben**
Der Schaft ist als stetige Rotationsfläche ausgeführt.

**03 Fensterkolben**
Der Schaft ist im Bereich der Kolbenbolzenbohrungen zurückgenommen.

**04 Kastenkolben**
Der Schaft ist im Bereich der Kolbenbolzenbohrungen bis zum Schaftende zurückgenommen.

**05 FERROTHERM®-Kolben**
Pendelschaftkolben, mehrteiliger Kolben; Kolbenboden/Kolbenringpartie und Kolbenschaft sind über den Kolbenbolzen gelenkig miteinander verbunden.

**06 MONOTHERM®-Kolben**
Einteiliger Stahlkolben

**07 MonoWeld®-Kolben**
Reibgeschweißter Stahlkolben

**08 Gebauter Kolben (St/Al)**
Ein mehrteiliger Kolben; Kolbenboden (aus Schmiedestahl) ist über hochfeste Schrauben mit dem Kolbenunterteil (aus Aluminiumlegierung) verbunden.

09 Stahloberteil

10 Äußerer Kühlraum

11 Innerer Kühlraum

12 Aluminiumunterteil

13 Dehnschraube
Mehrfachverschraubung

**14 Gebauter Kolben (St/St)**
Ein mehrteiliger Kolben; Kolbenboden (aus Schmiedestahl) ist über hochfeste Schrauben mit dem Kolbenunterteil (hier ebenfalls aus Schmiedestahl) verbunden.

15 Druckstück

16 Dehnschraube
Zentralverschraubung

17 Ölrille
Sorgt für die Ölzufuhr

18 Stahlunterteil

**19 Gebauter Kolben (St/GJS)**
Ein mehrteiliger Kolben; bohrungsgekühlter Kolbenboden (aus Schmiedestahl) ist über hochfeste Schrauben mit dem Kolbenunterteil (hier aus Sphäroguss) verbunden.

20 Sphärogussunterteil

21 Nabenbuchse

22 Gleitschuh
Sorgt für die Kühlölzuführung

23 Fixierstift
Lagerfixierung von Ober- zu Unterteil

24 Überströmbohrungen
Ölübertritt zwischen äußerem und innerem Kühlraum

# Kolbenkühlung

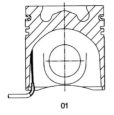
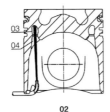
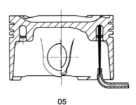
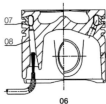

01                    02                    05                    06

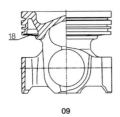
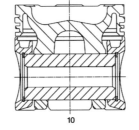
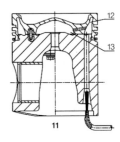

09                          10                          11

**01 Anspritzkühlung**
Ölzuführung über Düse am
Kurbelgehäuse oder über
Pleuelstange und Bohrung
am kleinen Pleuelauge

**02 Diesel-Kolben mit
Salzkern-Kühlkanal**
Zulauf über gegossenen
Trichter; Ölzuführung über
Düse am Kurbelgehäuse

03 Salzkern-Kühlkanal

04 Trichter (gegossen)

**05 Otto-Kolben mit Salzkern-
Kühlkanal**

**06 Kolben mit gekühltem
Ringträger**
Zulauf gebohrt; Ölzufüh-
rung über Düse am Kurbel-
gehäuse

07 Gekühlter Ringträger

08 Gebohrter Ölzulauf

**09 MONOTHERM®-Kolben**
Mit geschlossenem Kühl-
kanal

**10 FERROTHERM®-Kolben**
Mit Shaker-Taschen im
Kolbenschaft

**11 Gebauter Kolben**
Ölzuführung über Düse am
Kurbelgehäuse

12 Äußerer Kühlraum

13 Innerer Kühlraum

**14 Bohrungsgekühlter
Kühlraumkolben
(gebauter Kolben)**
Kühlölzufuhr über Pleuel-
stange und Gleitschuh am
Kolben

15 Kühlölbohrung

16 Gleitschuh

17 Druckölbohrung

18 Kühlkanalverschlussblech

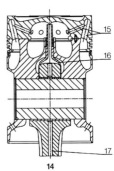

14

# Desachsierung (schematisch)

Verlagerung der Bolzenachse aus der Kolbenlängsachse

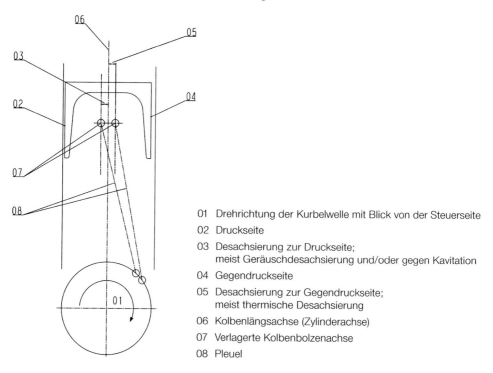

01 Drehrichtung der Kurbelwelle mit Blick von der Steuerseite

02 Druckseite

03 Desachsierung zur Druckseite;
meist Geräuschdesachsierung und/oder gegen Kavitation

04 Gegendruckseite

05 Desachsierung zur Gegendruckseite;
meist thermische Desachsierung

06 Kolbenlängsachse (Zylinderachse)

07 Verlagerte Kolbenbolzenachse

08 Pleuel

# Fachbegriffe

| | |
|---|---|
| **Abstreifring** | siehe *Ölabstreifring* |
| **Beschichtung** | Tribologisch auf die Zylinderlaufbahn abgestimmte Schutzschicht auf dem Kolbenschaft |
| **Blow-by** | siehe *Durchblasgas* |
| **Brandspur** | Zeichen örtlicher Überhitzung zwischen Kolbenring und Zylinderlauffläche infolge Ölmangels |
| **Desachsierung** | Versatz der Kolbenbolzenachse zur Kolbenlängsachse |
| **Durchblasgas** | Vom Brennraum und an den Kolbenringen vorbei in das Kurbelgehäuse gelangendes Gas (Blow-by) |
| **Einbauspiel** | Differenz zwischen Innendurchmesser der Zylinderlaufbuchse und größtem Kolbendurchmesser bei Raumtemperatur |

| | |
|---|---|
| **Fanggrad** | Gibt für die Beurteilung der Kolbenkühlung an, welcher prozentuale Anteil der von der Kühlöldüse gelieferten Ölmenge aus der Ablauföffnung am Kolben wieder ins Kurbelgehäuse zurückströmt |
| **Feuersteg** | Abstand zwischen Kolbenbodenkante und Oberflanke der 1. Kolbenringnut |
| **Flanken** | Axiale Flächen des Kolbenrings bzw. der Kolbenringnuten |
| **Formbohrung** | Bohrung mit definiert bombierten Enden |
| **Formfüllungsvermögen** | Fähigkeit eines Kolbenrings, sich der Unrundheit der Zylinderlauffläche anzupassen |
| **Honung** | Bearbeitung zur Erzeugung einer definierten topografischen Struktur der Zylinderlauffläche |
| **Kaltstartreiber** | Örtliches Verschleißen zwischen Kolben und Zylinderlaufbuchse infolge von Spiel- oder Schmierölmangel bei Motorstart |
| **Kavitation** | Örtlicher Werkstoffabtrag an der wasserseitigen Wandung der Zylinderlaufbuchse infolge mehrerer zusammenwirkender physikalischer Prozesse |
| **KI-Faktor** | Klopfintensitätsfaktor |
| **KI-Meter** | Gerät zur quantitativen Beurteilung extremer Druckschwankungen, z. B. der Klopfstärke oder Klopfintensität im Brennraum oder bei der Kavitation |
| **Klopfen** | Ungleichmäßige Verbrennung des Kraftstoff-Luft-Gemisches mit teilweise hohen Druckspitzen |
| **Klopfregelung** | Dynamische Regelung des Zündzeitpunkts zur Vermeidung klopfender Verbrennung |
| **Klopfschaden** | Schaden, insbesondere am Feuersteg des Kolbens, infolge klopfender Verbrennung |
| **Kolben** | Beweglicher Teil des Brennraums |
| **Kolbenbeschichtung** | siehe *Beschichtung* |
| **Kolbenboden** | Der den Brennraum begrenzende Teil des Kolbens |
| **Kolbenbolzen** | Verbindungsglied zwischen Kolben und Pleuelstange |
| **Kolbenkühlung** | Gezielte Wärmeabfuhr und Temperaturabsenkung am Kolben durch das Motoröl |
| **Kolbenring** | Geschlitzter, selbst spannender Ring |
| **1. Kolbenring** | Erster brennraumseitiger Kolbenring, auch Topring genannt. Kompression der Verbrennungsluft bzw. des Gasgemisches und Aufnahme des Gasdrucks im Arbeitsspiel, Ableitung der anfallenden Wärme an die Zylinderlauffläche und in geringem Maße Abstreifen des Restöls von der Zylinderlauffläche |
| **2. Kolbenring** | Mittlerer Ring, Aufnahme des restlichen Gasdruckes infolge Blow-by vom 1. Kolbenring, Steuerung der Druckverhältnisse in der Ringpartie, Abstreifen des Öls von der und Ableitung der hier anfallenden Wärme an die Zylinderlauffläche |

| | |
|---|---|
| **3. Kolbenring** | Homogene Verteilung des Öls zur Schmierung des tribologischen Systems Kolbengruppe / Zylinderlaufbahn und Abstreifen von überschüssigem Öl |
| **Kolbensekundärbewegung** | Bewegung des Kolbens während eines Arbeitstakts quer zu seiner Längsachse |
| **Kompressionshöhe** | Abstand zwischen Kolbenbolzenmitte und Kolbenbodenkante (Oberkante Feuersteg) |
| **Kompressionsring** | siehe *1. Kolbenring* |
| **Kühlkanal** | Mit Kühlöl durchströmter Hohlraum im Bereich Kolbenboden/Ringpartie zur thermischen Entlastung des Kolbens |
| **Kurbelgehäuseentlüftung** | Ableitung der in das Kurbelgehäuse gelangenden Brenngase |
| **Lauffläche** | siehe *Zylinderlauffläche* |
| **Nabenbohrung** | Bohrung zur Aufnahme des Kolbenbolzens |
| **Normalkraft** | siehe *Seitenkraft* |
| **Ölabstreifring** | siehe *3. Kolbenring* |
| **Ovalität** | Form des ungespannten Kolbenrings derart, dass im Einbauzustand die Anpresskraft an der Zylinderlauffläche gleichmäßig ist siehe auch *Schaftovalität* |
| **Rechteckring** | Grundform des Kolbenrings mit rechteckigem Querschnitt |
| **Ringstoß** | Enden des offenen Kolbenrings |
| **Ringträger** | Eingussteil aus Niresist im Bereich der 1. Kolbenringnut von Dieselkolben |
| **Schafteinfall** | Verformung des Kolbenschafts infolge Überlastung des Kolbens |
| **Schaftovalität** | Form der Außenkontur des Kolbens, damit ein definiertes Anlageverhalten im Zylinder erzielt wird |
| **Schrumpfpleuel** | Auch Klemmpleuel genannt; Pleuelstange mit im Pleuelauge festsitzendem Kolbenbolzen |
| **Seitenkraft** | Teil der bei der Verbrennung auf den Kolben ausgeübten Kraft, die über den Kolbenschaft senkrecht auf den Zylinder wirkt |
| **Stoßspiel** | Abstand der Kolbenringenden im Einbauzustand |
| **Trapezring** | Kolbenring mit ein- oder beidseitig trapezförmig ausgebildeten Flanken |
| **Twist** | Verformung eines innen einseitig angefasten Kolbenrings |
| **Verdichtungsring** | siehe *1. Kolbenring* und *2. Kolbenring* |
| **Zwickelverschleiß** | Verschleiß an der Zylinderlauffläche im oberen (brennraumseitigen) Umkehrpunkt des 1. Kolbenrings |
| **Zylinderlaufbuchse** | In den Motorblock eingesetzte Laufbuchse |
| **Zylinderlauffläche** | Innere Oberfläche der Zylinderbohrung |

# Sachwortverzeichnis

Printed in the United States
by Baker & Taylor Publisher Services